高等学校电子信息类专业"十三五"规划教材

现代移动通信

主　编　康晓非
副主编　李白萍　林少锋

西安电子科技大学出版社

内 容 简 介

本书重点讲述移动通信的基本概念、主要技术和典型系统，以及移动通信领域最新技术的发展。全书共 9 章，可分为三个部分。第一部分(第 1 章)主要介绍移动通信的发展和基本概念，使读者对移动通信在总体上有一个初步认识。第二部分(第 2～6 章)主要介绍移动通信的基本理论和主要技术，包括移动通信信道、编码技术、数字调制技术、抗衰落技术、组网技术等。在阐述过程中突出每种技术的作用、原理及在移动通信系统中的应用。第三部分(第 7～9 章)主要介绍广泛应用的典型移动通信系统，包括 2G 系统(GSM 和 IS-95 CDMA)、3G 系统(WCDMA、cdma2000 和 TD-SCDMA)以及 B3G/4G 系统。在阐述时将每个系统的特点、网络结构和空中接口技术作为重点。

本书条理清楚，内容由浅入深，以满足不同层次读者的学习需要。

本书可作为高等院校通信以及电子信息专业学生的教材，也可作为从事移动通信以及相关专业工作的工程技术人员的参考书。

图书在版编目(CIP)数据

现代移动通信/康晓非主编. —西安：西安电子科技大学出版社，2015.12

高等学校电子信息类专业"十三五"规划教材

ISBN 978-7-5606-3890-4

Ⅰ. ① 现… Ⅱ. ① 康… Ⅲ. ① 移动通信—高等学校—教材 Ⅳ. ① TN929.5

中国版本图书馆 CIP 数据核字(2015)第 268559 号

策　　划	云立实
责任编辑	云立实　杨　薇
出版发行	西安电子科技大学出版社(西安市太白南路 2 号)
电　　话	(029)88242885　88201467　　邮　编　710071
网　　址	www.xduph.com　　电子邮箱　xdupfxb001@163.com
经　　销	新华书店
印刷单位	陕西大江印务有限公司
版　　次	2015 年 12 月第 1 版　2015 年 12 月第 1 次印刷
开　　本	787 毫米×1092 毫米　1/16　印张 14.5
字　　数	341 千字
印　　数	1～3000 册
定　　价	28.00 元

ISBN 978-7-5606-3890-4/TN

XDUP 4182001-1

*** 如有印装问题可调换 ***

本社图书封面为激光防伪覆膜，谨防盗版。

前 言

移动通信是通信领域中发展最快、应用最广和最前沿的分支。其快速发展激发了人们学习移动通信知识的热情，也推动了移动通信教学的发展，并增加了对移动通信教材的需求。近年来，国内外出版了不少移动通信类的教材，其中不乏优秀之作。考虑到技术更新快、课时受限及专业特点等因素，编者在参考大量文献的基础上，结合多年在移动通信领域工作、教学和科研的经验编写了此书。

全书共分为9章，第1章介绍了移动通信的发展历程和移动通信中的一些基本概念。第2章介绍了移动通信信道的相关理论。第3章介绍了移动通信中的语音编码和信道编码。第4章讲述了移动通信中的调制技术，包括恒包络调制、线性调制以及QAM、OFDM等高效调制技术。第5章主要讲述抗衰落技术，包括均衡技术、分集技术、交织技术和多天线技术。第6章讲述了组网技术，主要包括蜂窝技术、移动性管理、多址接入和多信道共用技术。第7章讲述了2G的GSM和IS-95 CDMA两大典型系统的组成和空中接口技术。第8章讲述了cdma2000、WCDMA和TD-SCDMA三大3G系统的网络结构及物理层技术。第9章主要介绍了LTE及LTE-Advanced系统的演进及关键技术。每章都给出一定量的习题与思考题，以帮助读者巩固所学的知识，启发思路。

本书力求做到内容由浅入深，论证简明扼要，条理清楚，重点突出，尽量避免繁琐的数学推导，从工程应用的角度关注基本原理和主要技术，注重内容的系统性、先进性和实用性。

本书的第1~3章、第9章由李白萍编写，第4~7章以及第8章的8.3节由康晓非编写，第8章的8.1和8.2节由林少锋编写，第8章的8.4节由汪正进编写。

在本书编写过程中，得到了李盼、张登峰等人的帮助，暴宇、李新民、马延军等老师也提出了许多宝贵的建议，在此表示感谢；在本书出版过程中，西安电子科技大学出版社云立实编辑给予了大力支持，在此也表示感谢。

本书的编写也得到了陕西省通信工程特色专业建设点(No.［2011］42)和陕西省通信工程系列课程教学团队项目(No.［2013］32)的大力支持。

移动通信技术的发展日新月异，加之编者水平有限，书中难免有不妥之处，恳请读者批评指正。

编　者
2015年8月

目 录

第1章 绪论 ·· 1
1.1 移动通信的发展历程 ··· 1
1.2 移动通信基本概念 ··· 7
1.2.1 移动通信的定义及特点 ··· 7
1.2.2 移动通信的分类 ··· 8
1.2.3 无线频谱 ··· 8
1.2.4 移动通信的工作方式 ··· 10
1.3 常用移动通信系统 ··· 12
1.3.1 无绳电话系统 ··· 12
1.3.2 集群移动通信系统 ··· 14
1.3.3 无线电寻呼系统 ··· 15
1.3.4 卫星移动通信系统 ··· 16
1.3.5 蜂窝移动通信系统 ··· 17
习题与思考题 ··· 18

第2章 移动通信信道 ··· 19
2.1 移动信道基本特性 ··· 19
2.1.1 移动信道的主要特点 ··· 19
2.1.2 电波传播方式 ··· 19
2.1.3 移动信道中的几种效应 ··· 22
2.1.4 多径信道特性 ··· 23
2.2 大尺度衰落模型 ··· 26
2.2.1 路径损耗 ··· 27
2.2.2 阴影衰落 ··· 30
2.3 小尺度衰落模型 ··· 31
2.3.1 影响小尺度衰落的因素 ··· 31
2.3.2 移动多径信道参数 ··· 31
2.3.3 小尺度衰落类型 ··· 33
2.4 噪声和干扰 ··· 35
2.4.1 无线信道噪声 ··· 35
2.4.2 移动通信中的干扰 ··· 35
习题与思考题 ··· 36

第3章 编码技术 ··· 37
3.1 语音编码 ··· 37
3.1.1 语音编码的分类 ··· 37

3.1.2 混合编码的性能参数 ··· 39
3.1.3 移动通信中的语音编码 ··· 40
3.2 信道编码 ··· 44
3.2.1 信道编码的基本概念 ··· 44
3.2.2 CRC 检错码 ·· 45
3.2.3 卷积码 ·· 45
3.2.4 Turbo 码 ··· 51
3.2.5 移动通信中的信道编码 ··· 52
习题与思考题 ·· 58

第 4 章 数字调制技术 ··· 59
4.1 概述 ··· 59
4.1.1 数字调制的性能指标 ··· 59
4.1.2 移动通信对调制技术的要求 ··· 60
4.2 恒包络调制 ·· 60
4.2.1 2FSK ·· 60
4.2.2 MSK ·· 62
4.2.3 GMSK ·· 66
4.3 线性调制 ··· 69
4.3.1 2PSK ·· 69
4.3.2 QPSK ··· 71
4.3.3 OQPSK ··· 73
4.4 QAM ·· 74
4.4.1 MQAM 调制的原理 ·· 74
4.4.2 MQAM 信号的产生和解调 ··· 76
4.4.3 MQAM 调制性能 ·· 77
4.5 多载波调制 ·· 78
4.5.1 多载波调制基本概念 ··· 78
4.5.2 OFDM 的原理 ·· 80
4.5.3 OFDM 的 IFFT/FFT 实现 ·· 81
4.5.4 保护间隔与循环前缀 ··· 81
4.5.5 加窗技术 ··· 83
习题与思考题 ·· 85

第 5 章 抗衰落技术 ·· 86
5.1 均衡技术 ··· 86
5.1.1 均衡原理和作用 ·· 86
5.1.2 均衡实现途径 ··· 87
5.1.3 横向滤波器的原理 ·· 88
5.1.4 自适应均衡和盲均衡 ··· 89
5.2 分集技术 ··· 92
5.2.1 分集的概念 ·· 92
5.2.2 分集技术的分类 ·· 92

5.2.3 典型的分集技术	92

- 5.2.3 典型的分集技术 … 92
- 5.2.4 常用的合并技术 … 94
- 5.2.5 Rake 接收技术 … 97
- 5.3 交织 … 99
  - 5.3.1 交织的基本原理 … 99
  - 5.3.2 交织的特点 … 99
- 5.4 多天线技术 … 100
  - 5.4.1 多天线技术的概念 … 100
  - 5.4.2 多天线技术的优势 … 101
  - 5.4.3 空时编码技术 … 103
- 习题与思考题 … 107

第 6 章 组网技术 … 108

- 6.1 蜂窝技术 … 108
  - 6.1.1 蜂窝的概念 … 108
  - 6.1.2 频率复用 … 111
  - 6.1.3 蜂窝系统容量的改善 … 113
- 6.2 移动性管理 … 116
  - 6.2.1 位置管理 … 116
  - 6.2.2 越区切换 … 119
- 6.3 多址接入 … 123
  - 6.3.1 多址接入的概念 … 123
  - 6.3.2 三种多址方式的特点 … 124
  - 6.3.3 三种多址方式的比较 … 126
- 6.4 多信道共用技术 … 128
  - 6.4.1 技术指标 … 128
  - 6.4.2 空闲信道的选取方式 … 130
- 习题与思考题 … 131

第 7 章 2G 移动通信系统 … 132

- 7.1 GSM 通信系统 … 132
  - 7.1.1 GSM 系统概述 … 132
  - 7.1.2 GSM 系统组成 … 133
  - 7.1.3 GSM 无线接口理论 … 137
  - 7.1.4 GSM 主要技术 … 147
- 7.2 CDMA 技术的基础 … 150
  - 7.2.1 扩频通信的基本概念 … 150
  - 7.2.2 直接序列扩频基本原理 … 153
  - 7.2.3 CDMA 中的地址码 … 155
- 7.3 IS-95 CDMA 系统 … 159
  - 7.3.1 系统概述 … 159
  - 7.3.2 IS-95 CDMA 系统的无线链路 … 162
  - 7.3.3 IS-95 CDMA 中的切换和功率控制 … 169

习题与思考题 …… 175

第8章　3G 移动通信系统 …… 176
8.1　概述 …… 176
8.2　cdma2000 系统 …… 177
8.2.1　cdma2000 的演进 …… 177
8.2.2　EV-DO 网络结构 …… 178
8.2.3　EV-DO 技术特征 …… 180
8.3　WCDMA 系统 …… 182
8.3.1　演进路线及技术特点 …… 182
8.3.2　系统结构 …… 184
8.3.3　WCDMA 无线接口技术 …… 187
8.4　TD-SCDMA 系统 …… 197
8.4.1　物理信道的帧结构 …… 197
8.4.2　TD-SCDMA 特色技术 …… 198
习题与思考题 …… 202

第9章　B3G/4G 移动通信系统 …… 203
9.1　LTE 系统 …… 203
9.1.1　LTE 概述 …… 203
9.1.2　LTE 系统架构 …… 205
9.1.3　无线协议结构 …… 208
9.1.4　LTE 帧结构 …… 208
9.1.5　LTE 关键技术 …… 212
9.2　LTE-Advanced 系统 …… 218
9.2.1　载波聚合 …… 219
9.2.2　增强型 MIMO …… 220
9.2.3　协作多点传输(CoMP) …… 221
9.2.4　中继 …… 222
习题与思考题 …… 223

参考文献 …… 224

第1章 绪 论

1.1 移动通信的发展历程

移动通信是通信领域最活跃和发展最为迅速的分支,也将是21世纪对人类的生活和社会发展有重大影响的科学领域之一。短短的几十年间,各种新技术层出不穷,蜂窝移动通信经历了四代演进。移动电话用户则以超高速增长,预计至2015年年底全球手机用户将超过75亿,我国手机用户也将超过13亿。图1-1为我国移动电话用户数的历年统计。

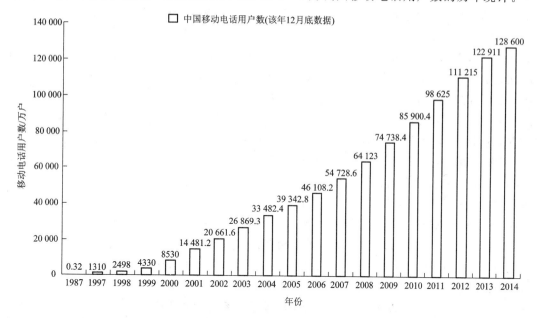

图1-1 我国历年移动用户数统计

移动通信从诞生至今已有100多年的历史了。1897年,意大利科学家马克尼(Marconi)实现了从英国怀特岛(Isle of Wight)到30 km之外的一条拖船之间的无线传输,这成为了移动通信的开端。现代意义上的移动通信始于20世纪20年代。20世纪20年代至60年代末是移动通信发展的初期阶段。

从20世纪20年代至40年代,移动通信使用范围很小,主要应用在专用系统和军事通信领域,借助于船舶、飞机、汽车等专用移动通信平台,使用的波段为短波波段。由于当时的技术限制,移动通信的设备采用电子管,大而笨重,且通信效果很差。当时只能采用人工交换和人工切换频率的控制和接续方式。其代表系统是1921年美国底特律和密执安警察厅开始使用的车载无线电系统,该系统的工作频率为 2 MHz。

从 20 世纪 40 年代至 60 年代末,移动通信开始应用于民用系统,在频段使用上,则放弃了原来的短波波段,开始使用 VHF(甚高频)的 150 MHz,到了后来又发展到 400 MHz 频段。由于晶体管的出现,使移动台向小型化方面大大前进了一步,通信效果也明显提升。交换系统已由人工发展为用户直接拨号的专用自动交换系统。在此阶段,美国、英国、日本、西德等国开始应用汽车公用无线电话(MTS 或 IMTS),如 1946 年,美国的圣路易斯城建立了世界上第一个公共汽车电话系统。

1974 年,美国贝尔实验室提出的蜂窝概念,有效地提高了系统容量和频谱效率,同时集成电路技术、微型计算机和微处理器的广泛应用,使得移动通信进入了快速发展阶段。蜂窝移动通信系统截至目前已演进了四代。

第一代移动通信系统(1st Generation,1G)以模拟蜂窝网为主要特征。20 世纪 80 年代左右,随着蜂窝系统的概念及其理论在实际中的应用,美国、英国、日本、瑞典等国纷纷研制出陆地移动电话系统。这个时期的系统的主要技术特点是 FM(调频)、FDMA(频分多址),以模拟方式工作,加之以蜂窝小区进行组网,故称为模拟蜂窝移动通信系统。其典型系统包括:先进移动电话系统(Advanced Mobile Phone System,AMPS)、全接入通信系统(Total Access Communications System,TACS)和北欧移动电话系统(Nordic Mobile Telephone,NMT)。其中,AMPS 系统于 1978 年在美国贝尔实验室研制成功,1983 年首次在芝加哥投入商用,同年 12 月在华盛顿也开始启用。服务区域在美国逐渐扩大,到 1985 年 3 月已经扩展到 47 个地区,约 10 万移动用户。TACS 系统于 1985 年由英国开发,它实际上是 AMPS 系统的改进,这种改进主要体现在两个方面:一方面是工作频段不同(AMPS 工作频段为 800 MHz,TACS 工作频段为 900 MHz),另一方面是信道带宽不同(AMPS 信道带宽是 30 kHz,TACS 信道带宽是 25 kHz)。通过这种改进使 TACS 系统比 AMPS 系统具有更大的容量。该系统首先在伦敦投入商用,之后覆盖全国。NMT 系统是由丹麦、挪威、瑞典和芬兰北欧四国研制成功的。NMT 系统实际包含两个系统,即 NMT - 450 和 NMT - 900。NMT - 450 于 1981 年首先在瑞典开通,其工作频段为 450 MHz,频道间隔为 25 kHz,基站发射功率为 25~50 W,提供 180 个双向信道,但容量很快饱和。接着 1986 年末引入 NMT - 900,工作在 900 MHz 频段,频道间隔为 12.5 kHz,有 1999 个双向信道。这几种模拟蜂窝移动通信系统的主要参数如表 1-1 所示。

表 1-1 模拟蜂窝移动通信系统的主要参数

系统特性		美国	英国	北 欧	
系统名称		AMPS	TACS	NMT - 450	NMT - 900
频段/MHz	基站发	870~880	935~960	463~467.5	935~960
	移动台发	825~845	890~915	453~457.5	890~915
频道间隔/MHz		30	25	25	12.5
收发频率间隔/MHz		45	45	10	45
基站发射功率/W		100	100	50	100

续表

系统特性		美国	英国	北 欧	
系统名称		AMPS	TACS	NMT-450	NMT-900
移动台发射功率/W		3	7	15	6
小区半径/km		2~20	3~20	1~40	0.5~20
区群内小区数/N		7/12	7/12	7/12	9/12
话音	调制方式	FM	FM	FM	FM
	频偏/kHz	±12	±9.5	±5	±5
信令	调制方式	FSK	FSK	FSK	FSK
	频偏/kHz	±8.0	±6.4	±3.5	±3.5
	速率/(kb/s)	10	8	1.2	1.2
纠错编码	基站	BCH(40, 28)	BCH(40, 28)	卷积码	卷积码
	移动台	BCH(48, 36)	BCH(48, 36)	卷积码	卷积码

  第二代移动通信系统(2nd Generation, 2G)是以数字化为主要特征的。进入20世纪90年代，随着超大规模集成电路和低速率语音编码技术的出现，数字通信技术表现出了比模拟技术更突出的优越性，在移动通信领域也出现了数字技术取代模拟技术的趋势。实际上，模拟蜂窝网在应用中也暴露出了一些问题。例如，不同制式系统之间不兼容，不能提供数据业务，频谱效率低，费用昂贵，保密性差等。最主要的问题是其容量已不能满足日益增长的移动用户需求。解决这些问题的方法是开发新一代数字蜂窝移动通信系统。典型的2G系统包括：GSM(Global System for Mobile communications)系统、IS-95 CDMA系统、DAMPS(Digital AMPS)系统和JDC(Japanese Digital Cellular)系统。GSM系统源自欧洲，该系统是基于TDMA方式的，并且采用了当时先进的规则脉冲激励长期预测(RPE-LTP)语音编码方式和高斯滤波最小频移键控(GMSK)调制技术。因其采用全数字传输，所以在实现技术和管理控制等方面，均与模拟蜂窝移动通信网有较大的差异，也体现出了更多的优势。1991年7月欧洲第一个GSM系统在芬兰开通。1992年大多数欧洲运营商也陆续开始提供GSM商用业务。到1994年5月已有50个GSM网在世界上运营，同年10月总客户数已超过400万，国际漫游客户每月呼叫次数超过500万，客户平均增长超过50%。1993年欧洲第一个工作于1800 MHz频段的DCS1800系统投入运营。到1994年已有6个运营者采用了该系统。

  IS-95 CDMA系统是由美国高通(Qualcomm)公司于1993年提出的，并被电信工业协会(TIA)采纳为北美数字蜂窝网标准。该系统基于直接序列扩频通信，具有较强的抗干扰能力，可以在较低信噪比下工作。由于采用了CDMA多址方式，通过不同的扩频码来区分用户，这样不同的用户可以使用相同的频率，从而极大地提高了频谱利用率，增大了系统容量。此外，该系统采用了具有语音检测的可变速率语音编码器，显著地减少了所需的传输数据速率，并降低了移动发射机的电池功耗。1995年下半年，第一个CDMA商用网络在香港地区开通，随后CDMA在韩国、美国、澳大利亚等国也得到了大规模商用。

DAMPS 系统是由 AMPS 系统发展而来的，DAMPS 系统用数字调制（π/4 - DQPSK）取代了 AMPS 系统的模拟调制（FM），并引入了 TDMA 和低速率语音编码技术（VSELP）使其容量是 AMPS 系统的三倍，并成为数字蜂窝通信系统。该系统有时也称为 ADC（American Digital Cellular）或 USDC（U. S. Digital Cellular）。此外，DAMPS 系统最早是在美国 EIA/TIA 制定的 IS-54 标准中被定义的，IS-54 经过修订后的标准称为 IS-136，所以 DAMPS 系统也可被称为 IS-54 或 IS-136。该系统于 1993 年首先在美国应用，随后主要应用在北美国家。

JDC 系统是由日本自行研发的，后来也被称为 PDC（Personal Digital Cellular）。1990 年日本开始制定相关技术标准（RCR-STD-27B），并于 1993 年开始在日本商用。该系统在无线传输方面采纳了与 IS-54 相似的技术；而在网络管理和控制方面，则采取了和 GSM 相似的方案。表 1-2 为几种数字蜂窝系统的主要参数。

表 1-2 数字蜂窝系统的主要参数

系统		GSM/DCS	ADC(IS-54)	JDC	CDMA(IS-95)
频段/MHz	基站	935~960 1805~1880	869~894	810~826 1429~1453	869~894
	移动台	890~915 1710~1785	824~849	940~956 1477~1501	824~849
双工间隔/MHz		45 95	45	130 48	45
频道带宽/kHz		200	30	25	1250
多址方式		TDMA/FDMA	TDMA/FDMA	TDMA/FDMA	CDMA/FDMA
调制方式		GMSK	π/4 - DQPSK	π/4 - DQPSK	QPSK（下行） OQPSK（上行）
信道传输速率		270.83 kb/s	48.6 kb/s	42 kb/s	1.2288 Mc/s
语音编码方式		RPE-LTP	VSELP	VSELP	可变速率 CELP
数据速率/(kb/s)		1.2、2.4、4.8、9.6	2.4、4.8、9.6	1.2、2.4、4.8	1.2、2.4、4.8、9.6
越区切换方式		移动台辅助切换	移动台辅助切换	移动台辅助切换	移动台辅助切换
小区最小半径		0.5 km	0.5 km	0.5 km	不定

在我国商用的 2G 系统主要是 GSM 系统和 IS-95 CDMA 系统。我国于 1994 年 10 月在广东开通了第一个省级 GSM 数字蜂窝移动网。1995 年 4 月原邮电部在全国 15 个省市相继建立了 GSM 网，同年 7 月中国联通在京、津、沪、穗 4 个地区开通了 GSM 网。

CDMA 系统在我国的发展始于 1997 年年底，当时首先在北京、上海、西安、广州 4 个城市开通了 CDMA 商用实验网。该网当时被称作长城网，是由原邮电部与总参通信部合作成立的长城电信公司负责经营的。2001年1月，长城网经过资产清算后，正式移交中国联通。2001年2月，联通CDMA网络建设的具体筹划工作正式展开。2002年1月中国联通CDMA网开通。

2G系统在提高语音容量、改进通话质量方面有了很大的进步，同时它也开始支持数据应用如Internet网接入。但这些系统建立在电路交换模式基础上，这使得2G系统在数据方面的效率很低，只支持低速数据传输，而且容量也有限。

第三代移动通信系统(3rd Generation, 3G)以提供多媒体业务为主要特征。相对于2G系统，3G系统在数据传输方面是一个重大飞跃，支持包括多媒体在内的高级业务和应用。3G的研究工作开始于1985年，国际电信联盟(International Telecommunication Union, ITU)当时成立了临时工作组，提出了未来公共陆地移动通信系统(Future Public Land Mobile Telecomm System, FPLMTS)的概念。1996年，FPLMTS正式更名为IMT-2000 (International Mobile Telecommunications 2000)。

1997年初，ITU发出通函，向各国征集IMT-2000无线传输技术方案。截止到1998年6月30日，ITU共收到16项建议，经过一系列的评估与标准融合后，1999年11月举行的ITU-R TG8/1赫尔辛基会议上最终确定了第三代移动通信无线接口标准，并于2000年5月召开的ITU-R 2000年全会(RA-2000)上最终得到批准通过，被正式命名为IMT-2000无线接口技术规范(M.1457)。此规范包括CDMA和TDMA两大类共五种技术。其中美国电信工业协会(TIA)提交的cdma2000、欧洲电信标准化协会(ETSI)提交的WCDMA以及中国电信科学技术研究院(CATT)和大唐电信提交的TD-SCDMA为三大主流技术并得以商用。2007年10月，ITU宣布，WiMax(Worldwide Interoperability for Microwave Access)成为ITU移动无线标准，于是IMT-2000家族中又添了一名新成员。

WCDMA和TD-SCDMA的标准化工作主要由3GPP制定，WCDMA的第一个3G版本为R99，随后在R4版本中引入了TD-SCDMA标准，在R5版本中引入了高速下行分组接入(High Speed Downlink Packet Access, HSDPA)技术，在R6版本中引入了高速上行分组接入(High Speed Uplink Packet Access, HSUPA)技术。在R7版本中HSPA进一步演进，引入了高阶调制和MIMO技术，R7 HSPA有时也被称为HSPA+。R8及其之后的版本主要是LTE/LTE-Advanced技术标准。cdma2000的标准由3GPP2制定，cdma2000 1x是IS-95A/B向3G迈进的第一次演进，为了获得更高的数据速率(最高2 Mb/s)，提高系统在分组数据场景时的吞吐量，cdma2000 1x也演进为cdma2000 1x EV-DO，该标准仅适用于数据业务，1x EV-DO版本被设计成一种非对称系统，1x EV-DO Rel.0版本下行速率可达2.4 Mb/s，上行速率最高为153 kb/s。随后的1x EV-DO Rel.A、Rel.B、Rel.C版本上下行速率不断提升，1x EV-DO Rel.C也称作超移动宽带(Ultra Mobile Broadband, UMB)。WiMax标准由IEEE 802.16宽带无线接入(BWA)标准工作组制定，其演进路线为：802.16d-802.16e-802.16m。这些标准都向4G IMT-Advanced演进，具体演进路线如图1-2所示。

全球最早开展3G业务的是日本运营商，NTT DoCoMo和KDDI分别于2001年和2002年开通了各自的3G服务；韩国运营商SKT和KTF也于2002年开始3G运营。全球范围内大面积的3G网络部署开始于2003年，和记电讯于2003年在欧洲开通了欧洲第一个3G网络，同年Verizon也在美国开通了3G服务。

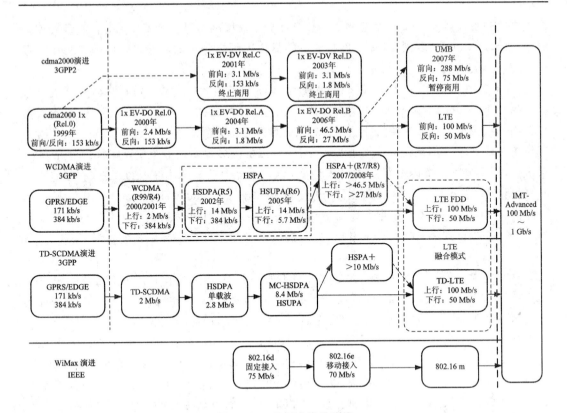

图1-2 3G标准演进路线

我国工业和信息化部于2009年1月7日分别为中国移动、中国联通和中国电信发放了TD-SCDMA、WCDMA和cdma2000三张3G牌照。

第四代移动通信系统(4th Generation,4G)以宽带高速数据传输为主要特征。在为以CDMA为核心的3G系统的标准化提供了理论基础后,学术界已经为新一代无线通信技术积累了十几年,到了21世纪最初几年,在OFDM、多天线、调度、反馈等技术领域的研究其成熟度已基本可以支撑标准化和产品开发的需要,研发基于OFDM和MIMO接收的新一代无线通信系统的时机已成熟。OFDM和MIMO技术始终被看作B3G/4G的关键技术,国际电信联盟无线部门(ITU-R)将B3G技术正式命名为IMT-Advanced(International Mobile Telecommunications-Advanced),并于2008年2月向各国发出通函,征集IMT-Advanced技术提案。2009年10月,WP5D收到了6项来自不同政府或者标准化组织提交的候选技术方案,并开始了后续评估和标准融合开发工作。2010年10月,WP5D第9次会议在中国重庆召开,将收到的6个IMT-Advanced候选提案融合成两个:LTE-Advanced(Long Term Evolution-Advanced)和WirelessMAN-Advanced(IEEE 802.16m),前者主要由3GPP、ARIB、ATIS、CCSA、ETSI、TTA、TTC及其伙伴成员支持;后者主要由IEEE、ARIB、TTA、WiMax论坛及其伙伴成员支持。LTE-Advanced包含FDD-LTE-Advanced和TD-LTE-Advanced两个技术分支,其中TD-LTE-Advanced标准由中国制定并被ITU采纳。

我国工业和信息化部于2013年12月4日正式向中国移动、中国电信和中国联通三大运营商发放TD-LTE牌照,2015年2月27日又向中国电信和中国联通发放了FDD-

LTE 牌照。

1.2 移动通信基本概念

1.2.1 移动通信的定义及特点

所谓移动通信，是指通信双方或至少有一方处于移动中进行信息传输和交换的通信方式。要移动就要摆脱传输导线的束缚，所以移动通信首先是一种无线通信方式，但移动通信又不同于微波等固定点之间的无线通信。移动通信具有无线性和移动性的双重特征。与其他种类的通信形式相比，移动通信具有以下几个明显的特点。

(1) 移动通信利用无线电波进行信息传输。

利用无线电波这种传播媒质能够允许通信中的用户在一定范围内自由活动，其位置不受束缚，不过无线电波的传播特性一般都较差。首先，移动通信的运行环境十分复杂，电波不仅会随着传播距离的增加而发生弥散和损耗，并且会受到地形、地面物体的遮蔽而发生"阴影效应"，而且信号经过多点反射，会从多条路径到达接收地点，这种多径信号的幅度、相位和到达时间都不一样，它们相互叠加会产生电平衰落和时延扩展；其次，移动通信常常在快速移动中进行，这不仅会引起多普勒频移，产生随机调频，而且会使得电波传播特性发生快速的随机起伏，严重影响通信质量。因此，移动通信系统必须根据移动信道的特征，进行合理的设计和优化。

(2) 移动通信是在复杂的干扰环境中运行的。

在移动通信系统中，除去一些常见的外部干扰，如天电干扰、工业干扰和信道噪声外，系统自身与不同系统之间，也会产生各种干扰。归纳起来包括邻道干扰、互调干扰、共道干扰、多址干扰以及远近效应等。因此，在移动通信系统中，如何减小这些有害干扰的影响是至关重要的。

(3) 随着移动通信业务量的需求与日俱增，移动通信可以利用的频谱资源非常有限。

如何提高通信系统的通信容量，始终是移动通信发展中的焦点。为了解决这一问题，一方面要开辟和启用新的频段；另一方面要研究各种新技术和新措施，以压缩信号所占的频带宽度，提高频谱利用率。可以说，移动通信无论是从模拟向数字过渡，还是向新一代发展，都离不开新技术的支持。此外，有限频谱的合理分配和严格管理是有效利用频谱资源的前提，这也是国际上和各国频谱管理机构和组织的重要职责。

(4) 对移动台的要求高。

移动台长期处于不固定位置状态，外界的影响很难预料，如尘土、振动、碰撞、日晒雨淋，这就要求移动台具有很强的适应能力。此外，还要求性能稳定可靠、携带方便、小型、低功耗及耐高、低温等。同时，要尽量使用户操作方便，适应新业务、新技术的发展，以满足不同人群的使用需求，这就给移动台的设计和制造提出了很高的要求。

(5) 通信容量有限。

频率作为一种资源必须合理安排和分配，由于适于移动通信的频段仅限于 UHF 和 VHF，所以可用的通信容量是极其有限的。为满足用户需求量的增加，只能在有限的已有频段中采取有效利用频率的措施(如窄带化缩小频带间隔、频率复用等方法)来解决。目前常使用频道重复利用的方法来扩容,增加用户容量。但除此之外,每个城市在通信建设中要做出长期增容的规划,以适应今后的发展需要。

(6) 通信系统复杂。

由于移动台在通信区域内随时运动,需要随机选用无线信道,进行频率和功率控制、地址登记、越区切换及漫游存取等,这就使其信令种类比固定网要复杂得多。此外,由于在入网和计费方式上特殊的要求,移动通信系统是比较复杂的。

1.2.2 移动通信的分类

移动通信有以下多种分类方法:

(1) 按使用对象可分为民用网和军用网。

(2) 按使用环境可分为陆地通信、海上通信和空中通信。

(3) 按多址方式可分为频分多址(FDMA)、时分多址(TDMA)和码分多址(CDMA)等。

(4) 按覆盖范围可分为广域网和局域网。

(5) 按业务类型可分为电话网、数据网和综合业务网(多媒体网)。

(6) 按工作方式可分为同频单工、异频单工、双工和半双工。

(7) 按服务范围可分为专用网和公用网。

(8) 按信号形式可分为模拟网和数字网。

1.2.3 无线频谱

1. 频谱资源的管理

频谱是一种宝贵的通信资源,无论是国际上还是各个国家都有相应的机构负责分配和控制频谱的使用。国际上负责管理频谱的机构是世界无线电管理大会(World Administrative Radio Conference,WARC),现称为世界无线电通信大会(World Radio communication Conference,WRC),它是 ITU 中最重要的会议,确立不同地区和国家使用频谱的世界性指导原则。此外,各国政府也有相应的管理机构负责给不同的频段指定具体的用途及频谱的分配方式,如我国的无线电管理局(State Radio Regulation of China,SRRC)、美国的联邦通信委员会(Federal Communication Commission,FCC)、日本的无线工商业协会(Association of Radio Industries and Businesses,ARIB)和欧洲的欧洲电信标准化协会(European Telecomm Standards Institute,ETSI)等。虽然各国确切的频率分配存在差异,但整个世界范围内针对相同的业务还是倾向于采用同一频率范围。

2. 频谱的分配方式

各国对频谱资源的分配策略不尽相同,概括起来有以下几种方式。

1) 指配方式

指配方式是指由管理机构分配给特定的运营商。例如,在我国,国家无线电管理机构对无线电频率实行统一划分和分配。目前中国移动、中国联通和中国电信等运营商使用的频谱资源均由国家无线电管理局分配。

2) 拍卖方式

拍卖方式是指由政府或管理机构拍卖给出价最高者。该方式在欧美各国比较流行,但也存在争议。有些人认为,基于市场的拍卖方式最为公平也最有效率,且能给政府带来巨大的收入;另一些人则认为,拍卖方式将扼杀创新,限制竞争,不利于技术改进。拍卖使得只有大公司或大集团才能买得起频谱,而公司也因此背上了沉重的债务包袱,这势必影响系统的迅速建设开通,这个包袱也会最终转嫁到用户身上。

3) 评选方式

评选方式是指政府部门对申办业务的运营公司经济实力、技术支撑、网络运营经验、服务状况等指标进行综合评审和权衡后,确定获得频率或执照的最佳对象,并收取相应的费用。

与拍卖方式不同的是,评选方式不仅要考虑竞争者的经济实力,同时也要考虑其组网方案、经营能力等多方面的综合因素,这样可以避免频率拍卖而产生的一些弊端,更有利于通信业务的开展。

4) 开放方式

开放方式是指一些特定的频段被作为开放频段而留出,只要符合一定的行业规定,就可以无需许可而免费使用。相关的行业规定一般包括特定的标准、功率电平等,设置这些开放频段(unlicensed band)的目的是鼓励创新和降低成本。例如,ISM(Industrial Scientific Medical)频段,该频段在各国的规定并不统一,如在美国有三个频段,即 902~928 MHz、2.4~2.4835 GHz、5.725~5.850 GHz,而在欧洲 900 MHz 的频段则有部分用于 GSM 系统,我国亦如此。基本上,各国将 2.4 GHz 作为共同的 ISM 频段。因此无线局域网、蓝牙、ZigBee 等无线网络,均可工作在 2.4 GHz 频段上。

5) 重叠方式

重叠方式是指在已分配了的频谱上重复分配一个业务作为次要业务,原有业务称为主要业务。一般会对次要业务的功率谱密度等做出严格的限制,以尽量减小对主要业务的影响。超宽带(Ultra Wideband,UWB)系统就是这种工作方式。FCC 给 UWB 的定义为绝对带宽大于 0.5GHz(10dB 带宽)或相对带宽大于 20%(绝对带宽与中心频率之比),其频率范围跨越了现存的多个系统的频段。为了减小对现存系统的干扰,FCC 同时也给出了 UWB 发射功率的严格限制(FCC 频谱模板)。

除以上几种频谱分配方式外,一种更灵活、更高效的频谱分配方式——认知无线电 (Cognitive Radio,CR)成为了新的研究热点。它通过感知周围的频谱环境,找出一个时间、空间、频率的范围,在此范围内即使以中高功率发射也不会对其他用户产生干扰。把这种方式用在很宽的频带上,就能产生大量新的可用带宽,为新的无线系统和应用提供大量机会。

3. 移动通信系统所使用的频段

目前,蜂窝移动通信系统使用的频段主要有:800 MHz 频段(CDMA)、900 MHz 频段(AMPS、TACS、GSM)、1800 MHz 频段(DCS1800)、2 GHz 频段(cdma2000、WCDMA、TD-SCDMA)以及 2.3 GHz 和 2.5 GHz 频段(LTE)。我国主要移动通信系统频谱分配如表 1-3 所示。

表 1-3 我国主要移动通信系统频谱分配

业务/系统	频 率 范 围
无线寻呼发射机	138～167 MHz，279～281 MHz
数字集群系统	上行：806～821 MHz；下行：851～866 MHz
无绳电话机	模拟：45～45.475 MHz/48～48.475 MHz 数字：1915～1920 MHz，2.4～2.4835 GHz
DECT 无线接入系统	1905～1920 MHz
PHS 无线接入系统	1900～1915 MHz
GSM900 系统	上行：885～915 MHz；下行：930～960 MHz
GSM1800 系统	上行：1710～1785MHz；下行：1805～1880 MHz
CDMA 系统	上行：825～835 MHz；下行：870～880 MHz
cdma2000 系统	上行：1920～1980 MHz；下行：2110～2170 MHz
WCDMA 系统	上行：1920～1980 MHz；下行：2110～2170 MHz
TD-SCDMA 系统	1880～1920 MHz，2010～2025 MHz，2300～2400 MHz
TD-LTE 系统	移动：1880～1900 MHz，2300～2390 MHz，2555～2655 MHz

1.2.4 移动通信的工作方式

从传输方式的角度，无线通信分为单向传输(广播式)和双向传输(应答式)。单向传输只用于无线电寻呼系统。双向传输有单工、半双工和双工三种工作方式。

1. 单工通信

单工通信是指通信双方电台交替地进行收信和发信。根据收、发频率的异同，又可分为同频单工和异频单工。单工通信常用于点到点通信，如图 1-3 所示。

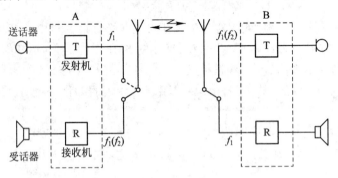

图 1-3 单工通信

同频单工是指通信双方(如图中的电台 A 和电台 B)使用相同的频率(f_1)工作，操作采用"按一讲"(Push To Talk, PTT)方式，平时双方的接收机均处于守听状态。同频单工工作方式的收发信机是轮流工作的，故收发天线可以公用，收发信机中的某些电路也可公用，因而电台设备简单、省电，且只占用一个频点。但是，这样的工作方式只允许一方发送时另一方进行接收。此外,任何一方发话完毕时,必须立即开放所占用的资源,进入等待接收状态,否则将收不到对方发来的信号。

异频单工通信方式下,收发信机使用两个不同的频率(f_1和f_2)分别进行发送和接收。不过,同一部电台的发射机与接收机还是轮换进行工作的,这一点它与同频单工是相同的。异频单工与同频单工的差异仅仅是收发频率的异同而已。

2. 双工通信

双工通信是指通信的双方,收发信机均同时工作,即任一方在发话的同时,也能收听到对方的语音,也称为全双工通信。公用移动通信系统一般采用这种方式。全双工有频分双工(Frequency Division Duplex,FDD)和时分双工(Time Division Duplex,TDD)两种实现方式。

频分双工(FDD)是一种上行链路(移动台到基站)和下行链路(基站到移动台)采用不同的频率(有一定频率间隔要求)工作的方式。FDD模式工作在对称的频带上,如图1-4所示。此时发射机和接收机能同时工作,能进行不需按键控制的双向对讲,移动台需要天线共用装置。这种方式的优点包括:第一,由于发射频带和接收频带有一定的间隔(10 MHz或45 MHz),所以可以大大提高抗干扰能力;第二,适合于宏小区、较高功率、高速移动覆盖;第三,适宜多频道同时工作的系统。该方式的缺点是移动台之间互相通话往往需基站转接。另外,由于发射机处于连续发射状态,因此电源耗电量较大。这一点对用电池作电源的移动台而言是不利的。为缓解这个问题,在一些简易通信设备中可以采用半双工通信方式。

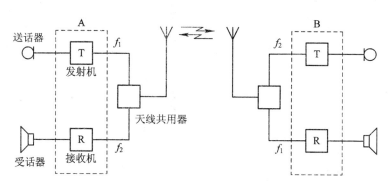

图1-4 频分双工通信

时分双工(TDD)是一种上行链路和下行链路使用相同频率而通过不同的时隙来区分的双工方式。TDD模式是工作在非对称频带上的,物理信道上的时隙分为发射和接收两部分,通信双方的信息是交替发送的。例如,基站和移动台分别在各自控制器的控制下,以1 ms发信、1 ms收信的方式进行通话,占据一个频道,提高了频谱利用率,但其技术比较复杂。TDD模式适合于微小区、低功率、慢速移动覆盖,由于上、下行空间传输特性接近,因此比较适合与智能天线技术结合。

3. 半双工通信

半双工通信是介于单工通信和全双工通信之间的一种通信方式,如图1-5所示。移动台(B)采用类似单工的"按一讲"方式,即按下按讲开关,发射机才工作,而接收机总是工作的。基站(A)工作情况与双工方式完全相同。半双工通信的特点是：设备简单，功耗小，但操作仍不太方便。所以该方式主要用于专用移动通信系统中，如汽车调度等。

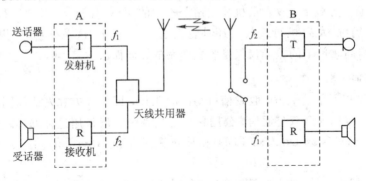

图 1-5 半双工通信

1.3 常用移动通信系统

随着移动通信应用范围的扩大，移动通信系统的类型也越来越多。典型的移动通信系统包括：无绳电话系统、集群移动通信系统、无线电寻呼系统、卫星移动通信系统、蜂窝移动通信系统。其中以蜂窝移动通信系统应用最为广泛。下面分别加以简单介绍。

1.3.1 无绳电话系统

无绳电话系统是指用无线信道代替普通电话线，使其在限定的业务区内自由移动的电话系统。无绳电话属于低功率系统，其发射功率比常规的蜂窝高功率系统低 1～2 个数量级，户外覆盖范围小于 500 m，室内小于 50 m。无绳电话可作市话系统的无线延伸，适用于慢速移动的办公、商用及住宅区内的通信。因为使用现有的公众电话网(PSTN)，不需特殊的交换设备，所以大大降低了系统成本。

无绳电话自 20 世纪 70 年代后期出现以来，经历了从模拟到数字、从室内到室外的发展历程。

1. 第一代无绳电话系统

第一代无绳电话系统(CT-1)为模拟无绳电话系统，亦称子母机系统。每个座机只允许连接一个手持机，覆盖范围仅限于家庭或办公室的几个房间，如图 1-6 所示。该系统频谱效率低，通话时音质差，串话严重，保密性也差。

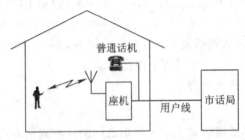

图 1-6 第一代无绳电话系统示意图

2. 第二代数字无绳电话系统

由于第一代模拟无绳电话系统CT-1技术的局限性，1989年，英国电信研究室制定了第二代数字无绳电话系统(CT-2)的空中接口标准。CT-2有三种应用场合：第一种是用于家庭或办公室；第二种是与用户交换机(Private Branch Exchange，PBX)结合使用；第三种是把原来限于室内使用的无绳电话延伸到室外，在公共场所，如火车站、购物商场、繁华街道等人口密集区安装基站，只要无绳电话机是某个基站提供商的用户，就可在该基站服务区内任意打电话，这种应用方式称为Telepoint。CT-2的缺点是用户只能做主叫，不能做被叫，而且系统不支持切换和漫游功能。1990年针对CT-2问题推出了CT-2的增强型系统，称为$CT-2^+$(CT-2 plus)。

3. 第三代数字无绳电话系统

20世纪90年代出现了更为先进的无绳电话系统，典型的代表有：欧洲的数字增强无线通信(Digital Enhanced Cordless Telecommunications，DECT)、日本的个人手持电话系统(Personal Handy-phone System，PHS)和美国的个人接入通信系统(Personal Access Communication System，PACS)。这些系统具有容量大、覆盖面宽、支持数据通信业务等特点。

1992年，欧洲邮电管理委员会(CEPT)制定了DECT标准。与CT-2相比，DECT的技术更先进，业务更加完善，系统容量更大，可实现双向呼叫、漫游及切换功能。

1993年年底，日本颁布了PHS标准，1994年推出了试验网，1995年7月正式投入商用。PHS可以提供从最基本的电话业务到尖端的多媒体业务，适用于不同国家、不同用户的需要。PHS系统采用微蜂窝结构，拥有广泛分布的基站，能支持基站间的切换和呼叫路由，如图1-7所示。PHS与DECT有着类似之处，但它更多地考虑了与ISDN兼容的问题。该系统在中国被称为"小灵通"系统，由于价格低廉等因素，这种通信系统曾经得到了飞速发展。

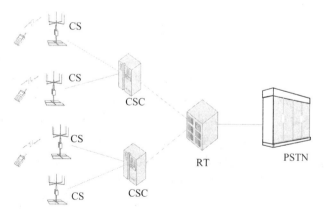

图1-7 PHS系统示意图

1994年9月，美国联邦通信委员会(FCC)的联合技术委员会(JTC)推出了PACS系统。其目的是向公众提供可扩充性强(包括技术、功能、业务)、微小区方式、与固定网兼容并相补充的个人通信业务，其具有容量大、覆盖面宽、功耗小、功能多、成本低、业务面宽等特点，既能为无线本地环路提供公共空中接口(CAI)，也具有相互联网标准。

无绳电话系统的主要特点是：采用 32 kb/s ADPCM 语音编解码器，TDMA/FDMA 的多址接入方式，每个(对)载波上可传输 1~12 路语音，大多采用时分双工(TDD)的工作方式，调制方式为 GFSK 或 π/4-DQPSK，手机发射功率的平均值在 5~25 mW 左右，工作频率为 900 MHz 或 1800 MHz。一些数字无绳电话系统的主要参数如表 1-4 所示。

表 1-4 数字无绳电话系统的主要参数

系统	CT-2	CT-2⁺	DECT	PHS	PACS
标准制定者	英国	加拿大	CEPT	RCR(日本)	美国
工作频段/MHz	864~868	944~948	1880~1900	1895~1918	1850~1910 1930~1990
频道间隔	100 kHz		1.728 MHz	300 kHz	300 kHz
载频数	40		10	77	16 对/10 MHz
调制方式	GFSK		GFSK	π/4-DQPSK	π/4-DQPSK
双工方式	TDD		TDD	TDD	FDD
多址方式	FDMA		TDMA	TDMA	TDMA
信道速率/(kb/s)	72		1152	384	384
语音编码方式	32 kb/s ADPCM		32 kb/s ADPCM	32 kb/s ADPCM	32 kb/s ADPCM
发射功率/mW	10		250	80	200
公用场所提供业务	单向呼出 单向+寻呼 双向+切换		双向呼叫 越区切换	双向呼叫 越区切换	双向呼叫 越区切换

1.3.2 集群移动通信系统

集群系统是一种高级移动调度系统，是指挥调度最重要和最有效的通信方式之一，代表着专用移动通信网的发展方向。CCIR 对它的定义为"系统所具有的全部可用信道可为系统的全体用户共用"，即系统内的任一用户想要和系统内另一用户通话，只要有空闲信道，就可以在中心控制台的控制下，利用空闲信道沟通联络，进行通话。从某种意义上讲，集群通话系统是一个自动共享若干个信道的多信道中继(转发)通信系统。它与普通多信道共用的通信系统并无本质的区别，只是更适用于对指挥调度功能要求较高的专门部门或企事业单位。其特点是：资源共享，费用分担，服务优良，效率高，造价低。

集群通信系统主要面向各专业部门如公安、铁道、水利、军队等，以各专业部门用户为服务对象。在抢险救灾、处理各种突发事件等场景下可以及时准确地调度指挥通信。集群通信系统可以提供单呼、组呼、广播呼叫、短信息等业务。用户之间存在一定的关系和不同的呼叫级别。

集群系统一般由终端设备、基站、调度台和控制中心等组成，如图 1-8 所示。移动台是用于运行中或停留在某未定地点进行通信的用户台，它包括车载台、便携机的手持机，由收发信机、控制单元、天馈线(或双工台)和电源组成。基站由若干基本转发器、天线共用设备、天馈线系统和电源等设备组成。天线共用设备包括发信合路器和接收多路分路器。天馈线系统包括接收天线、发射天线和馈线。调度台是能对移动台进行指挥、调度和管理的设备，分有线和无线调度台两种，无线调度台由收发机、控制单元、天馈线(或双工台)、电源和操作台组成。有线调度台只有操作台。控制中心包括系统控制器、系统管理终端和电源等设备，它主要控制和管理整个集群通信系统的运行、交换和接续。它由接口电源、交换矩阵、集群控制逻辑电路、有线接口电路、监控系统、电源和微机组成。

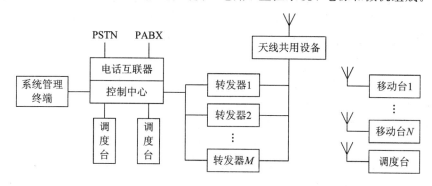

图 1-8 集中式控制方式的单区系统

1.3.3 无线电寻呼系统

无线电寻呼系统是一种单向通信系统。一个简单的寻呼系统由三部分构成：寻呼控制中心、发射台和寻呼接收机，如图 1-9 所示。寻呼控制中心有人工控制和自动控制之分，通过中继电路与发射台相连，可采用电缆或微波中继等传输方式。

图 1-9 无线寻呼系统网络结构

当主叫用户要寻呼某一个被叫用户时，主叫用户可利用市内电话拨通寻呼台，并告知被叫用户的寻呼编号、主叫用户的姓名、回电话号码及简短的信息内容。话务员将其输入计算机终端，经过编码调制，最后由发射台发送出去。被叫用户若处于发射台的覆盖范围内，则其寻呼接收机会收到无线寻呼信号。

无线寻呼技术源于美国，1948 年美国贝尔实验室试制成功世界上最早的寻呼机，称为 Bell-boy(带铃的仆人)。随后，1952 年该实验室开发了 Bell-boy 呼叫系统，1958 年美国的 Bell-boy 系统经改进后正式开放寻呼业务，这也是最早的商用寻呼系统。无线寻呼业首次进入我国是在 1984 年，随后进入了高速发展期，尤其是 1992 年至 1994 年，寻呼业在激烈竞争中迅速发展，全国有几千家寻呼台，其中以中国电信的 126/127 和中国联通的

191/192 最为有名。到 20 世纪 90 年代末，移动通信资费的不断降低以及小灵通的出现，给我国寻呼业带来了巨大的冲击，到 2005 年年底，随着中国联通宣布退出寻呼业，无线寻呼系统也退出了历史舞台。

1.3.4　卫星移动通信系统

卫星移动通信系统利用卫星中继，可在海上、空中和地形复杂而人口稀疏的地区实现移动通信，具有独特的优越性，很早就引起了人们的重视。卫星移动通信系统按其卫星高度可划分为：地球同步轨道卫星（Geostationary Earth Orbit，GEO）系统、中轨道卫星（Medium Earth Orbit，MEO）系统和低轨道卫星（Low Earth Orbit，LEO）系统。

GEO 是指在赤道上空约 35 800 km 高的圆形轨道上与地球自转同向运行的卫星。由于其运行方向和周期与地球自转方向和周期均相同，因此从地面上任何一点看上去，卫星都是"静止"不动的，所以把这种对地球相对静止的卫星简称为同步（静止）卫星。采用 GEO 卫星的典型系统包括 Inmarsat 系统和 OmniTRACS 系统。

Inmarsat 系统是由国际海事卫星组织管理的全球第一个商用卫星移动通信系统，原中文名称为"国际海事卫星通信系统"，现更名为"国际移动卫星通信系统"。其提供的业务以海上通信、定位、援救等为基本目标，扩充至海岸间及陆地卫星移动通信和航空卫星移动通信。1976 年，国际海事卫星组织首先在太平洋、大西洋和印度洋上空发射了三颗同步卫星，组成了 IMARSAT-A 系统，其后，又先后增加了 IMARSAT-C、IMARSAT-M、IMARSAT-B 和 IMARSAT-机载等系统。OmniTRACS（全线通）系统是美国高通公司于 20 世纪 80 年代末期研制开发的，是主要用于交通运输业进行调度管理的移动信息管理系统。

同步轨道卫星系统（GEO）的优点是覆盖面积大，且卫星相对于地球是静止的，因而地面站天线易于保持对准卫星，不需要复杂的跟踪系统；缺点是手机发射功率大，且通过 GEO 卫星传送语音和数据有很多困难，双向语音通信中，往返时延较大，所传输的数据速率一般也较低。因此，人们认为轨道较低的 LEO 卫星更适合语音及数据通信。

LEO 卫星系统需要 30～80 颗卫星才能实现全球覆盖。20 世纪 90 年代后期，部署此类系统的计划层出不穷。具有代表性的 LEO 系统包括铱星（Iridium）系统和全球星（Globalstar）系统。

铱星（Iridium）系统是是美国摩托罗拉公司提出的第一代真正依靠卫星通信系统提供联络的全球个人通信方式。1987 年，摩托罗拉公司正式宣布进行铱系统的开发研究，其最初计划是围绕地球设计 7 条轨道，每条轨道上均匀分布 11 颗卫星，这样共 77 颗星组成一个完整的星座。它们就像化学元素铱（Ir）原子核外的 77 个电子围绕其运转一样，铱星也因此得名。后来经过计算证实，6 条轨道就够了，于是，卫星总数减少到 66 颗（另外有 6 颗备用星），但仍习惯称之为铱星，其轨道高度为 780 公里。1997 年 5 月 5 日，美国的德尔塔 II 型火箭发射了首批 5 颗铱星，到 1998 年 5 月，布星任务全部完成，加上备用星和已经损坏的星实际共发射了 79 颗铱星。该系统历时 12 年，耗资 57 亿美元，于 1998 年 11 月正式投入运营。然而运营不足一年时间，1999 年 8 月，铱星公司便提出了破产重组的申请。2000 年 3 月 17 日 23 点 59 分整个卫星电话系统的服务全部中断。破产的铱星公司被一家私人公司收购，新公司仍然保留了"铱星"这个名字。

全球星(Global star)是由美国劳拉公司和高通公司推出的,其轨道高度为 1414 公里,系统由 48 颗卫星组成,这些卫星分布在 8 个倾角为 52°的圆形轨道平面上,每个轨道平面有 6 颗卫星。另外全球星系统还配有 8 颗备份星,备份星布置在较低轨道高度(900 公里轨道高度),可避免对工作星的干扰,同时也便于操作。一旦工作星发生故障,备份星立即变轨上升到工作星轨道高度以代替故障星。全球星系统于 1999 年 10 月宣布提供服务,2000 年 5 月中国成为第 65 个开通运营的国家。

Global Star 与 Iridium 同属 LEO 系统,但采用的技术与系统结构却不同,两者的主要系统参数见表 1-5。Global star 系统设计简单,既没有星际电路,也没有星上处理和星上交换,仅仅作为地面蜂窝系统的延伸,从而扩大了移动通信系统的覆盖。因此降低了系统投资,也减少了技术风险。

表 1-5 Iridium 和 Global Star 系统的部分参数

系统名称	轨道高度/km	倾角/(°)	周期/min	轨道平面数	每平面卫星数	总的卫星数
Iridium	780	86.4	100.13	6	11	66
Global Star	1414	52	113.53	8	6	48

频率		业务		多址
用户链路	控制链路	语音	数据/(kb/s)	
L 频段	Ka 频段	有	2.4	TDMA
UL:L 频段 DL:S 频段	C 频段	有	9.6	CDMA

1.3.5 蜂窝移动通信系统

蜂窝移动通信系统的通信网络结构呈蜂窝状,即采用蜂窝结构实现网络覆盖的移动通信系统。在蜂窝系统中,整个覆盖区被划分为许多小区,小区定义为一个基站的有效覆盖面积,其理论形状为正六边形。移动通信网利用蜂窝小区结构实现了频率的空间复用,从而大大提高了系统的容量。蜂窝的概念也真正解决了公用移动通信系统要求容量大与有限的无线频率资源之间的矛盾。

蜂窝移动通信网络结构的基本架构主要由移动终端、无线接入网(Radio Access Network,RAN)和核心网(Core Network,CN)三部分构成。随着蜂窝移动通信系统的不断演进,所提供的业务不断丰富,物理层的技术也不断更新,网络架构也逐步向 IP 化、扁平化发展。图 1-10 为几代数字蜂窝移动通信系统架构比较。可以看出,2G(如 GSM、IS-95 CDMA 系统)网络仅存在电路(Circuit Switched,CS)域,支持的业务主要是语音业务,并支持 PSTN 固定网络的语音互通。当网络演进到 2.5G(如 GPRS 系统)阶段时,系统引入了分组(Packet Switched,PS)域的概念,因此可以提供一些基于 IP 的基本数据业务。随后,当网络演进到 3G(如 UMTS、TD-SCDMA 系统)阶段,引入了 IP 多媒体子系统(IMS)体系架构时,系统在核心网的 PS 域之上增加了新的一层——IP 多媒体子系统(IP

Multimedia Subsystem，IMS)，此时语音除了通过传统的 CS 域提供外，还可以通过 IMS 域来提供 VoIP 语音，同时基于 VoIP 的语音能够实现与 CS 语音以及 PSTN 语音的互通。演进到 4G（如 LTE－Advanced）阶段，采用分组数据网络结构，称为演进分组系统（Evolved Packet System，EPS）。EPS 包括演进型无线接入网（Evolved Universal Terrestrial Radio Access Network，E－UTRAN）和演进型分组核心网（Evolved Packet Core，EPC），EPC 是基于 IP 协议的多接入核心网络。在该阶段，整个网络中网元数量大大减少。

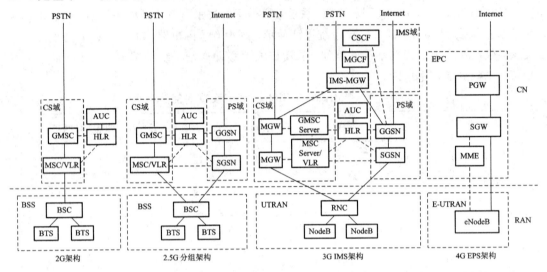

图 1－10 蜂窝移动通信系统架构比较

习题与思考题

1. 简述移动通信的发展历程。
2. 试列出 1G、2G、3G 的典型系统。
3. 什么是移动通信？与其他通信方式相比，移动通信有哪些特点？
4. 移动通信有哪几种工作方式？分别有什么特点？
5. 移动通信有多种分类方法，试将中国移动的 GSM 网络从不同角度归类。
6. 常用的移动通信系统有哪些？
7. 移动卫星通信的典型系统有哪些？它与地面蜂窝移动通信的差别是什么？

第 2 章　移动通信信道

信道是指以传输媒质为基础的信号通道，它是任何一个通信系统不可或缺的组成部分。信道按照传输媒质的不同可分为有线信道和无线信道两类。移动通信的信道属于无线信道，信息是在开放的空间中借助电磁波进行传输的。复杂、恶劣的传播条件是移动信道的基本特征，因此，移动信道的特性直接影响到系统的性能，在移动通信系统中，众多新技术的提出都与移动信道的传输特性有着密切的关系。

2.1　移动信道基本特性

2.1.1　移动信道的主要特点

1. 传播的开放性

有线信道中，电磁波被限定在导线内，而移动通信的信道是一个开放的空间。

2. 接收环境的复杂性

接收环境的复杂性是指接收点地理环境的复杂性与多样性。这与用户所处的位置直接相关，一般可将接收点地理位置划分为三类典型区域：高楼林立的城市繁华区；以一般性建筑物为主体的近郊区；以山丘、湖泊、平原为主的农村及远郊区。

3. 通信用户的随机移动性

作为移动用户，当其通话时，有可能处于室内静止状态，也有可能是室外慢速步行或高速车载状态。

2.1.2　电波传播方式

在移动信道中，虽然电磁波传播的形式很复杂，但一般可归纳为直射波、反射波、绕射波和散射波四种基本传播方式，如图 2-1 所示。

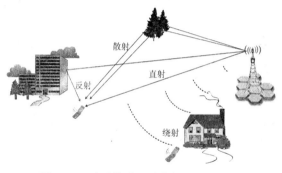

图 2-1　移动信道电波传播类型示意图

1. 直射波

在没有障碍物的情况下，电磁波在视距范围内直接由发射机到达接收机。直射波传播可近似按自由空间传播来考虑。

所谓自由空间是一个理想的空间，在自由空间中，电波沿直线传播，不发生反射、折射、绕射、散射和吸收等现象。但在自由空间中，电磁波经过一段距离后，能量仍然会有衰减，这是由辐射能量的扩散而引起的。

在图 2-2 所示的自由空间中，设在原点 O 有一辐射源，均匀地向各方向辐射，辐射功率为 P_T，经辐射后，能量均匀地分布在以 O 点为球心，d 为半径的球面上。已知球面的表面积为 $4\pi d^2$，则单位面积上的电波功率密度 S 为

$$S = \frac{P_T}{4\pi d^2} \quad (\text{W/m}^2) \tag{2.1}$$

若采用发射天线增益为 G_T 的方向性天线取代各向同性天线，则式(2.1)可进一步表示为

$$S = \frac{P_T G_T}{4\pi d^2} \quad (\text{W/m}^2) \tag{2.2}$$

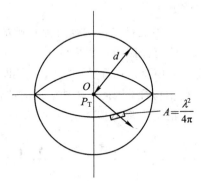

图 2-2 自由空间传播损耗

接收天线获取的电波功率等于该点的电波功率密度乘以接收天线的有效面积，即

$$P_R = S A_R \tag{2.3}$$

式中，A_R 为接收天线有效面积，可表示为

$$A_R = \frac{\lambda^2}{4\pi} G_R \tag{2.4}$$

其中，$\lambda^2/4\pi$ 为各向同性天线的有效面积，G_R 为接收天线增益。

由式(2.2)至式(2.4)可得接收功率

$$P_R = P_T G_T G_R \left(\frac{\lambda}{4\pi d}\right)^2 \tag{2.5}$$

当收、发天线增益为 0 dB，即当 $G_R = G_T = 1$ 时，则接收功率为

$$P_R = P_T \left(\frac{\lambda}{4\pi d}\right)^2 \tag{2.6}$$

定义发射功率与接收功率之比为传播损耗，在自由空间传播损耗可表示为

$$L_{bs} = \frac{P_T}{P_R} = \left(\frac{4\pi d}{\lambda}\right)^2 \tag{2.7}$$

工程上，损耗常用分贝表示，则有

$$L_{bs} = 10 \lg \left(\frac{4\pi d}{\lambda}\right)^2 = 32.45 + 20 \lg d(\text{Km}) + 20 \lg f(\text{MHz}) \tag{2.8}$$

2. 反射波

当电磁波传播中遇到两种不同介质的光滑界面时，如果界面尺寸比电磁波波长大得多，就会产生反射。反射可发生于地球表面、建筑物和墙壁表面等。通常，在考虑地面对电磁波的反射时，按平面波处理，即电磁波在反射点的反射角等于入射角，均为 θ，如图 2-3 所示。

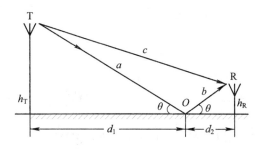

图 2-3 反射波与直射波

不同界面的反射特性用反射系数 R 表征,其定义为反射波场强与入射波场强之比,即

$$R = \frac{\sin\theta - z}{\sin\theta + z} \tag{2.9}$$

式中,对于垂直极化波,$z = \frac{\sqrt{\varepsilon_c - \cos^2\theta}}{\varepsilon_c}$;而对于水平极化波,$z = \sqrt{\varepsilon_c - \cos^2\theta}$。其中,$\varepsilon_c$ 是反射媒质的等效复介电常数,它与反射媒质的相对介电常数 ε_r、电导率 η 和工作波长 λ 有关,即 $\varepsilon_c = \varepsilon_r - j60\eta\lambda$。

3. 绕射波

绕射波也称为衍射波,是指电磁波绕过障碍物,在障碍物后方形成场强。绕射现象可由惠更斯-菲涅尔原理来解释,即波在传播过程中,行进中的波前上的所有点都可以作为产生次级波的点源,这些次级波组合起来形成传播方向上新的波前。绕射是由次级波的传播进入阴影区而形成,阴影区绕射波场强是指围绕障碍物所有次级波的矢量和。

设障碍物与发射点、接收点的相对位置如图 2-4 所示,图中,x 表示障碍物顶点 P 至直线 TR 间的垂直距离,在传播理论中,x 称为菲涅尔余隙。规定有阻挡时为负余隙,如图 2-4(a)所示,无阻挡时为正余隙,如图 2-4(b)所示;由障碍物引起的绕射损耗与菲涅尔余隙的关系如图 2-4(c)所示。图中,纵坐标为绕射引起的附加损耗,即相对于自由空间传

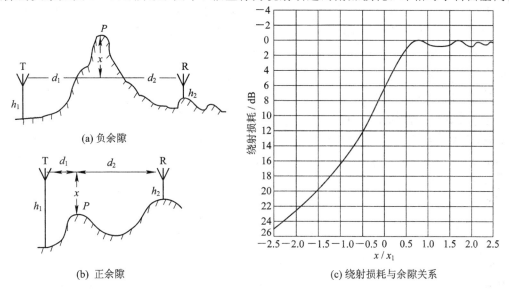

图 2-4 障碍物与余隙绕射及损耗菲涅尔余隙的关系

播的分贝数。横坐标 x/x_1 中的 x_1 是菲涅尔区在 P 点横截面积的半径,它由下列关系式求得

$$x_1 = \sqrt{\frac{\lambda d_1 d_2}{d_1 + d_2}} \quad (2.10)$$

由图 2-4 可见,当横坐标 $x/x_1 > 0.5$ 时,附加损耗约为 0 dB,即障碍物对直射波的传播基本上没有影响。为此,在选择天线高度时,根据地形尽可能使服务区内各处的菲涅尔余隙 $x > 0.5x_1$;当 $x = 0$ 时,TR 直射线从障碍物顶点擦过时,绕射损耗约为 6 dB;当 $x < 0$ 时,TR 直射线低于障碍物顶点,损耗急剧增加。

4. 散射波

当电磁波穿行的介质中存在小于波长的物体并且单位体积内阻挡体的数目非常巨大时,发生散射,散射波产生于粗糙表面、小物体或其他不规则物体。在实际移动通信环境中,接收信号比单独绕射和反射的信号强。这是因为当电波遇到粗糙表面时,反射能量会散布于所有方向,这就给接收机提供了额外的能量。电线杆和树木是典型的散射体。

2.1.3 移动信道中的几种效应

在上述信道主要特点和传播方式的作用下,接收点的信号将可能产生如下四种效应。

1. 阴影效应

当电波在传播路径上遇到起伏地形、建筑物等障碍物的阻挡时,会在障碍物的后面产生传播半盲区,这种现象称为阴影效应。移动台在运动中通过不同障碍物阴影时,就构成接收天线处场强中值的变化,从而引起阴影衰落。

2. 远近效应

由于接收用户的随机移动性,移动用户与基站之间的距离也是在随机变化的,若各移动用户发射信号功率一样,那么到达基站时信号的强弱将不同,离基站近者信号强,离基站远者信号弱。通信系统中的非线性将进一步加重信号强弱的不平衡性,甚至出现了以强压弱的现象,并使弱者,即离基站较远的用户产生掉话(通信中断)现象,通常称这一现象为远近效应。远近效应在 CDMA 系统中表现比较突出,功率控制技术能有效地克服远近效应。

3. 多普勒效应

由于用户处于高速移动中,从而引起传播频率的扩散,由此引起的附加频移称为多普勒频移(多普勒扩散)。这一现象只产生在移动速率大于等于 70 km/h 时,而对于慢速移动的步行和准静态的室内通信则不予考虑。

当移动台以恒定速率 v 在长度为 d、端点为 X 和 Y 的路径上运动时,接收自远方 S 点发出的信号,如图 2-5 所示。无线电波从源点 S 出发,在 X 点和 Y 点分别被移动台接收时所走的路程差为

$$\Delta x_i = d \cos\theta_i = v\Delta t \cos\theta_i \quad (2.11)$$

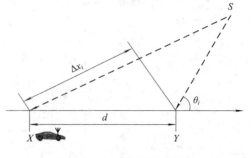

图 2-5 多普勒频移示意图

式中,Δt 是移动台从 X 运动到 Y 所需时间,θ_i 是入射电波与移动台运动方向的夹角。由于接收点距离源端点 S 很远,可假设在 X 点和 Y 点处的 θ_i 是相同的,所以,由路程差造成的接收信号相位变化值为

$$\Delta \varphi = \frac{2\pi \Delta x_i}{\lambda} = \frac{2\pi v \Delta t}{\lambda} \cos\theta_i \tag{2.12}$$

式中,λ 为波长。

由此可得出频率变化值,即多普勒频移 f_d 为

$$f_d = \frac{\Delta \varphi}{2\pi \Delta t} = \frac{v}{\lambda} \cos\theta_i \tag{2.13}$$

式中,v/λ 与入射角无关,是 f_d 的最大值,故定义最大多普勒频移为:$f_m = \frac{v}{\lambda}$。

4. 多径效应

由于用户所处位置的复杂性,到达接收端的信号包含多条路径,各路径的长度和传播条件都不同,因此接收到的信号具有不同的时延、载波相位和幅度,这种现象称为多径效应。

如果发射一个单脉冲,那么通过多径信道后所接收到的信号将是具有不同时延的一个脉冲序列,序列中的每一个脉冲对应于直射分量或由一个或一簇散射体造成的可分辨多径分量。如图 2-6 所示,图中 τ_0、τ_1、$\cdots$、τ_N 为不同路径信号到达接收端所产生的时延。因此,多径效应引起信号在时间上的扩展,即时间色散。每一个可分辨径可能是由单反射体形成的,也可能是由一簇

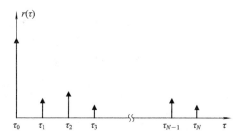

图 2-6 接收信号受多径效应影响示意图

时延基本相同的反射体形成的,对于两个时延分别为 τ_n、τ_{n+1} 的径,若其时延之差远大于信号带宽的倒数值,这两个径称为可分辨径;当多径分量不满足这个条件时,接收端不可能把它们分离出来,这些径称为不可分辨径,若干个不可分辨信号分量可合成一个单径分量。

最先到达信号分量与最后到达信号分量之间的时间延迟称为时延扩展,如果这种时延扩展的大小和信号带宽的倒数值相比很小,那么接收信号在时间上的展宽也较小。然而,当它和信号带宽的倒数值相比较大时,接收信号的时域波形就会被明显展宽,这有可能造成信号严重失真。

2.1.4 多径信道特性

1. 多径信道的冲激响应

冲激响应是信道的一个重要特性,可用于预测和比较不同移动通信系统的性能,以及某一特定移动信道条件下的传输带宽。在多径传播环境下,时变信道的冲激响应可采用抽头延迟线模型表示,即

$$h(\tau, t) = \sum_{n=0}^{N(t)} \alpha_n(t) e^{-j\varphi_n(t)} \delta(\tau - \tau_n(t)) \tag{2.14}$$

式中，$\alpha_n(t)$、$\varphi_n(t)$ 和 $\tau_n(t)$ 均为时变的随机变量，分别表示在 t 时刻第 n 条路径的幅度、相位和时延。$N(t)$ 为 t 时刻的多径数。在准静态情况下，$\varphi_n(t)$ 主要由时延 $\tau_n(t)$ 引起，$\tau_n(t)$ 等于第 n 条路径长度与电磁波速率之比，即 $\varphi_n(t)=2\pi f_c \tau_n(t)$，其中 f_c 为载波频率。而在高速运动情况下，会产生多普勒频移 $f_d(t)=\dfrac{v\cos\theta_n(t)}{\lambda}$，其中 $\theta_n(t)$ 是信号的到达方向和接收机移动方向之间的夹角，由多普勒频移所导致的多普勒相移为 $\varphi_{D_n}(t)=\displaystyle\int_t 2\pi f_d(\tau)\mathrm{d}\tau$，此时，$\varphi_n(t)$ 取决于时延和多普勒频移，即 $\varphi_n(t)=2\pi f_c \tau_n(t)-\varphi_{D_n}(t)$。

2. 多径衰落的统计特性

无线移动信道中的障碍物导致信号的多径传播，使得接收信号的包络呈现随机特性，大量研究表明，包络一般服从瑞利（Rayleigh）分布或莱斯（Rician）分布。在移动信道中，瑞利分布常用于描述平坦衰落信号或独立多径分量中包络的时变统计特性，莱斯分布则是在瑞利分布的基础上，用于描述当存在一条较强直射路径情况下的包络统计特性。

设 $u(t)$ 是带宽为 B_u 的基带信号，则相应的载波频率为 f_c 的带通信号可表示为

$$s(t)=\mathrm{Re}[u(t)\mathrm{e}^{\mathrm{j}2\pi f_c t}] \tag{2.15}$$

其中，符号 $\mathrm{Re}[\cdot]$ 表示取实部，发送信号 $s(t)$ 通过多径信道 $h(\tau,t)$ 并忽略噪声后，接收信号可表示为

$$\begin{aligned}r(t)&=s(t)*h(\tau,t)\\&=\mathrm{Re}\left\{\left[\sum_{n=0}^{N(t)}\alpha_n(t)\mathrm{e}^{-\mathrm{j}\varphi_n(t)}u(t-\tau_n(t))\right]\mathrm{e}^{\mathrm{j}2\pi f_c t}\right\}\end{aligned} \tag{2.16}$$

对于窄带系统，时延扩展 $\Delta\tau=\tau_N-\tau_0$（τ_0 和 τ_N 分别为最小时延和最大时延）往往远小于信号带宽 B_u 的倒数值，即 $\Delta\tau\ll\dfrac{1}{B_u}$，这些来自同一簇的路径，在接收机处不可分离，合成为一条单独路径，即 $u(t-\tau_i)\approx u(t)$。这样式（2.16）可改写为

$$r(t)=\mathrm{Re}\left\{u(t)\mathrm{e}^{\mathrm{j}2\pi f_c t}\left[\sum_{n=0}^{N(t)}\alpha_n(t)\mathrm{e}^{-\mathrm{j}\varphi_n(t)}\right]\right\}=\mathrm{Re}\left\{s(t)\left[\sum_{n=0}^{N(t)}\alpha_n(t)\mathrm{e}^{-\mathrm{j}\varphi_n(t)}\right]\right\} \tag{2.17}$$

此式表明，接收信号和发送信号在表达形式上只相差大括号中的那个复系数。在 $\Delta\tau\ll 1/B_u$ 的窄带条件下，这个复系数和发送信号 $s(t)$ 及其等效基带信号 $u(t)$ 无关。

为了更好地描述多径造成的这个随机复系数的特性，我们假设 $u(t)=1$，则接收信号进一步可表示为

$$r(t)=\mathrm{Re}\left\{\left[\sum_{n=0}^{N(t)}\alpha_n(t)\mathrm{e}^{-\mathrm{j}\varphi_n(t)}\right]\mathrm{e}^{\mathrm{j}2\pi f_c t}\right\}=r_I(t)\cos 2\pi f_c t+r_Q(t)\sin 2\pi f_c t \tag{2.18}$$

式中，$r_I(t)$ 和 $r_Q(t)$ 分别表示同相分量和正交分量，其表达式分别为

$$r_I(t)=\sum_{n=0}^{N(t)}\alpha_n(t)\cos\varphi_n(t) \tag{2.19}$$

$$r_Q(t)=\sum_{n=0}^{N(t)}\alpha_n(t)\sin\varphi_n(t) \tag{2.20}$$

当 $N(t)$ 很大时，由中心极限定理可知，式（2.19）和式（2.20）中的 $r_I(t)$ 和 $r_Q(t)$ 近似于联合高斯随机过程。对于均匀分布的 $\varphi_n(t)$，r_I 和 r_Q 是独立同分布的零均值高斯随机变量，假定同相分量和正交分量的方差均为 σ^2，则接收信号包络为

$$z(t) = |r(t)| = \sqrt{r_I^2(t) + r_Q^2(t)} \qquad (2.21)$$

它服从瑞利(Rayleigh)分布,其概率密度函数(PDF)为

$$f_z(z) = \frac{z}{\sigma^2} e^{\frac{-z^2}{2\sigma^2}} \qquad z \geqslant 0 \qquad (2.22)$$

当信道中存在一个固定的直射分量时(LOS 情况),不失一般性,设式(2.14)中 $n=0$ 为直射分量,此时,$r_I(t)$ 和 $r_Q(t)$ 的均值不再为零,接收信号是复高斯分量和直射分量的叠加,其包络服从莱斯(Rician)分布,其概率密度函数(PDF)为

$$f_z(z) = \frac{z}{\sigma^2} e^{\frac{-(z^2+\rho^2)}{2\sigma^2}} J_0\left(\frac{z\rho}{\sigma^2}\right) \qquad \rho > 0, z \geqslant 0 \qquad (2.23)$$

式中,$\rho^2 = \alpha_0^2$ 是直射分量的功率,$2\sigma^2 = \sum_{n,n\neq 0} E[\alpha_n^2]$ 是其他非直射分量的平均功率。$J_0(\cdot)$ 是 0 阶第一类修正贝塞尔函数。莱斯衰落的平均接收功率为

$$\overline{P}_R = \int_0^\infty z^2 f_z(z) \mathrm{d}z = \rho^2 + 2\sigma^2 \qquad (2.24)$$

定义莱斯因子

$$K = \frac{\rho^2}{2\sigma^2} \qquad (2.25)$$

K 表示直射和非直射分量的功率比,当 $K=0$ 时,即不存在直射分量的情况下,式(2.23)简化为式(2.22),相当于 NLOS 情况下的瑞利分布;当 K 增大时,式(2.23)接近于高斯分布,K 值越大,表示衰落程度越轻微;当 $K\to\infty$ 时,即信道没有多径成分,只有固定直射分量,便无衰落。图 2-7 画出了瑞利分布和莱斯分布,图中表明,当莱斯因子 $K=-40$ 时,莱斯分布接近于瑞利分布,当 $K=15$ 时,莱斯分布接近于高斯分布。

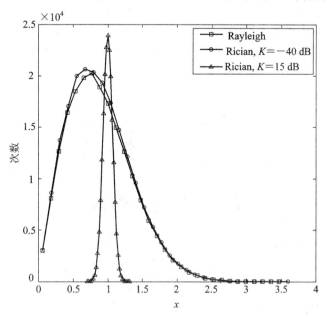

图 2-7 瑞利和莱斯分布

瑞利分布和莱斯分布都能用数学方法从所假设的物理信道模型导出,但有些实验数据与这两个分布不太吻合。因此,人们提出了一个能吻合许多不同实验数据的更为通用的衰

落分布，即 Nakagami 衰落分布

$$f_z(z) = \frac{2m^m z^{2m-1}}{\Gamma(m)\overline{P}_R^m} e^{\frac{-mz^2}{\overline{P}_R}} \quad (2.26)$$

式中，$\Gamma(\cdot)$ 为伽马函数。Nakagami 分布有两个参数，$\overline{P}_R$ 和 m，$\overline{P}_R$ 为平均接收功率，m 为衰落参数。当 $m=1$ 时，式(2.26)简化为瑞利分布；当 $m=\frac{(K+1)^2}{2K+1}$ 时，式(2.26)近似为因子为 K 的莱斯分布；当 $m\to\infty$ 时表示无衰落。

3. 多径信道的参数

对于时不变信道，$h(\tau,t)$ 中的 t 为常量，$h(\tau,t)=h(\tau)$，式(2.14)可简化为

$$h(\tau) = \sum_{n=0}^{N} \alpha_n e^{-j\varphi_n} \delta(\tau-\tau_n) \quad (2.27)$$

为了比较不同多径信道以及为无线系统设计提供依据，人们量化了一下多径信道参数，包括：功率时延谱(Power Delay Profile)、平均附加时延(Mean Excess Delay)、均方根时延扩展(RMS Delay Spread)和附加时延扩展(Excess Delay Spread)(x dB)，其中功率时延谱可通过测量确定，其他多径信道参数可通过功率时延谱进一步求得。

功率时延谱 $P(\tau)$ 可表示为

$$P(\tau) \approx \overline{k|h(\tau)|^2} \quad (2.28)$$

式中，横杠代表 $|h(\tau)|^2$ 在一个区域内的平均值，而增益 k 和发送及接收信号的功率有关。

平均附加时延定义为

$$\overline{\tau} = \frac{\sum_n a_n^2 \cdot \tau_n}{\sum_n a_n^2} = \frac{\sum_n P(\tau_n) \cdot \tau_n}{\sum_n P(\tau_n)} \quad (2.29)$$

式中，a_n 和 τ_n 分别表示第 n 条路径的幅度和时延。每条路径的时延 τ_n 都被视为随机变量，τ_n 经过不同权重 a_n^2 后得到的平均便是 $\overline{\tau}$。而均方根时延扩展则定义为

$$\tau_{\text{RMS}} = \sqrt{\overline{\tau^2} - (\overline{\tau})^2} \quad (2.30)$$

式中

$$\overline{\tau^2} = \frac{\sum_n a_n^2 \cdot \tau_n^2}{\sum_n a_n^2} = \frac{\sum_n P(\tau_n) \cdot \tau_n^2}{\sum_n P(\tau_n)} \quad (2.31)$$

2.2 大尺度衰落模型

移动信道对信号的影响包括衰落、噪声和干扰，其中以衰落为甚。通常，无线信道的衰落可分为大尺度衰落(Large Scale Fading)模型和小尺度衰落(Small Scale Fading)模型两大类型。大尺度衰落是从宏观上描述信号在经过较长时间或较长距离传播后所产生的变化；而小尺度衰落则是从微观上来描述在很短时间或很短距离之内，接收信号功率所呈现的快速波动。

在大尺度衰落模型中，一般主要关注由路径损耗(Path loss)和阴影(shadowing)效应所引起的接收信号功率随距离变化的规律。路径损耗引起长距离(100~1000 m)接收信号

功率的变化,而阴影效应引起障碍物尺度距离上(室外环境是 10～100 m,室内更小)接收信号功率的变化。

2.2.1 路径损耗

大多数移动通信系统运行在复杂的传播环境中,路径损耗除了受频率、距离等确定因素的影响,还会受到地形、地貌、建筑物分布及街道分布等不确定因素的影响。对于实际的路径损耗的估算常采用电波传播损耗预测模型或对数距离路径损耗模型。在应用中,如果是涉及到基站选址等无线系统设计和规划问题,则采用电波传播损耗预测模型。但如果只是为了对不同的系统设计进行一般的优劣分析,则可采用相对简单的对数距离路径损耗模型。

1. 电波传播损耗预测模型

电波传播损耗预测模型是基于大量实测数据而得到的经验模型,常用的模型包括:奥村模型(Okumura Model)、哈塔模型(Hata Model)、哈塔模型扩展、Walfish - Ikegami 模型等。其中奥村模型是城市宏小区中信号预测最常用的模型之一,其适用的距离范围是 1～100 km、频率范围是 150～1500 MHz,该模型除了公式外,还包括一些经验曲线和图表。哈塔模型是将奥村模型中的经验曲线与图表拟合成更加便于工程上使用的经验公式,其适用的频率范围也基本是 150～1500 MHz。而哈塔模型扩展是欧洲科技合作组织(EURO - COST,European Cooperation for Scientific and Technical Research)将哈塔模型扩展到 2 GHz,以便适合个人通信系统(PCS,Personal Communication System)。这三种模型主要用于宏蜂窝的预测,而 Walfish-Ikegami 模型用于微蜂窝的预测。

1) 哈塔模型

城市地区哈塔模型经验路径损耗的标准公式为

$$L_{50}(市区) = 69.55 + 26.16 \lg f_c - 13.82 \lg h_b - a(h_m) + (44.9 - 6.55 \lg h_b) \lg d \quad (2.32)$$

式中,L_{50}(市区)为市区路径平均损耗,且以 dB 表示;f_c 为载波频率(MHz);h_b、h_m 分别为基站、移动台天线有效高度(m);d 为移动台与基站之间的距离(km)。这些参数的适用范围为:

f_c:150～1500 MHz;

h_b:30～200 m;

h_m:1～10 m;

d:1～20 km。

$a(h_m)$ 为移动台天线高度校正因子(dB)。对于中小城市,该因子由下式给出

$$a(h_m) = (1.1 \lg f_c - 0.7) h_m - (1.56 \lg f_c - 0.8) \quad (2.33)$$

对于大城市,当发送信号的载波频率小于 300 MHz 时,$a(h_m)$ 可表示为

$$a(h_m) = 8.29 (\lg(1.54 h_m))^2 - 1.1 \quad f_c \leqslant 300 \text{ MHz} \quad (2.34)$$

当发送信号的载波频率大于 300 MHz 时,$a(h_m)$ 可表示为

$$a(h_m) = 3.2 (\lg(11.75 h_m))^2 - 4.97 \quad f_c > 300 \text{ MHz} \quad (2.35)$$

城市哈塔模型经校正后也可用于郊区和乡村,其公式分别为

$$L_{50}(\text{郊区}) = L_{50}(\text{市区}) - 2\left(\lg\frac{f_c}{28}\right)^2 - 5.4 \tag{2.36}$$

$$L_{50}(\text{乡村}) = L_{50}(\text{市区}) - 4.78(\lg f_c)^2 + 18.33\lg(f_c) - 40.94 \tag{2.37}$$

2) 哈塔模型扩展

欧洲科学技术研究协会(EURO-COST)组成 COST-231 工作组开发 Hata 模型的扩展版本，提出将 Hata 模型扩展至 2 GHz 频段，所以该模型称为 Hata 模型扩展，其传播损耗公式为

$$L_{50}(\text{市区}) = 46.3 + 33.9\lg f_c - 13.82\lg h_b - a(h_m) + (44.9 - 6.55\lg h_b) \times \log d + C_M \tag{2.38}$$

式中，载波频率 f_c 的适用范围为 1500～2000 MHz，参数 h_b、h_m、的含义及适用范围与哈特模型相同，$a(h_m)$ 的定义也与哈特模型相同。而 C_M 的定义如下

$$C_M = \begin{cases} 0 \text{ dB}, & \text{中等城市和郊区} \\ 3 \text{ dB}, & \text{市中心繁华区} \end{cases} \tag{2.39}$$

3) Walfish-Ikegami 模型

宏蜂窝模型的基础是：基站到移动台间的传播损耗由移动台周围的环境决定。但在 1 km 之内，基站周围的建筑物和街道走向严重地影响了基站到移动台间的传播损耗。因而前面提到的宏蜂窝模型不适合 1 km 内的预测。

欧洲科学技术研究协会 COST-231 在 Walfish 和 Ikegami 分别提出的模型的基础上，根据实测数据加以完善而提出了 Walfish-Ikegami 模型。该模型考虑到了自由空间损耗、沿传播路径的绕射损耗以及移动台与周围建筑屋顶之间的损耗，它适用于微蜂窝小区的覆盖预测。Walfish-Ikegami 模型的适用条件为：载波频率 f_c：800～2000 MHz；基站天线高度 h_b：4～50 m；移动台天线高度 h_m：1～3 m；距离 d：0.02～5 km。

(1) 视距(LOS)传播损耗公式：

$$L_T = 42.6 + 26\lg d + 20\lg f_c, \quad \text{仅限于 } d \geqslant 20 \text{ m} \tag{2.40}$$

式中，损耗 L_T 的单位为 dB，载波频率的单位为 MHz，距离的单位为 km。

(2) 非视距(NLOS)传播损耗公式：

$$L_T = L_{bs} + L_{rts} + L_{msd} \tag{2.41}$$

式中，L_{bs} 为自由空间传输损耗，为屋顶至街道的绕射及散射损耗，L_{msd} 为多重屏障的绕射损耗。L_{bs} 可通过式(2.8)计算。下面重点分别讨论 L_{rts} 和 L_{msd}。

屋顶至街道的绕射及散射损耗 L_{rts}（基于 Ikegami 模型）定义为

$$L_{rts} = \begin{cases} -16.9 - 10\lg w + 10\lg f_c + 20\lg \Delta h_m + L_{ori}, & h_{roof} > h_m \\ 0, & \text{if}(L_{rts} < 0) \end{cases} \tag{2.42}$$

其中，w 为街道宽度(m)，$\Delta h_m = h_{roof} - h_m$ 为建筑物屋顶高度 h_{roof} 与移动台天线高度 h_m 之差 (m)，L_{ori} 是考虑到街道方向的实验修正值，通过下式计算

$$L_{ori} = \begin{cases} -10 + 0.354\varphi, & 0 \leqslant \varphi < 35° \\ 2.5 + 0.075(\varphi - 35), & 35° \leqslant \varphi < 55° \\ 4.0 - 0.114(\varphi - 55), & 55° \leqslant \varphi < 90° \end{cases} \tag{2.43}$$

式中，φ 是入射电波与街道走向之间的夹角。相关环境参数和街道参数具体如图 2-8 所示。

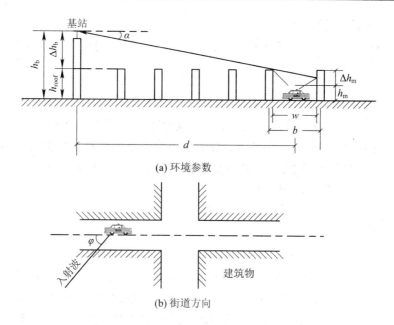

(a) 环境参数

(b) 街道方向

图 2-8 Walfish-Ikegami 模型相关参数几何关系示意图

多重屏障的绕射损耗 L_{msd}（基于 Walfish 模型）定义为

$$L_{msd} = \begin{cases} L_{bsh} + K_a + K_d \lg d + K_f \lg f_c - 9 \lg b \\ 0, \quad \text{if}(L_{msd} < 0) \end{cases} \quad (2.44)$$

其中，b 为沿传播路径建筑物之间的距离(m)，L_{bsh} 和 K_a 表示由于基站天线高度降低而增加的路径损耗，K_d 和 K_f 为 L_{msd} 与距离 d(km)及载波频率 f_c(MHz)相关的修正因子，与传播环境有关，L_{bsh}、K_a、K_d、K_f 可分别通过下式求得

$$L_{bsh} = \begin{cases} -18\lg(1+\Delta h_b), & h_b > h_{roof} \\ 0, & h_b \leqslant h_{roof} \end{cases} \quad (2.45)$$

$$K_a = \begin{cases} 54, & h_b > h_{roof} \\ 54 - 0.8\Delta h_b, & d \geqslant 0.5 \text{ km 且 } h_b \leqslant h_{roof} \\ 54 - 0.8\Delta h_b \times \dfrac{d}{0.5}, & d < 0.5 \text{ km 且 } h_b \leqslant h_{roof} \end{cases} \quad (2.46)$$

$$K_d = \begin{cases} 18, & h_b \leqslant h_{roof} \\ 18 - 15 \times \dfrac{\Delta h_b}{h_{roof}}, & h_b > h_{roof} \end{cases} \quad (2.47)$$

$$K_f = -4 + \begin{cases} 0.7\left(\dfrac{f}{925}-1\right), & \text{用于中等城市及具有中等密度的树的郊区中心} \\ 1.5\left(\dfrac{f}{925}-1\right), & \text{用于大城市中心} \end{cases}$$

$$(2.48)$$

式中，$\Delta h_b = h_b - h_{roof}$ 为基站天线高度 h_b 与建筑物屋顶高度 h_{roof} 之差(m)。

在同一条件下，$f=1800$ MHz 的传输损耗可用 900 MHz 的损耗值求得，即

$$L_{1800} = L_{900} + 10 \text{ dB} \quad (2.49)$$

2. 简化路径损耗模型

如果只是对不同的系统设计进行一般的优劣分析，可采用相对简单的路径损耗模型。其表达式为

$$\bar{L}(d) = L_{bs}(d_0) + 10n \lg \frac{d}{d_0} \tag{2.50}$$

式中，$L_{bs}(d_0)$ 表示自由空间路径损耗，d_0 是参考距离，在参考距离或接近参考距离的位置，路径损耗具有自由空间损耗的特点，对于不同的传播环境必须确定合适的 d_0；n 为路径损耗指数，主要由传播环境决定，其变化范围约为 2~6，其中 $n=2$ 对应于自由空间的情况，n 随着障碍物的密集程度而增大。

2.2.2 阴影衰落

在路径损耗模型中一般认为对于相同的收发距离，路径损耗也是相同的。然而实际情况是，与同一发射机等距离但位于不同地理位置上的接收机，由于传播路径所经过的地理环境不同，使得其接收到的信号强度有很大的差异。通过路径损耗模型所计算的数值是所有可能路径所造成功率损耗的一个平均值或中间值，接收机实测值与路径损耗模型预测值之间的偏差则是由阴影衰落引起。

发射机和接收机之间的障碍物会引起阴影衰落，这些障碍物通过吸收、反射、散射和绕射等方式使给定距离处接收信号发生随机衰减。造成信号随机衰减的因素，包括障碍物的位置、大小和介电特性及反射面和散射体的情况一般都是未知的，因此只能用统计模型来表征这种随机衰减。经被实测数据证实，这种随机衰减呈现对数正态分布。

设随机变量 $X = P_T/P_R$ 为发射和接收功率的比值，$X_{dB} = 10 \lg X$ 为 X 的分贝表示，阴影衰落近似服从于对数正态分布，即 X_{dB} 概率密度函数为

$$f(X)_{dB} = \frac{1}{\sqrt{2\pi}\sigma_{X_{dB}}} \exp\left[-\frac{(X_{dB} - \mu_{X_{dB}})^2}{2\sigma_{X_{dB}}^2}\right] \tag{2.51}$$

式中，$\mu_{X_{dB}}$、$\sigma_{X_{dB}}$ 分别是以 dB 为单位的 X_{dB} 的均值和标准差。$\mu_{X_{dB}}$ 和 $\sigma_{X_{dB}}$ 可以用解析模型或实测值确定。均值 $\mu_{X_{dB}}$ 取决于路径损耗和所在区域内的建筑物属性且随距离变化。$\mu_{X_{dB}}$ 实测时，由于经验路径损耗的测量已经包含了对阴影衰落的平均，所以 $\mu_{X_{dB}}$ 等于路径损耗。对于解析模型，$\mu_{X_{dB}}$ 必须结合考虑障碍物造成的平均衰减和路径损耗。也可以把路径损耗从阴影衰落中分离出来单独处理。多数室外信道测量表明，标准差 $\sigma_{X_{dB}}$ 的范围在 4~13 dB 之间。

同时考虑路径损耗和阴影衰落的混合损耗模型可表示为

$$L(d) = \bar{L}(d_0) + X_{dB} = L_{bs}(d_0) + 10n \lg \frac{d}{d_0} + X_{dB} \tag{2.52}$$

式中，X_{dB} 是服从均值为 0、标准方差为 $\sigma_{X_{dB}}$ 的对数正态分布，其他变量的含义同式(2.50)。

此混合模型用路径损耗模型来描述平均分贝路径损耗 $\mu_{X_{dB}}$，再增加一个均值为 0 dB 的阴影衰落来体现围绕路径损耗的随机变化，如图 2-9 中"阴影及路径损耗"曲线所示。图中，路径损耗随 $\lg d$ 线性下降，下降斜率为 $10n$ dB/十倍程，阴影衰落变化较快。此外，多径信号干涉也会引起接收功率的更快速变化，如图中的"多径、阴影及路径损耗"所示，这

种变化发生在波长数量级距离上，属于小尺度衰落类型。

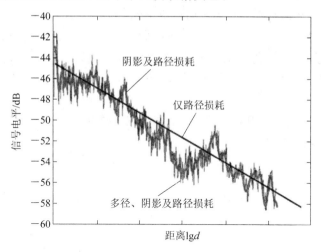

图 2-9 在路径损耗、阴影效应和多径传播与距离的关系

2.3 小尺度衰落模型

小尺度衰落是指无线电信号在短时间或短距离传播后其幅度、相位或多径时延快速变化，以至于大尺度路径损耗的影响可以忽略不计。

2.3.1 影响小尺度衰落的因素

无线信道中的许多物理因素都会影响小尺度衰落，其中包括多径效应、多普勒效应和信号的传输带宽。

(1) 多径效应。多径效应使得各条路径信号到达接收机时有不同的相位、幅度及时延，从而引起时域的时延扩展，在频域产生频率选择性衰落。

(2) 多普勒效应。多普勒效应是与物体运动有关的，物体的运动包括基站和移动台的相对运动以及无线信道中环境物体的运动。由于移动台或环境物体的高速运动在频域会引起多普勒频移，在相应的时域产生时间选择性衰落。

(3) 信号的传输带宽。前面提到的频率选择性衰落和时间选择性衰落在信道中可以同时存在，至于哪种衰落更明显，则取决于信号的带宽和符号周期。因为衰落是表征信道对信号的影响，衰落类型取决于发送信号特性（如带宽和符号周期）及信道特性（如均方根时延扩展和多普勒扩展）之间的关系。

2.3.2 移动多径信道参数

1. 时延扩展和相干带宽

时延扩展和相干带宽是用来描述无线信道的时间色散特性，而信道的时间色散是由多径效应所引起的。

时延扩展是用来描述在时域上，由多径传播所造成的信号波形扩散效应。常用的时延扩展参数包括平均附加时延、均方根时延扩展和附加时延扩展。这些参数可由功率时延谱(PDP)得到。这些参数值基本上是由环境所决定的，反映了信道的时域特性。

另一个反映信道频域特性的参数是相干带宽，相干带宽 B_c 表示包络相关度为某一特定值时的信号带宽。也就是说，当两个频率分量的频率相隔小于相干带宽 B_c 时，它们具有很强的幅度相关性；反之，当两个频率分量的频率相隔大于相干带宽 B_c 时，它们幅度相关性很小。

相干带宽 B_c 可以由均方根时延扩展 τ_{RMS} 来定义。如果相干带宽定义为频率相关函数大于 0.9 的某特定带宽，则相干带宽约为

$$B_c \approx \frac{1}{50\tau_{RMS}} \tag{2.53}$$

如果将定义放宽至相关函数值大于 0.5，则相干带宽约为

$$B_c \approx \frac{1}{5\tau_{RMS}} \tag{2.54}$$

均方根时延扩展 τ_{RMS} 是从时域上来观察信道的特性，相干带宽则是从频域上来观察，两者之间是成反比的关系，均方根时延扩展越小（大）时，相干带宽越大（小），而这两个参数基本上都是由环境决定的，如果用户所处的环境不变，这两个参数基本上也不会随着时间而改变；当然，当用户移动或是环境随着时间而变动时，这两个参数也会随着时间而改变。

2. 多普勒扩展和相干时间

多普勒扩展和相干时间是用来描述无线信道的时变特性，而信道的时变特性是由多普勒效应所引起的。

当发送端和接收端有相对运动的时候，信号便有多普勒频移的产生，这引起了信号频谱扩展。如果发送的是频率为 f_c 的正弦波，在没有多普勒效应的影响下，信号的功率谱密度(Power Density Spectrum)为一德塔函数(Delta Function)，所有的信号能量会集中在中心频率附近，一但发送端和接收端有相对运动之后，多普勒效应将会使功率谱密度往最大多普勒频移 f_m ($f_m = v/\lambda$) 集中而形成 U 字形，如图 2-10 所示。多普勒扩展 B_D 是指接收信号的多普勒频谱不为零的频率范围。

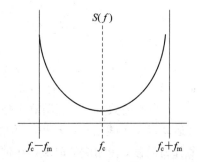

图 2-10 信号功率谱密度受多普勒效应的影响而呈现 U 字形

在描述信道的时变特性时，从频域的角度来看，我们有多普勒扩展 B_D 这个参数，而相干时间 T_c 则为多普勒扩展在时域上的表现。这是因为多普勒效应所造成信道的频率色散，其实也隐含了信道会随时间而改变这个事实。和相干带宽的定义类似，相干时间指的是在某个时间间隔内，任意两个接收信号的增益或衰减有很强的相关性，也就是说，信道对这两个信号所造成的增益或衰减是差不多的。

相干时间 T_c 可以由最大多普勒频移 f_m 来定义，被普遍采用的公式是

$$T_c = \sqrt{\frac{9}{16\pi \cdot f_m^2}} = \frac{0.423}{f_m} \tag{2.55}$$

如果发送信号的码元周期大于信道的相干时间,则信道将在一个码元尚未传送完毕之前就发生变化,这样接收机所收到的信号就会失真。

2.3.3 小尺度衰落类型

信号通过移动无线信道传播时,其衰落类型取决于发送信号的特性及信道特性。信号参数(如带宽、符号周期)和信道参数(如均方根时延扩展和多普勒扩展)之间的关系决定了不同的发送信号将经历不同的衰落类型。

1. 多径时延扩展引起的衰落效应

多径特性引起的时间色散,导致了发送信号产生平坦衰落或频率选择性衰落,如图2-11所示。

当发送的信号带宽小于信道的相干带宽时,信号通过信道传输后各频率分量的变化具有一致性,即信号在各个频率的增益或是衰减几乎是一个常数,发生平坦衰落(Flat Fading)。值得注意的是,这里的"平坦"是指对于任意的一个固定时间,信号在不同频率的增益或衰减几乎是一个定值,所以"平坦"是一个相对于频域的概念,

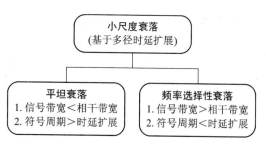

图 2-11 平坦衰落和频率选择性衰落的关系

然而在时域上,信号的包络有可能经历快速而剧烈的变化,这是因为当发生平坦衰落时,信道的时延扩展小于符号周期,到达接收机的多径信号是不可分辨(Unresolvable)的,即不同路径的时延差远小于信号带宽的倒数,由这些不可分辨信号所结合而成的接收信号包络是一个随机变量,研究表明,其通常服从瑞利分布,当存在一个固定的直射分量时,则服从莱斯分布。平坦衰落信道对信号的影响如图2-12所示,其中$s(t)$、$r(t)$和$h(t,\tau)$分别表示发送的信号、接收信号和多径信道冲激响应,而$S(f)$、$R(f)$和$H(f)$分别为其相应的频谱。

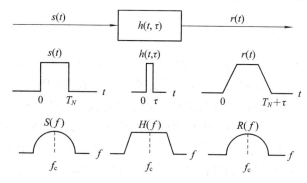

图 2-12 平坦衰落信道对信号的影响

当发送的信号带宽大于信道的相干带宽时,信道对发送信号在不同频率的衰减是不尽相同的,发生频率选择性衰落(Frequency Selective Fading)。很明显,"选择性"也是一个频域上的概念,从时域上看,由于信道的时延扩展大于符号周期,多径传播使得在接收端形成数个可分辨的路径,这些多径将对后续脉冲造成干扰,称为码间干扰(Inter Symbol Interference,ISI)。当然,这里每一个可分辨的路径还是包含了若干个不可分辨的路径。

频率选择性衰落信道对信号的影响如图 2-13 所示。

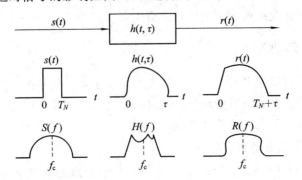

图 2-13 频率选择性衰落信道对信号的影响

2. 多普勒扩展引起的衰落效应

多普勒扩展引起频率色散，导致发送信号产生慢衰落或快衰落，如图 2-14 所示。

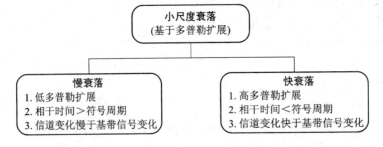

图 2-14 慢衰落和快衰落的关系

当发送信号的符号周期小于信道相干时间时，产生慢衰落。从时域上看，在慢衰落信道中，信道脉冲响应的变化速率比发送信号的基带码元速率慢，在这种情况下，我们可以把数个码元周期内的信道状况都视为静止不变的；而从频域上看这同一个现象，我们可以认为信道的多普勒频移是远小于基带信号的带宽。

当发送信号的符号周期大于信道相干时间时，产生快衰落。从时域上看，信道的相干时间小于传送信号的码元周期，也就是说信道在一个码元还没有传送完毕之前，就已经发生了变化，因为同一个码元的一部分增益会和另一部分不同，因此快衰落也称时间选择性衰落（Time Selective Fading），而这种情况会引起发送信号的失真。再回到频域来看这个现象，如果多普勒频移越大，代表发送端与接收端的相对速度越高，也就代表信道变化的速度越快，信号因为受到较快的信道衰减变化，失真的情况也就越严重。在实际的系统中，大部分的无线通信系统是处于慢衰落的信道中，快衰落只会发生在发送码元速率极低的情况下。

关于信道各类效应所造成的衰落，有几点值得注意，如果我们将信道以快衰落或慢衰落来区分的话，这和信道是属于平坦衰落或频率选择性衰落是没有关系的，因为"快"或"慢"只取决于信道变化的速率，而这变化速率主要是和车速或是环境中物体的运动有关，而这些现象和环境所造成的多径效应是毫无关系的。某种程度上来说，多普勒效应是由动态因素所造成的，而多径效应或延时扩展则是由静态因素所造成的。这也就是说，信道可以同时是快（慢）衰落，而且也是平坦衰落；或者信道可以同时是快（慢）衰落，而且也是频率选择性衰落，即总共有四种可能的排列组合。

2.4 噪声和干扰

2.4.1 无线信道噪声

1. 无线信道噪声分类

噪声的种类很多,也有多种分类方式。若根据噪声的来源进行分类,一般可以分为以下三类。

1) 人为噪声

人为噪声是指人类活动所产生的对通信造成干扰的各种噪声。其中包括工业噪声和无线电噪声。工业噪声来源于各种电气设备,如开关接触噪声、工业的点火辐射及荧光灯干扰等。无线电噪声来源于各种无线电发射机,如外台干扰、宽带干扰等。

2) 自然噪声

自然噪声是指自然界存在的各种电磁波源所产生的噪声。如雷电、磁暴、太阳黑子、银河系噪声、宇宙射线等。可以说,整个宇宙空间都是产生自然噪声的来源。

3) 内部噪声

内部噪声是指通信设备本身产生的各种噪声。它来源于通信设备的各种电子器件、传输线、天线等。内部噪声又可分为以下两类:

(1) 无源约翰逊噪声。它主要来自于一切无源器件,如电阻、电容、电路板的分子热运动所引起的噪声。其特点之一是任何环境当温度超过热力学温度零度(0K,即 $-273.16℃$)就存在分子的热运动;其特点之二是这类热运动是大量的,统计上遵从中心极限定理的规律,因而其统计特性是正态分布;其特点之三是这类热运动在频域范围足够宽,其谱特性是平坦的。

(2) 有源霰弹噪声。它主要来自于通信设备中有源器件,如电子管、晶体管及各类大规模集成电路中的载流子的起伏变化而产生。其特点与无源噪声类似,所以也可以看成典型的白噪声。它与无源白噪声的唯一差异是在一定激发条件下才产生大量电子发射而形成。

2. 移动通信中的噪声

移动通信主要工作在 VHF/UHF 频段,影响移动通信性能的噪声主要内部噪声,这类噪声在理论上的理想化模型是加性高斯白噪声(AWGN)。这里的加性是指噪声与信号之间的关系是遵从迭加原理的线性关系,高斯则是指噪声分布遵从正态(高斯)分布,而白则是指其功率谱密度函数在整个频域内是常数。仅含有这类噪声的信道称为 AWGN 信道。这类噪声是最基本的噪声,并非移动信道所特有。

2.4.2 移动通信中的干扰

移动通信系统中的干扰可以归纳为:同频干扰、邻频干扰、互调干扰、多址干扰和多径干扰。其中同频干扰、邻频干扰和互调干扰主要存在于采用 FDMA 多址方式的系统中;多址干扰主要存在于采用 CDMA 多址方式的系统中;而多径干扰是由于多径传播所引起的,与无线信道环境有关,其普遍存在于移动通信系统中。

1. 同频干扰

同频干扰指相同载频电台之间的干扰。若频率管理或系统设计不当，就会造成同频干扰。在移动通信系统中，为了提高频率利用率，在相隔一定距离以外，可以使用相同的频率，这称为同频复用。采用同频复用时，同频复用距离设置不当，会造成同频干扰。

2. 邻频干扰

工作在 k 频道的接收机受到工作于 $k\pm1$ 频道的信号的干扰，即邻道（$k\pm1$ 频道）信号功率落入 k 频道的接收机通带内造成的干扰称为邻频道干扰。解决邻频道干扰的措施包括：

(1) 降低发射机落入相邻频道的干扰功率，即减小发射机带外辐射。
(2) 提高接收机的邻频道选择性。
(3) 在网络设计中，避免相邻频道在同一小区或相邻小区内使用，以增加同频道防护比。

3. 互调干扰

互调干扰由传输信道中的非线性电路产生。它指两个或多个信号作用在通信设备的非线性器件上，产生同有用信号频率相近的组合频率，从而对通信系统构成干扰的现象。在移动通信系统中，产生的互调干扰主要有三种：发射机互调、接收机互调及外部效应引起的互调。

4. 多址干扰

多址干扰是由于多个用户信号之间的正交性不好所引起的，对于 FDMA 系统，不同用户使用不同的频段，只要滤波器隔离度做的好，就能很好的保证正交，对于 TDMA 系统，不同用户使用不同的时隙，只要时间选通隔离度做的好，也能很好的保证正交，而 CDMA 系统，小区内的用户使用相同的频段，相同的时隙，不同用户的隔离靠扩频码来区分，而这种码往往很难完全正交，所以多址干扰在 CDMA 系统中表现的尤为突出。

5. 多径干扰

多径干扰主要是由于电波传播的开放性和地理环境的复杂性而引起的多条传播路径之间的相互干扰。对于窄带系统，多径干扰引起信号包络快速变化，产生瑞利型衰落；对于宽带系统，多径干扰表现为码间干扰(ISI)。

习题与思考题

1. 移动通信信道有哪些主要特点？
2. 在移动通信中，电波的主要传播方式有哪几种？
3. 信号通过移动信道时，在什么情况下遭受平坦衰落？什么条件下遭受频率选择性衰落？
4. 电波传播预测模型是用来计算什么量的？在选择传播预测模型时，主要考虑哪些因素？
5. 若载波 $f_0=900$ MHz，移动台速度 $v=100$ km/h，求最大多普勒频移。
6. 设基站天线高度为 40 m，发射频率为 900 MHz，移动台天线高度为 2 m，通信距离为 15 km，利用哈塔模型分别求出城市、郊区和乡村的路径损耗。

第 3 章 编 码 技 术

编码技术可分为两大类,即信源编码和信道编码。信源编码是去掉一些冗余信息,目的是提高系统的有效性,信道编码是加入一些冗余信息(监督码或校验码),目的是提高系统的可靠性。语音是移动通信的重要业务之一,在信源编码中,本章重点介绍语音编码技术,而信道编码是对抗移动信道中干扰和衰落的重要技术之一,在信道编码中,本章主要介绍 CRC、卷积码和 Turbo 码,以及这些码在移动通信系统中的应用。

3.1 语音编码

语音编码是一种信源编码,其目的是解除语音信源的统计相关性,去掉信源冗余信息,提高通信系统的有效性。通常,数字化语音信号的数据量非常大,因此在传输和存储前,往往需要进行压缩处理,以减少其传输速率或存储量,即进行压缩编码。语音压缩编码研究的基本问题是在给定编码速率的条件下,如何得到尽可能好的语音质量,同时尽量减少编解码时延和算法复杂度。

3.1.1 语音编码的分类

语音编码大致可分为波形编码、参量编码和混合编码三类。

1. 波形编码

波形编码是以精确再现语音波形为目的,并以保真度即自然度为度量标准的编码方法。这类编码是保留语音个性特征为主要目标的方法。常用的波形编码有:脉冲编码调制(PCM)、差分脉冲编码调制(DPCM)、自适应差分脉冲编码调制(ADPCM)等。其码速较高,语音质量较好,适用于骨干(固定)通信网。

PCM 是将连续的模拟信源离散成数字化信源的一种基本手段。其实现过程可分为抽样、量化和编码三个基本步骤。一般语音的频率范围为 300~3400 Hz,标准带宽取 4 kHz,为了保证数字语音信号解码后的高保真度,抽样速率应满足奈奎斯特抽样定理,为 8 kHz,抽样后的信号在时间上离散了,但幅度值仍然连续,量化的目的是将波形的幅度值离散化,并且量化分层数要大。离散幅度值总是有限的,只能将落入同一区间的样值信号量化成同一个幅度值。把量化过程中抽样值与量化幅度值之间的差值叫量化噪声。量化幅度值用二进制码来表示的过程称为编码。量化幅度值越多,编码比特数越大,量化噪声越小。若量化与编码时按非线性(A 律或 μ 律)量化的 8 比特考虑,则在编码后的速率为 64 kb/s。

DPCM 不直接传送 PCM 数字化信号,而改为传送其抽样值与预测值(通过前面样值经线性预测求得的)的差值,并将其量化、编码后传送。由于经过预测和差值以后,其样值差值(误差值)的信息熵要小于直接传送样值的信息熵,因此,DPCM 量化后的比特数小于 PCM 的量化比特数。ADPCM 与 DPCM 原理类似,两者之间的主要差别在于 ADPCM 中的量化器与预测器引入了自适应控制机制。同时在译码器中多加了一个同步编码调整器,其作用是为了在同步级联时不产生误差积累。

2. 参量编码

参量编码是利用人类的发声机制,仅传送反映语音波形变化主要参量的编码方法。在接收端,可根据发声模型,由传送过来的变化参量激励产生人工合成的语音,因此,参量编码器又称为声码器。这种编码器的原理是把人的发音器官看成是一个滤波器,它由来自声带振动的脉冲来激励,滤波器由咽喉、舌头和嘴组成。这个"滤波器"和"激励脉冲串"是不断变化的,但是由于发音器官的延迟特性,可以认为在 10~30 ms 内发音器官没有变化,因此可以把较短时间段(如 20 ms)内相应的滤波器参数制定下来,并提取出这段时间的激励源脉冲串。把滤波器参数和激励源参数一起发送出去,就能代表这段时间(20 ms)的语音特性。不同的 20 ms 时间段的语音有不同的特征参数。接收端根据收到的语音参数,重建语音。由于接收到的语音是"合成"的语音,其语音的自然度下降,参量编码的主要标准是可懂度。典型的参量编码是线性预测编码(LPC),其码速较低,语音质量差,主要用于军事保密通信。

LPC 是基于线性预测技术,在发送端进行语音分析,在接收端进行语音合成。如图 3-1 所示。为了实现语音分析,将数字语音信号 $S(n)$ 分成短的时间段,称为帧。发射端的语音分析和接收端的语音合成都是逐帧进行的。

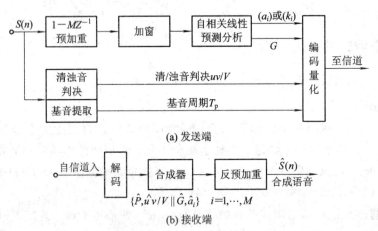

图 3-1 线性预测编码(LPC)

语音分析包括两类:一类是基音提取,被提取的参数包括清音/浊音判决 uv/V 和基音周期 T_p。另一类是短时线性分析,提取线性滤波器系数(a_i)或者对应的格型网络参数(k_i)以及增益 G。将所提取的参数进行量化与编码就可得到编码语音信号。

对信号进行预加重的目的是增强语音频谱中的高频共振峰,使语音短时谱以及线性预测分析中的余量频谱变得更为平坦,提高参数(a_i)的估值精度。加平滑窗口目的是实现逐帧分析时平滑衔接。这是由于当短时线性预测采用自相关法时,在截断时间片的边缘会产生较大误差,为减少其影响,需在分帧的同时加有限宽度窗口以平滑数据过渡,通常采用汉明窗。

线性预测分析是 LPC 的关键,其基本思想是将一个语音抽样用过去若干个语音抽样的线性组合来逼近。通过使在有限时间内的实际语音抽样与线性预测抽样之间的差值平方和最小,能够唯一确定一组预测器参数。这里预测器参数实际上就是线性组合中所用的加权系数。

3. 混合编码

混合编码是吸取上述两类编码的优点,以参量编码为基础,并附加一定的波形编码特征,以实现在可懂度基础上适当改善自然度为目的的编码方式,也称软声码器。常用的混合编码包括：MPLPC(多脉冲激励线性预测编码)、规则脉冲激励长期预测编码(RPE-LTP)、码激励线性预测编码(CELPC)等。其码速介于上述两类编码之间,主要应用于移动通信。

移动通信中由于频率资源有限,因此要求语音编码采用低码速,而另一方面由于移动通信信号可能要进入公共骨干通信网,因此必须基本满足公共骨干网的最低要求,再者移动通信属于民用通信,还必须满足个性化指标要求,鉴于以上理由,低速率、高质量的混合编码是移动通信中的优选方案。

3.1.2 混合编码的性能参数

1. 数据比特率(b/s)

数据比特率是度量语音信源压缩率和通信系统有效性的主要指标。数据比特速率越低,压缩倍数就越大,可通信的话路数也就越大,移动通信系统也就越有效。但数据比特率低,语音质量也就随之相应降低。为了补偿质量的下降,可以采用提高设备硬件复杂度和算法软件复杂度的方法,但这又带来了成本与处理时延的增大。降低比特速率另一种有效的方法是采用可变速率的自适应传输,它可以大大降低语音的平均传送率。此外,还可以进一步采用语音激活技术,充分利用至少 3/8 的有效空隙,可获得大约 2.67 dB 的有效增益。

2. 语音质量

对语音质量的评价通常有两类方法：客观评定方法和主观评定方法。

1) 客观评定方法

客观评定方法是用客观测量手段来评定语音编码质量。常用的方法有信噪比、加权信噪比、平均分段信噪比、误码率、误帧率等。相对来说简单可行,但不能完全反映人对语音质量的感觉。这个问题对于速率为 16 kb/s 以下的中、低速率语音编码尤为突出,因此主要适用于速率较高的波形编码类型。

2) 主观评定方法

主观评定方法是用人对语音质量的感觉来评定语音编码质量,该方法更符合人类听话时对语音质量的感觉,因而得到了广泛应用。目前国际上常采用的主观评定方法称为平均评价得分(Mean Opinion Score,MOS),由原 CCITT(ITU-T 前身)建议采用。MOS 得分采用五级评分标准,如表 3-1 所示。

表 3-1 MOS 五级评分标准

质量等级	分数	收听注意力等级
优（excellent）	5	可完全放松，不需要注意力
良（good）	4	需要注意，但不需明显集中注意力
满意（正常）(fair)	3	中等程度的注意力
差（poor）	2	需要集中注意力
劣（bad）	1	即使努力去听，也很难听懂

3. 复杂度与处理时延

由于语音编码通常可以采用数字信号处理 DSP 来实现，其硬件复杂度取决于 DSP 的处理能力，而软件复杂度则主要体现在算法复杂度，是指完成语音编、译码所需要的加法、乘法的运算次数，一般采用 MIPS 即每秒完成的百万条指令数来表示。

通常算法复杂度增大，会带来更长的运算时间和更大的处理时延，在双向语音通信中，处理时延、传输时延再加上未消除的回声是影响语音质量的一个重要指标。

上述四个参数是彼此制约的，混合编码的任务就是力图使上述参数及其关系达到综合最优化。表 3-2 为几种语音编码参数性能比较。

表 3-2 几种语音编码参数性能比较

参数 指标 编码器类型	数据比特率 /(kb/s)	复杂度 (MIPS)	时延 /(ms)	质量 (MOS)
脉码调制 PCM	64	0.01	0	4.3
自适应差分脉码调制	32	0.1	0	4.1
自适应自带编码	16	1	25	4
多脉冲线性预测编码	8	10	35	3.5
随机激励线性预测编码	4	100	35	3.5
线性预测声码器	2	1	35	3.1

3.1.3 移动通信中的语音编码

1. GSM 系统的语音编码

GSM 系统采用规则脉冲激励长期预测(RPE-LTP)语音编码方案，该方案是 RPE-LPC 的改进型。每语音信道的净编码速率为 13 kb/s，语音质量 MOS 可达 4.0。

GSM 对语音信号的处理从总体上主要包括：

(1) 发送端首先要进行语音检测，将每个时段分为有声段和无声段，并分别进行处理。

(2) 对于有声段要进行语音编码，以产生语音帧信号。

(3) 对于无声段要进行背景噪声估计，产生静寂描述帧(Silence Descriptor, SID)。

(4) 发射机采用不连续发射方式，仅在有声段内才发送语音帧，而 SID 则是在语音帧

第3章 编码技术

结束后才发送,接收端根据收到的 SID 帧中的信息在无声期插入舒适噪声。

GSM 语音编码器输入信号速率为 8000 样本/秒取样序列,编码处理是按帧进行的,每帧 20 ms,含有 160 个语音样本,编码后为 260 比特的编码块。RPE-LTP 编码器主要包括以下 5 个部分:预处理、线性预测分析、短时分析滤波、长时预测和规则脉冲激励编码,其编码器原理如图 3-2 所示。各部分主要功能描述如下:

(1) 预处理。语音信号在编码之前先经过预处理,以消除信号中的直流成分,并进行高频分量的预加重,包括偏移补偿和预加重两个子块。

(2) LPC 分析。LPC 分析主要进行参数的线性预测分析,它包括下列 5 个子块:分帧、自相关、Schar 递归算法、反射系数映射至对数面积比(LAR)转换以及对数面积比的量化与编码。经过 LAR 编码器,可将 LPC 参量样值量化比特从通常的 11 bit 压缩至 3~6 bit,最后将 LAR 参量编码值分别送至下一级短时分析滤波器和发送端的输出端。

(3) 短时分析滤波。短时分析滤波的目的是提出一个语音帧中 160 个样点的短视余量信号,通过 LPC 分析求得对数面积比值 LAR,再经过 LAR 解码、插值及反变换 3 个子模块,求出并送入格型结构滤波器,最后求得余量信号值。

(4) 长时分析预测。它对短时分析滤波器输出的余量信号进行长期预测处理。处理过程按帧进行,每帧分为 4 个子帧,每个子帧含有 40 个样点,且需要对长时分析滤波器输出的 LTP 滞后参数 N_j 和 LTP 增益 b_j 进行估值和更新,并将 N_j 和 b_j 分别送至发送端输出和本部分的长时分析滤波,长时合成滤波利用它产生长时余量信号,该信号是由短时余量预测值与长时余量信号的重构值相加而获得的。这一部分包含有子帧分割、LTP 参数计算、LTP 滞后参数编/译码、LTP 增益编/译码、长时分析滤波与长时合成滤波 6 个部分。

(5) 规则激励码编码器。它将由长时预测 LTP 产生的长时余量信号通过加权滤波器进行规则脉冲激励序列的提取和编码。这部分包含加权滤波、RPE 网络位置选取、RPE 序列的自适应脉码调制、APCM 量化、APCM 逆量化及 RPE 网络位置恢复 5 个部分。其中,需要向输出端送出的参量有 3 个:最佳 RPE 网络位置 M(2 bit)、RPE 13 个样点量化值 $X_M(i)$, ($i=0,1,2,\cdots,12$) 及其最大样点值 $X_{\max}$。

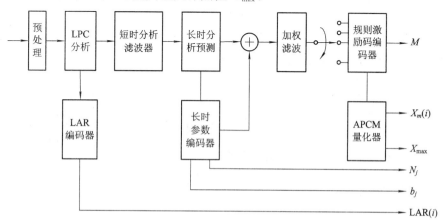

图 3-2 RPE-LTP 编码器原理图

RPE-LTP 的核心任务是给接收端传送一组 6 个基本参量 M、$X_M(i)$、$X_{\max}$、N_j、b_j 和 LAR(i),因此编码器输入每帧 160 个样点,每个样点 13 bit,每帧可以共有 13×160=

2080 bit，经过编码处理后压缩为 260 bit，6 个基本参量的信息比特分配见表 3-3 所示。

表 3-3 RPE-LTP 编码每帧比特分配表

参 数	数 量	比特/参数	比特数
LPC 参数	8	3,4,5,6	36
LTP 增益 b_j	4	2	8
LTP 滞后参数 N_j	4	7	28
RPE 网络位置 M	4	2	8
最大值 X_{max}	4	6	24
RPE 样点值 $X_M(i)$	52	3	156
合　计			260

2. IS-95 CDMA 系统的语音编码

IS-95 CDMA 系统采用高通公司提出的码激励线性预测（Qualcomm CELP，QCELP）语音编码方案，该方案是可变速率的混合编码器，是基于线性预测编码的改进型。即码激励的矢量码表代替简单的浊音的准周期脉冲产生器。

QCELP 采用可变速率编码，利用语音激活检测（VAD）技术。在语音激活期内，可根据不同的信噪比分别选择 4 种速率：全速率(1)9.6 kb/s、半速率(1/2)4.8 kb/s、四分之一速率(1/4)2.4 kb/s、八分之一速率(1/8)1.2 kb/s。采用可变速率，可以使平均速率比最高速率下降一半以上。

QCELP 方案的编码器原理如图 3-3 所示。图中，L 表示最佳音调滞后，b 表示音调滞后。QCELP 采用三类滤波器代替典型 LPC 中人工合成的 IIR 滤波器，目的是改善合成语音的质量，特别是改善语音自然度。这三类滤波器包括：动态音调合成滤波器、线性预测编码滤波器和自适应共振峰合成滤波器。主要参数包括滤波参数 $\alpha_1, \alpha_2, \cdots, \alpha_{12}$、音调参数 L 和 b、增益 G、码表参数 T，其首先对于不同的速率、矢量采用两种不同的方法选出，当速率为最高速率的 1/8 时，任意选用一个伪随机矢量，当为其他速率时，通过索引从码表里指定相应的矢量，该矢量经过增益常数 G 后又被音调合成滤波器滤波，最后再由线性预测编码滤波器滤波后输出合成语音信号。

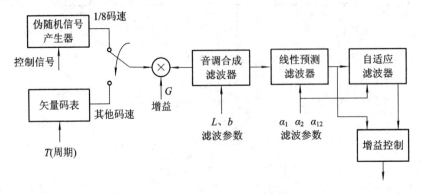

图 3-3 QCELP 编码器原理图

QCELP 编码的实现过程可归纳为：

(1) 对模拟语音按 8 kHz 采样。

(2) 将输入语音按 20 ms 划分为一个语音帧，每帧含有 160 个样点。

(3) 将 160 个样值生成 3 个参数子帧。

(4) 滤波参数 $\alpha_1, \alpha_2, \cdots, \alpha_{12}$，对任何速率每一帧(20 ms)更新一次。

(5) 音调参数在不同速率下更新次数不同。

(6) 码表参数在不同速率下更新次数不同。

(7) 三个参数不断更新，更新后的参数按一定的帧结构送至接收端。接收端的数据经解包，取得结构参数，并从这些参数重组发送信号。表 3-4 给出了不同速率的参数变化。

表 3-4 QCELP 对应每种速率所使用的参数

参数 速率	速率 1 /(8 kb/s)	速率 2 /(4 kb/s)	速率 3 /(2 kb/s)	速率 4 /(18 kb/s)
每帧更新 LPC 子帧次数	1	1	1	1
每次 LPC 子帧更新所需取样值	160/20 ms	160/20 ms	160/20 ms	160/20 ms
每个子帧所占比特	40	20	10	10
每帧更新的音调合成子帧次数	4	2	1	0
每次音调合成子帧更新所需取样值	40/5 ms	80/10 ms	160/20 ms	—
每个音调合成子帧所占比特数	10	10	10	—
码表子帧每帧更新次数	8	4	2	1
每次码表子帧更新所需取样值	20/2.5 ms	40/5 ms	80/10 ms	160/20 ms
每个码表子帧所占比特数	10	10	10	6

3. cdma2000 系统中的语音编码

cdma2000 系统采用增强型可变速率语音编码器(EVRC)，该方案采用基音内插方法减少基音参数传送速率，使其在每个语音帧仅传两次，而将节省下的信息位(比特数)用于提高激励信号质量。EVRC 编码器是基于码激励线性预测，与传统 CELP 算法的主要区别是：它能基于语音能量、背景噪声和其他语音特性动态调整编码速率。

EVRC 语音编码的取样率为 8 kHz，语音帧长为 20 ms，每帧有 160 个取样点。EVRC 语音编码速率分为三种：全速率 9.6 kb/s，其对应每帧参数为 171 比特；半速率 4.8 kb/s，其对应每帧参数为 80 比特；八分之一速率 1.2 kb/s，其对应每帧参数为 16 比特，平均速率为 8 kb/s。

4. WCDMA 及 TD-SCDMA 系统的语音编码

WCDMA 和 TD-SCDMA 系统均采用自适应多速率编码(AMR)方案。该方案以自适应码激励线性预测(ACELP)编码技术为基础，其基本思路是联合自适应调整信源和信道编码模式来适应当前信道条件与业务量大小。

AMR 语音编码的取样率为 8 kHz，语音帧长为 20 ms，每帧有 160 个取样点，其自适应有两个方面：信源和信道。对于信道存在两类选择：全速率 22.8 kb/s 和半速率

11.4 kb/s，对于两种不同信道模式分别有 8 种和 6 种信源编码速率，如表 3-5 所示。每种编码可提供不同的容错度，应采用哪种编码速率主要是根据实测信道与传输环境的自适应变化。

表 3-5 AMR 信道与信源编码模式

信道模式	编码模式(信源模式)	
全速率(FR) 22.8 kb/s	12.20 kb/s(MR122)	10.20 kb/s(MR102)
	7.95 kb/s(MR795)	7.40 kb/s(MR74)
	6.70 kb/s(MR67)	5.90 kb/s(MR59)
	5.15 kb/s(MR515)	4.75 kb/s(MR475)
半速率(HR) 11.4 kb/s	7.95 kb/s(MR795)	7.40 kb/s(MR74)
	6.70 kb/s(MR67)	5.90 kb/s(MR59)
	5.15 kb/s(MR515)	4.75 kb/s(MR475)

在 TD-SCDMA 系统实现方面为了便于量化比较而采用了 C/I(载干比)这一概念，取其滑动平均值，再将此值与一预先定义好的门限值进行比较，来决定速率的选择。由于不同的特性，全速率信道和半速率信道就应有不同的定义值。

在全速率信道，当 $C/I \geqslant 13$ 时，MR122 的 MOS 值可以达到 4 以上，是可以提供很好的性能，$9 \leqslant C/I < 13$ 时，MR122、MR102、MR795 都是可以选择的，速率越低，误帧率越低，当 $6 \leqslant C/I < 9$ 时，最好选择 MR74、MR67、MR59，而当 $C/I < 6$ 时就应尽量选择越低的速率，随着信道质量的下降，误帧率都会增加，但相对选择的速率低，就能提供相对较好的语音质量。对于半速率信道与上述类似。

3.2 信 道 编 码

3.2.1 信道编码的基本概念

1. 信道编码的定义

信道编码的目的是为了克服信道中的噪声和干扰，提高通信系统的可靠性。其基本原理是：在发送端给被传输的信息码元中(人为)加入一些必要的监督码元，这些监督码元与信息码元之间以某种确定的规则相互关联(约束)，这个过程被称为信道编码。经过编码后的信息进入信道，由于信道特性的不理想，一般会在传输中发生差错。在接收端，按既定的规则检验信息码元与监督码元之间的关系，当发现原来的信息码元与监督码元之间的关系被破坏，就会发现错误进而纠正错误，这个过程被称为信道解码或信道译码。信道编码的目标是试图以最少的监督码元为代价，以换取最大程度的可靠性的提高。

2. 信道编码的分类

可以从不同的角度对信道编码进行分类，这里从其功能和结构规律加以分类。从功能上可以分为三类：仅具有发现差错功能的检错码，如奇偶校验、循环冗余校验(CRC)、自动请求重传(ARQ)等；具有自动纠正差错功能的纠错码，如循环码中 BCH 码、RS 码、卷积码、级联码、Turbo 码等；既能检错又能纠错的信道编码，最典型的是混合 ARQ。从结构和规律上可分线性码和非线性码两大类，若监督关系方程是线性方程的信道编码称为线性码，否则称为非线性码。

3.2.2 CRC 检错码

循环码不仅具有较强的检错能力，而且实现也相对简单，特别适合于检错。循环冗余校验码(Cyclic Redundancy Check，CRC)是常用的检错码。

CRC 根据输入比特序列(S_{K-1}，S_{K-2}，…，S_1，S_0)通过 CRC 算法产生 L 位的校验比特序列(C_{L-1}，C_{L-2}，…，C_1，C_0)。

CRC 算法如下：

将输入比特序列表示为下列多项式的系数

$$S(x) = S_{K-1}x^{K-1} + S_{K-2}x^{K-2} + \cdots + S_1 x + S_0 \tag{3.1}$$

式中，x 可以看作一个时延因子，x^i 对应比特 S_i 所处的位置。

设 CRC 校验比特的生成多项式(即用于产生 CRC 比特的多项式)为

$$g(x) = x^L + g_{L-1}x^{L-1} + \cdots + g_1 x + 1 \tag{3.2}$$

则校验比特对应下列多项式的系数

$$C(x) = \text{Remainder}\left[\frac{S(x) \cdot x^L}{g(x)}\right] = C_{L-1}x^{L-1} + C_1 x + C_0 \tag{3.3}$$

式中，Remainder[·]表示取余数。式中的除法与普通的多项式长除相同，其差别是系数是二进制，其运算以模 2 为基础。

生成多项式的选择不是任意的，它必须使得生成的校验序列有很强的检错能力。已成为国际标准的常用 CRC 码有以下 4 种。

CRC - 12：

$$g(x) = 1 + x + x^2 + x^3 + x^{11} + x^{12} \tag{3.4}$$

CRC - 16：

$$g(x) = 1 + x^2 + x^{15} + x^{16} \tag{3.5}$$

CRC - CCITT：

$$g(x) = 1 + x^5 + x^{12} + x^{16} \tag{3.6}$$

CRC - 32：

$$\begin{aligned}g(x) = &1 + x + x^2 + x^4 + x^5 + x^7 + x^8 + + x^{10} + x^{11} \\ &+ x^{12} + x^{16} + x^{22} + x^{23} + x^{26} + x^{32}\end{aligned} \tag{3.7}$$

其中，CRC - 12 用于字符长度为 6 bit 的情况，其余均用于 8 bit 字符。

3.2.3 卷积码

卷积编码器的一般结构如图 3-4 所示，它包括：一个由 N 段组成的输入移位寄存器，每段有 k 级，共 Nk 位寄存器；一组 n 个模 2 加器；一个由 n 级组成的输出移位寄存器。对应于每段 k 个比特的输入序列，输出 n 个比特。由图可知，n 个输出比特不但与当前 k 个输入比特有关，而且与前面 $m=N-1$ 个信息段有关，整个编码过程可以看成是输入信息序列与由移位寄存器和模 2 加连接方式所决定的另一个序列的卷积，卷积码即由此得名。通常把 N 称为约束长度(注意：约束长度的定义并无统一标准，有些文献将 nN 或 N-1 称为约束长度)。卷积码可表示为 (n, k, m)。其编码效率为 R=k/n。

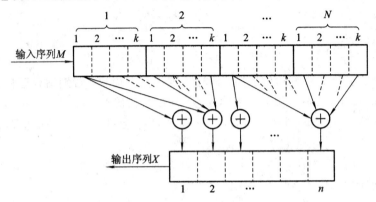

图 3-4 卷积编码器的通用结构图

描述卷积码的方法有解析法和图解法，解析法包括：离散卷积法、生成矩阵法和生成多项式法等，图解法可以采用状态图、树状图、网格图和逻辑表等方法。下面以 (2, 1, 2) 卷积编码为例讨论其编码过程。如图 3-5 所示，编码器由移位寄存器、模 2 加法器和开关组成，每输入 1 个比特，编码器输出 2 个比特，开关在 C^1 和 C^2 之间切换一次。

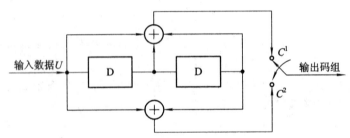

图 3-5 (2, 1, 2) 卷积码编码器

1. 离散卷积法

若输入数据序列为

$$U = (U_0, U_1, \cdots, U_{k-1}, U_k \cdots) \quad (3.8)$$

则经编码后输出的两路码组分别可表示为

$$C^1 = (C_0^1, C_1^1, \cdots, C_{n-1}^1, C_n^1, \cdots) \quad (3.9)$$

$$C^2 = (C_0^2, C_1^2, \cdots, C_{n-1}^2, C_n^2, \cdots) \quad (3.10)$$

卷积码的离散卷积表达式为

$$\begin{aligned} C^1 &= U * g^1 \\ C^2 &= U * g^2 \\ C &= (C^1, C^2) \end{aligned} \quad (3.11)$$

其中，g^1 与 g^2 为两路输出中编码器的脉冲冲击响应，即当输入为 $U=(1\ 0\ 0\ 0\ \cdots)$ 的单位脉冲时，图 3-5 中上下两个模 2 加观察到的输出值。这时有

$$\begin{aligned} g^1 &= (111) \\ g^2 &= (101) \end{aligned} \quad (3.12)$$

若输入数据序列为
$$U = (1\ 0\ 1\ 1\ 1) \tag{3.13}$$
则有
$$C^1 = U * g^1 = (1\ 0\ 1\ 1\ 1) \times (1\ 1\ 1) = (1\ 1\ 0\ 0\ 1\ 0\ 1)$$
$$C^2 = U * g^2 = (1\ 0\ 1\ 1\ 1) \times (1\ 0\ 1) = (1\ 0\ 0\ 1\ 0\ 1\ 1) \tag{3.14}$$
$$C = (C^1, C^2) = (11, 10, 00, 01, 10, 01, 11) \tag{3.15}$$

2. 生成矩阵法

在解析方法中，除了离散卷积法，卷积编码也可以采用类似线性分组码和循环码分析中常用的两类方法：生成矩阵法和码多项式法。

仍以上述(2,1,2)卷积码为例，由生成矩阵表达式形式有

$$C = U \cdot G = (U_0 U_1 U_2 U_3 U_4) \begin{pmatrix} g_0^1 g_0^2 & g_1^1 g_1^2 & g_2^1 g_2^2 & & 0 \\ & g_0^1 g_0^2 & g_1^1 g_1^2 & g_2^1 g_2^2 & \\ 0 & & g_0^1 g_0^2 & g_1^1 g_1^2 & g_2^1 g_2^2 \\ & & \cdots & \cdots & \cdots \end{pmatrix} \tag{3.16}$$

即

$$C = (1\ 0\ 1\ 1\ 1) \begin{pmatrix} 11 & 10 & 11 & & \\ & 11 & 10 & 11 & & 0 \\ & & 11 & 10 & 11 & \\ & 0 & & 11 & 10 & 11 \\ & & & & 11 & 10 & 11 \end{pmatrix} = (11, 10, 00, 01, 10, 01, 11)$$
$$\tag{3.17}$$

3. 码多项式法

为了简化，仍以上述(2,1,2)卷积码为例。输入数据序列及其对应的多项式为

$$U = (10111) \Leftrightarrow U(x) = 1 + x^2 + x^3 + x^4$$
$$g^1 = (111) \Leftrightarrow g^1(x) = 1 + x + x^2 \tag{3.18}$$
$$g^2 = (101) \Leftrightarrow g^2(x) = 1 + x^2$$

输出的码组多项式为

$$\begin{aligned} C^1(x) &= U(x) \times g^1(x) = (1 + x^2 + x^3 + x^4)(1 + x + x^2) \\ &= 1 + x^2 + x^3 + x^4 + x + x^3 + x^4 + x^5 + x^2 + x^4 + x^5 + x^6 \\ &= 1 + x + x^4 + x^6 \end{aligned} \tag{3.19}$$

$$\begin{aligned} C^2(x) &= U(x) \times g^2(x) = (1 + x^2 + x^3 + x^4)(1 + x^2) \\ &= 1 + x^3 + x^5 + x^6 \end{aligned} \tag{3.20}$$

对应的码组为

$$C^1(x) = 1 + x + x^4 + x^6 \Leftrightarrow C^1 = (1\ 1\ 0\ 0\ 1\ 0\ 1)$$
$$C^2(x) = 1 + x^3 + x^5 + x^6 \Leftrightarrow C^2 = (1\ 0\ 0\ 1\ 0\ 1\ 1)$$
$$C = (C^1, C^2) = (11, 10, 00, 01, 10, 01, 11) \tag{3.21}$$

4. 状态图

由于编码器的输出是由输入信号和编码器的当前状态所决定的，因此可以用状态图来

表示编码过程。状态图中标有编码器的所有可能状态,以及状态间可能存在的转换路径。

这里仍然以最简单的(2,1,2)卷积码为例。由于 $k=1$,$n=2$,$m=2$,所以总的可能状态数位为 $2^{km}=2^2=4$ 种,分别表示为 $a=00$,$b=10$,$c=01$,$d=11$,而每一时刻可能输入有两个,即 $2^k=2^1=2$。

若输入的数据序列为:$U=(U_0,U_1,\cdots,U_i,\cdots)=(10111000\cdots)$,则卷积码状态图如图 3-6 所示。图中共有 4 个状态 $a=00$,$b=10$,$c=01$,$d=11$,两状态转移的箭头表示状态转移的方向,括号内的数字表示输入数据信息,括号外的数字则表示对应输出的码组(字)。状态图结构简单,但其时序关系不够清晰,且输入数据位很多时将产生重复。

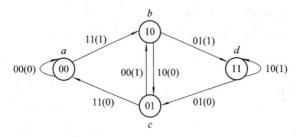

图 3-6 (2,1,2)卷积码状态图

5. 树图

树图是以树形的分支结构标示出编码器所有可能经历的状态。树的分支表示编码器的各种状态和输出值。仍以(2,1,2)卷积码为例给出它的树型展开图,如图 3-7 所示。

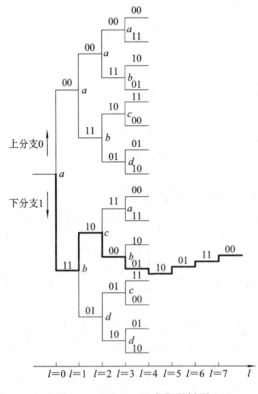

图 3-7 (2,1,2)卷积码树图

树图展示了编码器的所有输入、输出的可能情况;每一个输入数据序列 U 都可以在树图上找到一条唯一的且不重复的路径;图中横坐标表示时序关系的节点级数 l,二纵坐标则表示不同节点 l 值时的所有可能的状态,可见图形展示了一目了然的时序关系;仔细分析树图不难发现,(2,1,2)卷积码仅有 4 个状态 a,b,c,d,而树图随着输入数据的增长将不断地像核裂变一样一分为二向后展开,这必然会产生大量的重复状态。从图中 $l=3$ 开始就不断产生重复,因此树图结构复杂,且不断重复。

6. 格图

格图是图解法中最有价值的表示形式,它特别适合于卷积码的维特比译码实现。格图是由状态图和树图演变而来,它既保留了状态图简洁的状态关系,又保留了树图时序展开的直观特性。具体地说,它将树图中如 $l \geqslant 3$ 以后的所有重复状态合并折叠起来,因而它在横轴上仅保留四个基本状态:$a=00,b=10,c=01,d=11$,而将 $l \geqslant 3$ 时所有重复状态均合并、折叠到这四个基本状态上。

仍然以最简单的(2,1,2)卷积码为例,卷积编码器结构如图 3-5 所示,若输入数据序列仍为 $U=(U_0,U_1,\cdots,U_i,\cdots)=(10111000\cdots)$,已求得输出码组(字)序列为式(3.15)。即 $C=(C^1,C^2)=(11,10,00,01,10,01,11)$,则该卷积码的格图结构如图 3-8 所示。由图可知,$l=0$ 和 $l=1$ 的前两段以及 $l=5$,$l=6$ 后两级为状态的建立期和恢复期,其状态数少于四种;中间状态 $2 \leqslant l \leqslant 4$,格图占满状态;当 $U_l=0$,为上分支,用实线代表,当 $U_l=1$,为下分支,用虚线代表,当输入 $U=(1011100)$ 时,输出码组(字)为 $C=(11,10,00,01,10,01,11)$,在图中用粗黑线表示,其对应的状态转移为"$abcbddca$",与图中的粗黑线所表示的输出码组(字)以及相应状态转移完全是一致的。

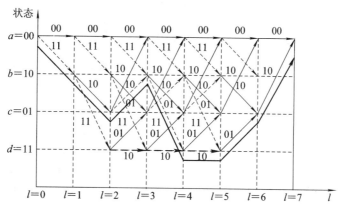

图 3-8 (2,1,2)卷积码格图表示

7. 维特比(Viterbi)译码

卷积译码的技术有许多种,而常用的是 Viterbi 算法、序贯译码,其中序贯译码方法有Fano 算法、堆栈算法等。相比较而言,Viterbi 算法具有最佳性能,是常用的卷积译码方法。在 Viterbi 译码中,判决可分为硬判决和软判决,硬判决中常采用最小汉明距离准则,而软判决中常采用最大似然准则。一般情况下,软判决较硬判决性能好 1~3 dB。

Viterbi 算法是一种实用的近似计算方法,它采用逐步处理的工作方式,每步只对当前节点进行计算,边输入边计算,最终完成序列流译码。对于指定的节点,进入该节点的路径可能有若干条，每条路径与接收码序列的汉明距离被称为路径度量。我们只需保留路径度量最小的一条作为存留路径，其他路径均可删去，这是因为其他路径对于该节点后续路径度量的贡献都比存留路径大。计算路径度量采用迭代算法，从初始时刻 0 状态的节点开始，其路径度量为 0。某时刻节点与它的上一节点之间的连线称为支路。

每条支路的许用码字与该时刻接收码字的汉明距离，称为支路度量。由于上一节点的路径度量在前面的计算中已经得到，所以现在只要把本节点的支路度量加到上一节点的路径度量上，就得到本节点的路径度量。每一时刻的节点数目等于状态数目，每个节点都做相同的计算和处理，各自保留唯一的一条存留路径。之后转入下一时刻的计算和处理，直到最后输入结束，选出路径度量最小的一条存留路径，它就是与接收码流最接近的许用路径，沿此路径的编码序列即为最似然的译码。

仍以 (2,1,2) 卷积码为例，Viterbi 译码是以图 3-8 中格图为基础。由图可知，格图横轴共有 $L+m+1$ 个时间段（节点级数），其中 L 为数据信息长度，m 为寄存器级（节）数。这是由于系统是有记忆的，它的影响可扩展至 $l=L+m+1$ 位。图中是按 $L=5$，$m=2$ 考虑的，这时 $l=5+2+1=8$，所以在图中横轴以 $l=0,1,2,\cdots,7$ 表示，且图中前 $l=m=2$ 位为建立状态，后 $l \geqslant L$ 即 $l=5,6$ 为回归恢复状态。

Viterbi 译码器主要步骤如下：

(1) 从 $l=m=2$ 开始，网格充满状态，并将路径存储器 (PM) 和路径度量存储器 (MM) 从 $l=0$ 至 $l=m=2$ 的初始状态记录下来，完成初始化。

(2) $l=l+1(l=2+1=3)$ 接收新一组数据并完成下列运算：进行 $l=l(=2)$ 至 $l=l+1(=3)$ 分支路径度量计算，从 MM 寄存器中取出 $l=l(=2)$ 时刻幸存路径度量值；进行累加→比较→选择 (ACS) 基本计算并产生新的幸存路径；将新的幸存路径及其度量值分别存入 PM 和 MM。

(3) 如果 $l<L+M=5+2=7$，回到步骤 (2)，否则继续往下进行。

(4) 求 MM 中最大似然值（或最小汉明距离）和对应的 PM 中最佳路径值，即为维特比译码的最后输出值。

根据上述算法步骤，下列给出一个例子说明 Viterbi 译码过程。

若输入数据序列为：$U=(1011100)$，其中后两位 00 为尾比特，其目的是为了将状态恢复回归至初始状态，所以真正输入的数据为 10111 五位，即 $L=5$。在发送端，经图 3-5 编码器编码后输出为：$C=(11,10,00,01,10,01,11)$，在接收端，经过信道传输后，假设接收到的信号序列为：$Y=(10,10,01,01,10,01,11)$。对照发送和接收信号可求得汉明距离为：$d(Y,C)=1+0+1+0+0+0+0=2$。

当 Viterbi 译码采用常用的硬判决时，信道可假设为较理想的二进制对称 BSC 信道，此时最优的最大似然译码可进一步简化为最小汉明距离译码。首先，将所有分支度量值全部计算出来并对应列在图中，其结果如图 3-9 所示。其次，按照 Viterbi 算法，求出的幸存路径如图 3-10 所示。由这两幅图可知，在 (2,1,2) 卷积码的 Viterbi 译码中，进入每一个节点有两个路径，仅能保留汉明距离最小的那条路径，另一条路径则需删除，这样可以大大节省往后继续运算的运算量；在整个译码运算过程中，不断删除淘汰那些汉明距离大的路径，最后仅保留唯一的一条走到底的全通路径，其积累的汉明距离最小，它即为所需的译码序列。在图 3-10 中，求得的最后译码序列唯一的一条全通路径用粗黑线表示。

第3章 编码技术

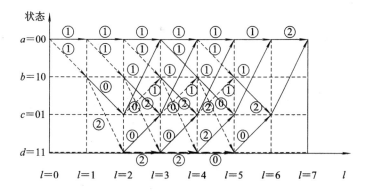

图 3-9　$L=5$，(2,1,2)卷积码汉明距离图

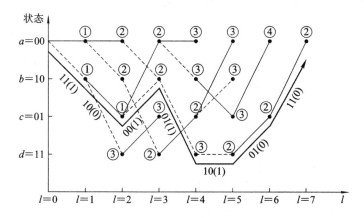

图 3-10　$L=5$，(2,1,2)卷积码 Viterbi 译码图

译出的码组(字)：$\hat{C}=(11,10,00,01,10,01,11)$，译出的对应数据 $\hat{U}=(1011100)$，其中后两位 0 0 为尾比特。它对应的状态转移路线为(后两步状态转移为了回归原状态 a)：$a_0=00 \to b_1=10 \to c_2=01 \to b_3=10 \to d_4=11 \to d_5=11 \to c_6=01 \to a_7=00$，即从 a 状态回归至 a 状态。将译出的数据 $\hat{U}$ 与发送的数据 U 对比，两者完全一致，即没有差错。

3.2.4　Turbo 码

Turbo 码是由两位法国教授 C. Berrou、A. Glavieux 和他们的缅甸籍博士生 P. Thitimajshlwa 在 1993 年 ICC 国际会议上共同提出的。Turbo 是英文中前缀，意指带有涡轮驱动，即反复迭代的含义。

Turbo 码的编码器可以有多种形式，如采用并行级联卷积码(PCCC)和串行级联卷积码(SCCC)等。采用并行级联卷积码(PCCC)的 Turbo 码编码原理框图如图 3-11 所示。图中编码器由下列三部分组成：直接输入部分；经过编码器 1，再经过删余矩阵后送入复接器部分；经过交织器、编码器 2，再经删余矩阵送入复接器部分。图中两个编码器分别称为 Turbo 码二维分量码，它可以很自然地推广到多维分量码。分量码既可以是卷积码，也可以是分组码，还可以是级联码；两个分量码既可以相同，也可以不同。原则上讲，分量码既可以是系统码，也可以是非系统码，但为了在接收端进行有效的迭代，一般选择递归系卷积码(RSC)。

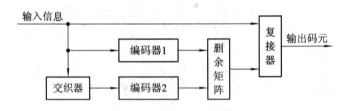

图 3-11 Turbo 码编码器原理图

Turbo 码的译码器原理结构图如图 3-12 所示。译码算法采用软输入/软输出(SISO)的最大后验概率的 BCJR 迭代算法。该算法的最大特色是采用递推、迭代方法来实现最大后验概率，且每个符号的运算量不随总码长而变化，运算速度快，因而受到重视。将这一算法引入反馈迭代和软输入/软输出及交织、去交织，实现了级联长码的伪随机化迭代译码，使其性能非常优异，并逐步逼近了理想 Shannon 随机编译、码限。在 Turbo 码的应用研究中，Turbo 码已被美国空间数据系统顾问委员会作为深空通信的标准，在第三代移动通信系统的标准 cdma2000 和 WCDMA 中也均采用了 Turbo 码。

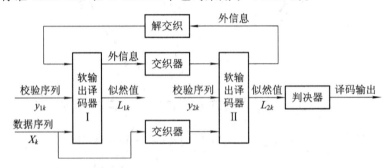

图 3-12 Turbo 码译码器原理图

3.2.5 移动通信中的信道编码

1. GSM 系统中的信道编码

GSM 系统中用到的信道编码包括奇偶码、卷积码、纠错循环码(FIRE CODE)。GSM 系统中包含若干种逻辑信道，不同的逻辑信道在编码方案上也有所不同，可概括为以下 3 种。

1) 语音信道编码

GSM 系统语音编码后的数据速率为 13 kb/s，即 20 ms 的语音帧中包含 260 bits。根据对语音质量贡献的程度，将语音编码器输出的 260 比特按顺序分为 3 组：最重要的 50 比特(Ⅰa 比特)，重要的 132 比特(Ⅰb 比特)和不重要的 78 比特(Ⅱ 比特)。对最重要部分的 50 比特加入 3 位奇偶校验位，这 53 比特连同 132 个重要比特与 4 个尾比特一起((50+3)+132+4=189 bit)进行约束长度 $N=5$ 的半速率卷积编码(189×2=378 bit)，再加上不重要的 78 比特，形成了 456 bit/20 ms=22.8 kb/s 的信道编码速率，如图 3-13 所示。

第 3 章 编码技术

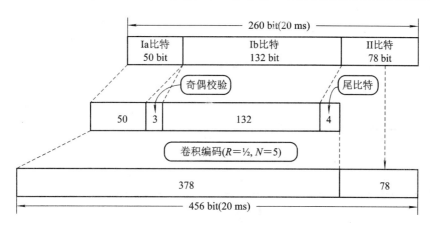

图 3-13 GSM 业务信道编码

2) 控制信道编码

GSM 控制信道消息被确定为 184 比特长度,用截短二进制循环 Fire 码进行编码,然后通过半速率卷积编码器。

Fire 码的生成多项式为

$$g(x) = x^{40} + x^{26} + x^{23} + x^{17} + x^3 + 1 \tag{3.22}$$

该多项式产生 184 个消息比特,后面跟有 40 个奇偶校验比特。为清空随后的卷积编码器,再加上 4 个尾比特,这样产生一个 228 比特的数据块。该数据块作用于半速率卷积编码 ($R=1/2, N=5$),得到 456 个编码比特,如图 3-14 所示。

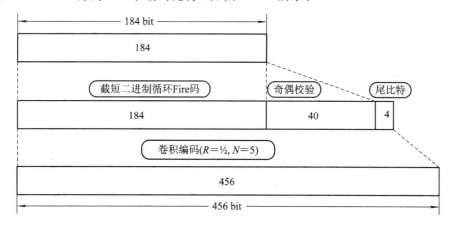

图 3-14 GSM 控制信道编码

3) 数据信道编码

GSM 数据业务信道要求有比实际发送速率更高的净速率("净速率"是指加入编码比特前的比特率),例如 9.6 kb/s 的业务将需要 12 kb/s 的传输速率,因为同时还要传送一些状态信号(比如 RS-232 DTR)。对于 TCH/F9.6,每 5ms 间隔处理 60 比特用户数据。这样,20 ms 包含 240 个用户比特,再加上 4 个尾比特,然后进行半速率卷积编码($R=1/2, N=5$),所得到的 488 个编码比特压缩减少至 456 个编码比特(32 比特不传送),如图 3-15 所示。

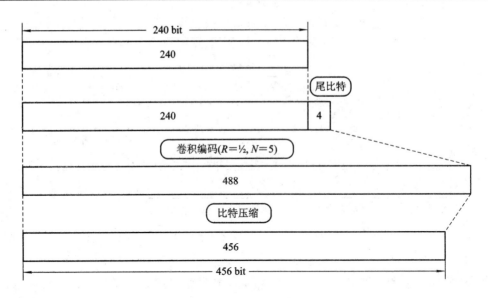

图3-15 GSM数据信道编码

2. IS-95 CDMA系统中的信道编码

IS-95 CDMA系统中,同样包含若干个逻辑信道,不同的逻辑信道在编码方案上也有所不同,这里仅以业务信道为例,说明其信道编码的实现过程。IS-95系统中的业务信道包括前向业务信道和反向业务信道,两类信道均采用CRC检错码和卷积码,所不同的是卷积码的码速率不同,如图3-16(a)和3-16(b)所示。

图3-16 IS-95 CDMA系统中信道编码过程

从声码器得到的信息为每帧20 ms。声码器的全速(9.6 kb/s)输出速率为8.6 kb/s,每20 ms编码为172 bit。帧质量指示实质上是进行CRC校验,采用12比特CRC,其生成多项式为

$$g(x) = 1 + x + x^4 + x^8 + x^9 + x^{10} + x^{11} + x^{12} \quad (3.23)$$

声码器的半速(4.8 kb/s)输出速率为4.0 kb/s,帧质量指示采用8比特CRC,其生成多项式为

$$g(x) = 1 + x + x^3 + x^4 + x^7 + x^8 \quad (3.24)$$

而对于四分之一速率(2.4 kb/s)和八分之一速率(1.2 kb/s)帧没有帧质量指示的比特字段,这是因为这些帧相对抗误码性能较强,且发送的大多数信息是背景噪声。

因此,经过帧质量指示器后,四种速率分别为:9.2 kb/s、4.4 kb/s、2.0 kb/s 和 0.8 kb/s。四种速率的帧后再分别加上 8 bit 为尾比特后进行卷积编码,尾比特的作用是对卷积编码器进行清零。加上尾比特后的速率分别为:9.6 kb/s、4.8 kb/s、2.4 kb/s 和 1.2 kb/s。进行卷积编码时,前向业务信道采用(2,1,8)卷积编码,即:约束长度 $N=m+1=8+1=9$,码率 $R=1/2$。其结构如图 3-17 所示。该卷积编码器的生成多项式分别为

$$g^1 = (753)_8 = (111101011) \Leftrightarrow g^1(x) = 1 + x + x^2 + x^3 + x^5 + x^7 + x^8$$
$$g^2 = (561)_8 = (101110001) \Leftrightarrow g^2(x) = 1 + x^2 + x^3 + x^4 + x^8 \tag{3.25}$$

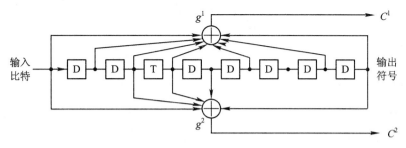

图 3-17 $N=9$,$R=1/2$ 的卷积编码器结构

反向业务信道采用比前向业务信道纠错能力更强的同一类型(3,1,8)卷积码,如图 3-18 所示,其码率 $R=1/3$,约束长度为 $N=9$。(3,1,8)卷积码的生成多项式为

$$g^1 = (557)_8 = (101101111) \Leftrightarrow g^1(x) = 1 + x^2 + x^3 + x^5 + x^6 + x^7 + x^8$$
$$g^2 = (663)_8 = (110110011) \Leftrightarrow g^2(x) = 1 + x + x^3 + x^4 + x^7 + x^8 \tag{3.26}$$
$$g^3 = (711)_8 = (111001001) \Leftrightarrow g^3(x) = 1 + x + x^2 + x^5 + x^8$$

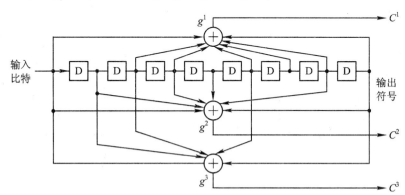

图 3-18 $N=9$,$R=1/3$ 的卷积编码器结构

3. cdma2000 系统中的信道编码

在 cdma2000 系统中,信道编码主要采用检错 CRC、和纠错 FEC 编码(卷积码和 Turbo 码)。检错 CRC 主要用于帧质量指示符号,通常,数据帧都包含帧质量指示符(即 CRC),

它是由一帧中的信息位计算求得的。cdma2000 所采用的 CRC 生成多项式分别为

16 比特 CRC：
$$g(x) = 1 + x + x^2 + x^5 + x^6 + x^{11} + x^{14} + x^{15} + x^{16} \tag{3.27}$$

12 比特 CRC：
$$g(x) = 1 + x + x^4 + x^8 + x^9 + x^{10} + x^{11} + x^{12} \tag{3.28}$$

10 比特 CRC：
$$g(x) = 1 + x^3 + x^4 + x^6 + x^7 + x^8 + x^9 + x^{10} \tag{3.29}$$

8 比特 CRC：
$$g(x) = 1 + x + x^3 + x^4 + x^7 + x^8 \tag{3.30}$$

6 比特 CRC：
$$\begin{aligned} g^1(x) &= 1 + x + x^2 + x^5 + x^6 \\ g^2(x) &= 1 + x + x^2 + x^6 \end{aligned} \tag{3.31}$$

前向信道和反向信道中的 FEC 编码方案分别如表 3-6 和表 3-7 所示。

表 3-6 前向信道中的 FEC 编码方案

扩频速率 SR（载波数）	无线配置 RC	最大数据率 /(kb/s)	FEC 速率	FEC 类型
1.2288 Mb/s（单载波）兼容 IS-95	1	9.6	1/2	卷积码
	2	14.4	1/2	
1.2288 Mb/s（单载波）cdma20001x	3	153.6	1/4	卷积码/Turbo 码
	4	307.2	1/2	
	5	230.4	1/4	

表 3-6 反向信道中的 FEC 编码方案

扩频速率 SR（载波数）	无线配置 RC	最大数据率 /(kb/s)	FEC 速率	FEC 类型
1.2288 Mb/s（单载波）兼容 IS-95	1	9.6	1/3	卷积码
	2	14.4	1/2	
1.2288 Mb/s（单载波）cdma20001x	3	153.6 (307.2)	1/4 (1/2)	卷积码/Turbo 码
	4	230.4	1/4	

在 cdma2000 中使用的卷积码有三种类型：(2,1,8)、(3,1,8)、(4,1,8)。前两种与 IS-95 CDMA 系统中卷积码相同，(4,1,8) 卷积码的生成多项式为

$$\begin{aligned} g^1 &= (765)_8 = (111110101) \Leftrightarrow g^1(x) = 1 + x + x^2 + x^3 + x^4 + x^6 + x^8 \\ g^2 &= (671)_8 = (110111001) \Leftrightarrow g^2(x) = 1 + x + x^3 + x^4 + x^5 + x^8 \\ g^3 &= (513)^8 = (101001011) \Leftrightarrow g^3(x) = 1 + x^2 + x^5 + x^7 + x^8 \\ g^4 &= (473)_8 = (100111011) \Leftrightarrow g^4(x) = 1 + x^3 + x^4 + x^5 + x^7 + x^8 \end{aligned} \tag{3.32}$$

cdma2000 中 Turbo 编码器的结构如图 3-19 所示。其传递函数为

$$G(x) = \left[1, \frac{g^1(x)}{g^3(x)}, \frac{g^2(x)}{g^3(x)}\right] \tag{3.33}$$

$$g^1(x) = 1 + x + x^3$$
$$g^2(x) = 1 + x + x^2 + x^3 \quad (3.34)$$
$$g^3(x) = 1 + x^2 + x^3$$

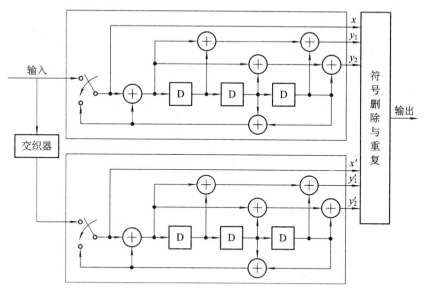

图 3 - 19 cdma2000 中的 Turbo 码编码器

4. WCDMA 系统中的信道编码

在 WCDMA 系统中主要采用了 CRC、卷积码和 Turbo 码三种信道编码。其中 CRC 用于传输块上的检错,卷积码主要用于实时业务,Turbo 码主要用于非实时业务。

在 WCDMA 中, CRC 长度即所含比特数目为 24、16、12、8、0 比特,每个传输信道 TrCH 使用多长的 CRC 是由高层信令给出。长度为 24、16、12、8 比特 CRC 生成多项式分别为

CRC 24：
$$g(x) = 1 + x + x^5 + x^6 + x^{23} + x^{24} \quad (3.35)$$

CRC 16：
$$g(x) = 1 + x^5 + x^{12} + x^{16} \quad (3.36)$$

CRC 12：
$$g(x) = 1 + x + x^2 + x^3 + x^{11} + x^{12} \quad (3.37)$$

CRC 8：
$$g(x) = 1 + x + x^3 + x^4 + x^7 + x^8 \quad (3.38)$$

在 WCDMA 中,卷积码采用(2,1,8)与(3,1,8)两类,它们的结构与 IS-95 和 cdma2000 相同,Turbo 码采用 8 状态并行级联码,它的传输函数为

$$G(x) = \left[1, \frac{g^2(x)}{g^1(x)}\right] \quad (3.39)$$

其中：

$$\begin{cases} g^1(x) = 1 + x^2 + x^3 \\ g^2(x) = 1 + x + x^3 \end{cases} \quad (3.40)$$

8 状态并行级联 Turbo 码结构如图 3-20 所示。当输入数据流为
$$X(t) = (X(0), X(1), X(2), \cdots, X(k), \cdots)$$ (3.41)

由于编码速率为 1/3（即每输入一比特，在输出端应输出三比特），Turbo 码对应输出序列应为
$$y(t) = (X(0), y(0), y'(0), X(1), y(1), y'(1), \cdots, 0\ 0\ 0)$$ (3.42)

且当每个需编码的码块数据流结束时，要继续输入 3 个值为"0"的尾比特，图中的虚线仅用于尾比特的输出。

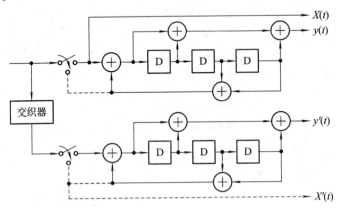

图 3-20 WCDMA 中 1/3 码率 Turbo 码编码器

习题与思考题

1. 通信系统语言编码技术分为哪几类？移动通信通常采用哪类语音编码技术，为什么？
2. 试说明 GSM 语音编码方案的主要特点，其中全速率与半速率各为多少？
3. 试说明 IS-95 CDMA 语音编码的主要技术特点，其可变速率分为几种类型？
4. 在移动通信中，信道编码的主要功能有哪些？试举出几种典型的信道编码类型并阐述其主要功能。
5. 若有一个 (3, 1, 2) 卷积码，其生成多项式分别为：$g^1 = g^2 = 1 + x + x^2$，$g^3 = 1 + x^2$，试求：
  (1) 画出该卷积码编码器结构图。
  (2) 画出树形结构图。
  (3) 画出状态结构图。
6. Turbo 编码器中，交织器的作用是什么？它对译码器的性能有何影响？

第4章 数字调制技术

4.1 概 述

调制是将待传送的基带信号加到高频载波上进行传输的过程,其目的是使信号与信道特性相匹配。第一代蜂窝移动通信系统(如 AMPS、TACS 等)是模拟系统,其语音采用模拟 FM 方式(信令采用2FSK),第二代蜂窝移动通信系统(如 GSM、IS-95 CDMA 等)和第三代蜂窝移动通信系统(如 cdma2000、WCDMA 和 TD-SCDMA)均为数字系统,其语音、信令均采用数字调制方式。与模拟调制相比,数字调制具有高频谱效率、强纠错能力、抗信道失真、高效的多址接入以及更好的安全保密性等。因此未来的移动通信系统都将采用数字调制方式。

4.1.1 数字调制的性能指标

数字调制的性能指标通常采用功率有效性 η_P(Power efficiency)和带宽有效性 η_B(Spectral efficiency)来表征。

1. 功率有效性 η_P

功率有效性 η_P 是反映调制技术在低功率电平情况下保证系统误码性能的能力,可表示为每比特的信号能量与噪声功率谱密度之比,即

$$\eta_P = \frac{E_b}{N_0} \tag{4.1}$$

式中,E_b 为比特能量,N_0 为噪声功率谱密度。对于数字调制而言,在噪声功率一定的情况下,为达到同样的误码率,已调信号功率越低,功率效率越高。

2. 带宽有效性 η_B

带宽有效性 η_B 是反映调制技术在一定的频带内提供数据的能力,可表示为在给定的带宽条件下每赫兹的数据通过率,即

$$\eta_B = \frac{R}{B} \tag{4.2}$$

式中,R 为数据速率(b/s),B 为调制射频信号带宽(Hz)。提高带宽有效性的方法通常包括两个方面:一是采用多进制调制方式,在多进制调制中,每个调制符号所携带的信息量大于二进制调制符号携带的信息量,因而在相同信号带宽条件下可以提高带宽有效性;二是采用频谱旁瓣滚降快的调制信号,这样在传输信息速率不变的情况下,可以降低调制信号占用的带宽,从而提高带宽效率。

4.1.2 移动通信对调制技术的要求

在蜂窝移动环境中，无线信号的传输受到移动信道等多种因素的影响，主要包括：频带使用受限，这是由于无线频率的独占特点和可供使用的频率有限而造成的；存在较严重的多径衰落，这是由于陆地移动环境复杂多变而造成的；存在较强的干扰和噪声，这是由于移动信道的开放性特点所决定的；同频干扰，采用蜂窝结构进行组网时，频率复用可能会导致同频干扰。

因此，在移动环境中进行可靠通信，就对调制技术提出了更高的要求。通常移动通信系统在选择具体的调制方式时，主要考虑以下几点：

(1) 高传输速率(满足多种业务需求)。
(2) 高带宽有效性(最小带宽占用)。
(3) 高功率效率(最小发送功率)。
(4) 对信道影响具有强抵抗力(最小误比特率)。
(5) 低功耗和低成本(工程上易于实现)。

这些要求经常是相互矛盾的，因此调制方式的选择取决于多种因素的最佳权衡。

一般而言，在不同的蜂窝半径和应用环境下，移动信道将呈现不同的衰落特性。对于半径较大的宏蜂窝小区，由于信道条件差，因此 GMSK、QPSK 系列等典型的恒包络调制和线性调制是较适合的调制解调方式。对于半径较小的微蜂窝小区或微微小区，由于存在很强的直射波，信道条件较好，带宽有效性较高，因此 QAM 及其变形就成为合适的调制解调方式。对于复杂多变的移动信道，具有更强适应能力的可变速率调制和多载波调制则更多地被关注。

4.2 恒包络调制

恒包络调制主要有 MSK、TFM(平滑调频)、GMSK 等，其中以 GMSK 为典型代表，GMSK 也是 GSM 系统所采用的调制方式。恒包络调制的主要特点是已调信号的包络幅度保持不变，其发射功率放大器可以在非线性状态而不引起严重的频谱扩散。此外，这类调制方式可用于非同步检测。其缺点是频带利用率较低，一般不超过 1(b/s)/Hz。

4.2.1 2FSK

用二进制数字基带信号去控制正弦载波的频率，称为二进制移频键控（Binary Frequency Shift Keying，2FSK）。二进制符号的状态有两种，即"0"和"1"，其对应的载波频率可分别设为 f_1 和 f_2，并设初相 $x_0=0$，则 2FSK 的时域表达式为

$$S_{FSK}(t) = \begin{cases} s_1(t) = \cos2\pi f_1 t, & \text{传"1"时}(a_n = -1) \\ s_2(t) = \cos2\pi f_2 t, & \text{传"0"时}(a_n = +1) \end{cases} \quad (4.3)$$

式中，$(n-1)T_b \leq t \leq nT_b$，$T_b$ 为码元宽度。其相应的波形如图 4-1 所示。

定义调制指数 h 为

$$h = |f_1 - f_2|T_b \quad (4.4)$$

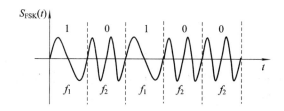

图 4-1　2FSK 波形示意图

需要注意的是，对于 2FSK 的波形图，其相位可以是不连续的，也可以是连续的。所谓相位连续，是指不仅在一个码元持续期间相位连续，而且在从码元 a_{n-1} 到 a_n 转换的时刻 nT_b，两个码元的相位也相等。一般通过开关切换的方法产生相位不连续的 2FSK 信号，而通过调频的方法产生相位连续的 2FSK 信号(Continuous Phase FSK，CPFSK)。相位不连续的 2FSK 信号与 CPFSK 信号的功率谱特性有很大区别，如图 4-2 所示。可以发现，在调制指数 h 相同的情况下，CPFSK 的带宽要比一般的 2FSK 带宽窄。这意味着前者的频带效率要高于后者，所以移动通信系统中 2FSK 调制常采用相位连续的调制方式。此外，随着调制指数 h 的增加，信号的带宽也在增加。从频带效率考虑，调制指数 h 不宜太大。但过小又因两个信号频率过于接近而不利于信号的检测。所以应当从它们的相关系数以及信号的带宽角度综合考虑。

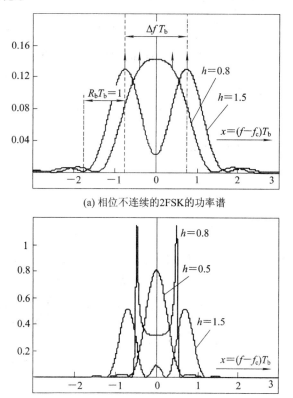

(a) 相位不连续的 2FSK 的功率谱

(b) 相位连续的 2FSK 的功率谱

图 4-2　2FSK 信号的功率谱

4.2.2 MSK

最小移频键控(Minimum Shift Keying，MSK)是 2FSK 的一种特殊情况，其满足频率间隔为最小的正交，且在相邻码元转换时刻保持相位连续。下面根据 MSK 的这两个特点，通过 2FSK 推导 MSK 的时域表达式。

1. MSK 的时域表达式

2FSK 的时域表达式(4.3)可以变形为

$$S_{\text{FSK}}(t) = \begin{cases} s_1(t) = \cos 2\pi(f_c - \Delta f)t, & \text{传"1"时}(a_n = -1) \\ s_2(t) = \cos 2\pi(f_c + \Delta f)t, & \text{传"0"时}(a_n = +1) \end{cases} \quad (4.5)$$

其中，$\Delta f = \dfrac{f_2 - f_1}{2}$，$f_c = \dfrac{f_2 + f_1}{2}$，如图 4-3 所示。

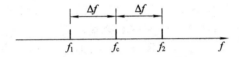

图 4-3 频率之间的关系

式(4.5)中，$s_1(t)$ 和 $s_2(t)$ 首先要满足频率间隔为最小的正交条件，即

$$\rho = \frac{1}{E_b}\int_0^{T_b} s_1(t)s_2(t)\mathrm{d}t = 0 \quad (4.6)$$

其中，ρ 为相关系数，$E_b = T_b/2$ 是平均比特能量。将式(4.5)中 $s_1(t)$ 和 $s_2(t)$ 代入式(4.6)中，则 ρ 为

$$\begin{aligned}\rho &= \frac{2}{T_b}\int_0^{T_b}\{\cos[2\pi(f_c - \Delta f)t]\cdot\cos[2\pi(f_c + \Delta f)t]\}\mathrm{d}t \\ &= \frac{1}{T_b}\int_0^{T_b}[\cos(4\pi\Delta f t) + \cos(4\pi f_c t)]\mathrm{d}t \\ &= \mathrm{Sa}(4\pi\Delta f T_b) + \mathrm{Sa}(2\pi f_c T_b)\cdot\cos(2\pi f_c T_b)\end{aligned} \quad (4.7)$$

通常总能满足 $2\pi f_c T_b$ 是 π 的整数倍，故式(4.7)中的第二项为 0，所以有

$$\rho = \mathrm{Sa}(4\pi\Delta f T_b) \quad (4.8)$$

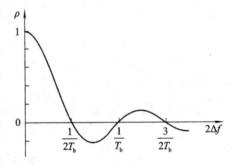

图 4-4 2FSK 信号的相关系数

式(4.8)中 ρ 与 $2\Delta f$ 之间的关系如图 4-4 所示。由图可知，使 ρ 为 0 的最小频率间隔点为 $2\Delta f = \dfrac{1}{2T_b}$，此点为使正交的 $2\Delta f$ 最小的取值，即 $2\Delta f = \dfrac{1}{2T_b} \Rightarrow f_2 - f_1 = \dfrac{1}{2T_b}$。此时 MSK 信号的调制指数为：$h = \dfrac{2\Delta f}{R_b} = \dfrac{1}{2}$。

将 $\Delta f = \dfrac{1}{4T_b}$ 代入式(4.5)中，并设第 n 个码元的初相位为 x_n，则式(4.5)可统一表示为

$$S_{\text{MSK}}(t) = \cos\left[\omega_c t + a_n\left(\frac{\pi}{2T_b}\right)t + x_n\right] \quad (4.9)$$

式中，$\omega_c = 2\pi \dfrac{f_1+f_2}{2}$ 为载波中心，T_b 为数据码元宽度，$a_n = \pm 1$ 为基带信号双极性 NRZ 码。令 $\theta_n(t) = a_n\left(\dfrac{\pi}{2T_b}\right)t + x_n$，称为瞬时相偏。

MSK 的另一个特点是连续相位调制，即在第 $n-1$ 个码元结束时的相位等于第 n 个码元开始时的相位。要保证相位连续，其瞬时相偏要满足：$t = nT_b$ 时刻，$\theta_{n-1}(nT_b) = \theta_n(nT_b)$，而 $\theta_{n-1}(nT_b)$ 和 $\theta_n(nT_b)$ 可分别表示为

$$\theta_{n-1}(nT_b) = a_{n-1}\frac{\pi(nT_b)}{2T_b} + x_{n-1} \tag{4.10}$$

$$\theta_n(nT_b) = a_n\frac{\pi(nT_b)}{2T_b} + x_n \tag{4.11}$$

因此由相位连续条件可得，$x_n = x_{n-1} + \dfrac{n\pi}{2}(a_{n-1} - a_n)$，此式为初相 x_n 的递推公式，进一步推导可得

$$x_n = \begin{cases} x_{n-1}, & a_n = a_{n-1} \\ x_{n-1} \pm n\pi, & a_n \neq a_{n-1} \end{cases} \tag{4.12}$$

设 $x_0 = 0$ 时，$x_n = 0$ 或 $\pm \pi$。

2. MSK 信号的产生和解调

MSK 信号也可以正交表示，从而可得到 MSK 调制原理框图，将式(4.9)利用三角函数展开可得

$$S_{MSK}(t) = \cos\left(\frac{a_n\pi}{2T_b}t + x_n\right)\cos\omega_c t - \sin\left(\frac{a_n\pi}{2T_b}t + x_n\right)\sin\omega_c t \tag{4.13}$$

由于

$$\cos\left(\frac{a_n\pi}{2T_b}t + x_n\right) = \cos\frac{a_n\pi t}{2T_b}\cos x_n - \sin\frac{a_n\pi t}{2T_b}\sin x_n = \cos x_n \cos\frac{\pi t}{2T_b} \tag{4.14}$$

$$\sin\left(\frac{a_n\pi}{2T_b}t + x_n\right) = \sin\frac{a_n\pi t}{2T_b}\cos x_n + \cos\frac{a_n\pi t}{2T_b}\sin x_n = a_n\cos x_n \sin\frac{\pi t}{2T_b} \tag{4.15}$$

式中，考虑到 $x_n = n\pi$，$a_n = \pm 1$，有 $\sin x_n = 0$，$\cos x_n = \pm 1$。

将式(4.14)和式(4.15)代入式(4.13)可得

$$S_{MSK}(t) = \cos x_n \cos\frac{\pi t}{2T_b}\cos\omega_c t - a_n\cos x_n \sin\frac{\pi t}{2T_b}\sin\omega_c t$$

$$= I_n \cos\frac{\pi t}{2T_b}\cos\omega_c t - Q_n \sin\frac{\pi t}{2T_b}\sin\omega_c t \tag{4.16}$$

式中，$I_n = \cos x_n$、$Q_n = a_n \cos x_n$ 分别为同相支路和正交支路的等效数据。式(4.16)表明，MSK 信号可以分解为同相分量(I)和正交分量(Q)两部分，同相分量的载波为 $\cos\omega_c t$，I_n 中包含输入码的等效数据，$\cos\pi t/2T_b$ 是其正弦形加权系数，正交分量的载波为 $\sin\omega_c t$，Q_n 中包含输入码的等效数据，$\sin\pi t/2T_b$ 是其正弦形加权系数。表 4-1 给出了 I_n 和 Q_n 与原始数据 a_n 之间关系的例子。由表可知，I_n 和 Q_n 的码元宽度为 $2T_b$，并相互错开一个 T_b。将原始数据 a_n 进行差分编码得到 c_n，然后将 c_n 的奇数位赋予 I_n，偶数位赋予 Q_n 即可。据此可得到 MSK 信号调制原理图，如图 4-5 所示。

表 4-1 MSK 正交调制举例

序号 n	0	1	2	3	4	5	6	7	8	9
原始数据 a_n	-1	$+1$	$+1$	-1	$+1$	-1	-1	$+1$	$+1$	-1
相位常数 x_n	0	$-\pi$	$-\pi$	2π	-2π	3π	3π	-4π	-4π	5π
同相数据 I_n	$+1$	$(-1$	$-1)$	$(+1$	$+1)$	$(-1$	$-1)$	$(+1$	$+1)$	
正交数据 Q_n	-1	-1	$(-1$	$-1)$	$(+1$	$+1)$	$(+1$	$+1)$	$(+1$	$+1)$
差分编码 c_n	-1	-1	-1	-1	-1	-1	$+1$	$+1$	$+1$	

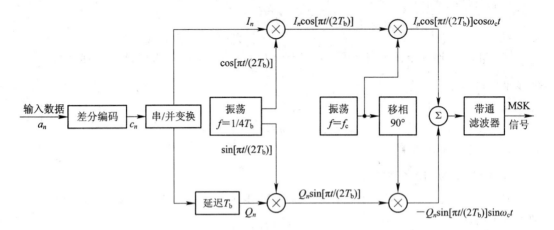

图 4-5 MSK 调制原理图

MSK 信号的解调与 FSK 信号相似,可以采用相干解调,也可以采用非相干解调方式。以相干解调为例,其实现原理图如图 4-6 所示。

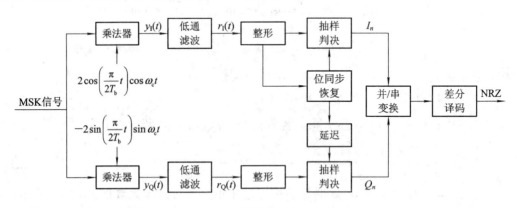

图 4-6 MSK 相干解调原理图

接收到的 MSK 信号与相干载波相乘后输出分别为

$$y_I(t) = \left(I_n \cos\frac{\pi t}{2T_b}\cos\omega_c t - Q_n \sin\frac{\pi t}{2T_b}\right) 2\cos\frac{\pi t}{2T_b}\cos\omega_c t$$

$$= I_n \cos^2\frac{\pi t}{2T_b}(1+\cos 2\omega_c t) - Q_n \sin\frac{\pi t}{2T_b}\cos\frac{\pi t}{2T_b}\sin 2\omega_c t \qquad (4.17)$$

$$y_Q(t) = \left(I_n \cos\frac{\pi t}{2T_b}\cos\omega_c t - Q_n \sin\frac{\pi t}{2T_b}\sin\omega_c t\right)\left(-2\sin\frac{\pi t}{2T_b}\sin\omega_c t\right)$$

$$= -I_n \cos\frac{\pi t}{2T_b}\sin\frac{\pi t}{2T_b}\sin 2\omega_c t + Q_n \sin^2\frac{\pi t}{2T_b}(1-\cos 2\omega_c t) \tag{4.18}$$

经过低通滤波器后的输出

$$r_I(t) = I_n \cos^2\frac{\pi t}{2T_b} \tag{4.19}$$

$$r_Q(t) = Q_n \sin^2\frac{\pi t}{2T_b} \tag{4.20}$$

在 $t=2nT_b$ 时刻对同相支路进行抽样

$$r_I(2nT_b) = I_n \tag{4.21}$$

在 $t=(2n+1)T_b$ 时刻对正交支路进行抽样

$$r_I((2n+1)T_b) = Q_n \tag{4.22}$$

经差分译码便可恢复为发送信号。

3. MSK 的特点

MSK 是调制指数 $h=1/2$ 的 CPFSK，因此它也有恒包络的特性，而恒包络调制具有可使用高效率的非线性放大、载波容易恢复、已调信号峰平比低等优点。

与一般 2FSK 信号相比，MSK 信号的频谱特性有很大改进，具有更高的带宽效率，如图 4-7 所示。但旁瓣的辐射功率仍然较大，90% 的功率带宽为 $2\times 0.75R_b$，99% 的功率带宽为 $2\times 1.2R_b$。在实际的应用中，这样的带宽仍然比较宽。例如，GSM 空中接口所定义的传输速率 R_b 约为 270 kb/s，载频带宽 B_s 为 200 kHz，若采用 MSK 调制方式，则 99% 的功率带宽为 $B_s=2.4\times 270=648$ kHz，这显然不能满足系统对频带利用率的要求。另外还有 1% 的边带功率辐射到邻近信道，引起邻道干扰。1% 的功率相当于 $10\lg(0.01)=-20$ dB 的干扰，而移动通信要求功率谱在邻道辐射低于主瓣峰值 60 dB 以上，故 MSK 的频谱仍然不能满足要求。旁瓣功率之所以大是因为数字基带信号含有丰富的高频分量，一种简单的优化方案是在 MSK 调制前加一低通滤波器，滤除高频分量，减少已调信号的带外辐射，即 GMSK 调制。

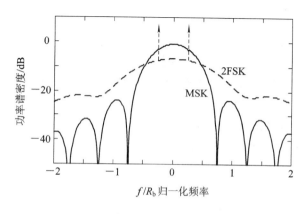

图 4-7 MSK 的功率谱

4.2.3 GMSK

高斯滤波最小移频键控(Gaussian Minimum Shift Keying，GMSK)是 MSK 的进一步优化方案。它在 MSK 调制前附加一个高斯型前置低通滤波器，进一步抑制高频分量，防止过量的瞬时频率偏移，且满足相干检测的要求，如图 4-8 所示。

图 4-8 GMSK 信号的产生

1. 高斯低通滤波器的设计

实现 GMSK 信号的调制，关键是设计性能良好的高斯低通滤波器，它必须具有如下特性：

(1) 有良好的窄带和尖锐的截止特性，以滤除基带信号中的高频成分。

(2) 脉冲响应过冲量应尽可能小，防止已调波瞬时频偏过大。

(3) 输出脉冲响应曲线的面积对应的相位为 $\pi/2$，使调制系数为 $1/2$。

1) 传递函数和冲激响应

满足上述特性的高斯低通滤波器的频率传输函数 $H(f)$ 为

$$H(f) = \exp\left(-\frac{f^2}{\alpha^2}\right) \tag{4.23}$$

根据传输函数可求出滤波器的冲激响应 $h(t)$ 为

$$h(t) = \int_{-\infty}^{\infty} H(f) e^{j2\pi ft} \, df = \int_{-\infty}^{\infty} \exp\left[-\frac{f^2}{\alpha^2} + 2(j\pi t)f\right] df$$
$$= \sqrt{\pi}\alpha \exp(-\pi^2 \alpha^2 t^2) \tag{4.24}$$

式中，α 为常数，其取值不同将影响滤波器的特性。令 B_b 为 $H(f)$ 的 3 dB 带宽，因为 $H(0)=1$，则有

$$H(f)|_{f=B_b} = H(B_b) = \frac{1}{\sqrt{2}} \tag{4.25}$$

可求得

$$\alpha = \sqrt{\frac{2}{\ln 2}} B_b \approx 1.7 B_b \tag{4.26}$$

式(4.26)给出了 α 与 3 dB 带宽 B_b 的关系，改变 α 时，带宽 B_b 也随之改变。反之，已知滤波器的 3 dB 带宽，得出参数 α，可进行滤波器设计。

另一方面，设要传输的码元长度为 T_b，速率为 $R_b = 1/T_b$，以 R_b 为参考，对 f 归一化，即 $x = f/R_b = fT_b$，则归一化 3 dB 带宽为

$$x_b = \frac{B_b}{R_b} = B_b T_b \tag{4.27}$$

这样，用归一化频率表示的频率特性为

$$H(x) = \exp\left[-\left(\frac{x}{1.7 x_b}\right)^2\right] \tag{4.28}$$

令 $\tau = \dfrac{t}{T_b}$，并把 $\alpha = 1.7B_b$ 代入式(4.24)，设 $T_b = 1$，则有

$$h(\tau) = 3.01 x_b \exp[-(5.3 x_b \tau)^2] \tag{4.29}$$

因此给定 $x_b = T_b B_b$，就可以计算出 $H(x)$ 和 $h(\tau)$，它们的特性曲线如图 4-9 所示。高斯滤波器的特性也完全由 $x_b = T_b B_b$ 确定。

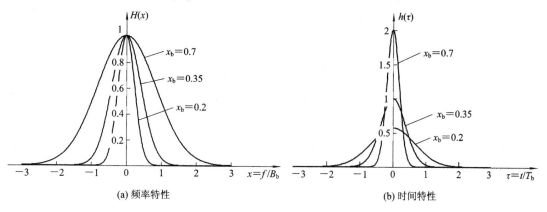

(a) 频率特性　　　　　　　(b) 时间特性

图 4-9　高斯滤波器特性

2) 矩形脉冲响应

设矩形脉冲函数定义为

$$p(t) = \begin{cases} 1, & |t| \leqslant \dfrac{T_b}{2} \\ 0, & |t| > \dfrac{T_b}{2} \end{cases} \tag{4.30}$$

则其通过高斯低通滤波器后的响应可表示为

$$g(t) = p(t) * h(t) = Q\left[\dfrac{2\pi B_b}{\sqrt{\ln 2}}\left(t - \dfrac{T_b}{2}\right)\right] - Q\left[\dfrac{2\pi B_b}{\sqrt{\ln 2}}\left(t + \dfrac{T_b}{2}\right)\right] \tag{4.31}$$

式中，$Q(t) = \displaystyle\int_t^\infty \dfrac{1}{\sqrt{2\pi}} \exp\left(-\dfrac{\tau^2}{2}\right) d\tau$。当 $B_b T_b$ 取不同值时，$g(t)$ 的波形如图 4-10 所示。

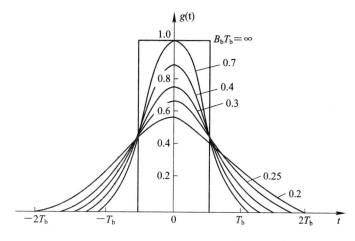

图 4-10　高斯滤波器的矩形脉冲响应

2. GMSK 的信号

设发送的二进制数据序列 $\sum_n a_n p(t-nT_b)$ 为 NRZ 码,码元起止时刻为 T_b 的整数倍,则基带信号经过高斯滤波器后的输出为

$$f(t) = \sum_{n=-\infty}^{\infty} a_n g\left(\tau - nT_b - \frac{T_b}{2}\right) \tag{4.32}$$

GMSK 的信号表达式为

$$S_{GMSK}(t) = \cos\left[\omega_c t + 2\pi k_f \int_{-\infty}^{t} f(\tau)d\tau\right] = \cos[\omega_c t + \theta(t)] \tag{4.33}$$

式中,$\theta(t) = 2\pi k_f \int_{-\infty}^{t} f(\tau)d\tau$ 为附加相位,k_f 为由调频器灵敏度确定的常数。

MSK 的相位轨迹如图 4-11 所示。从图 4-10 和图 4-11 中可以看出,GMSK 通过引入可控的码间干扰(即部分响应波形)来达到平滑相位路径的目的,它消除了 MSK 相位路径在码元转换时刻的相位转折点。从图中还可以看出,GMSK 信号在一码元周期内的相位增量,不像 MSK 那样固定为 $\pm\pi/2$,而是随着输入序列的不同而不同。

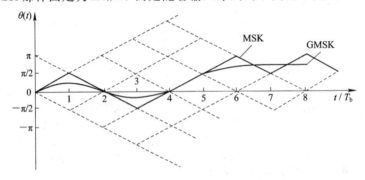

图 4-11 GMSK 的相位轨迹

3. GMSK 调制信号的产生

从 GMSK 信号的表达式可知,附加相位 $\theta(t)$ 取决于高斯滤波器的响应 $f(t)$ 和输入数据 a_n 的取值,由于一个宽度为 T_b 的输入脉冲经过高斯滤波器后,其有效宽度会扩展到几个 T_b 区间,所以在任一比特区间的脉冲响应既包含当前脉冲的响应,也包含前后脉冲的响应。因为各脉冲有正负,脉冲响应交叠的结果是多值的,所以对应形成的 $\cos\theta(t)$ 和 $\sin\theta(t)$ 有多种不同的波形。这样可以事先制作 $\cos\theta(t)$ 和 $\sin\theta(t)$ 两张表,根据输入数据读出相应的值,再进行正交调制就可以得到 GMSK 信号,如图 4-12 所示。

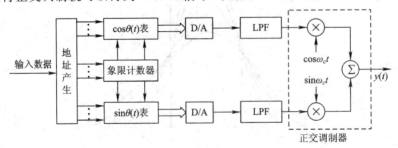

图 4-12 波形存储正交调制法产生 GMSK 信号

4. GMSK 功率谱密度

图 4-13 为 GMSK 的功率谱密度。从图 4-13 中可见，B_bT_b 越小，旁瓣衰减越快，频带利用率越高，但 B_bT_b 越小，由低通滤波器所引发的码间干扰(ISI)也越大，误码率增加。所以往往从频带利用率和误码率双方折中考虑来选择 B_bT_b 值，GSM 中一般取 $B_bT_b=0.3$。

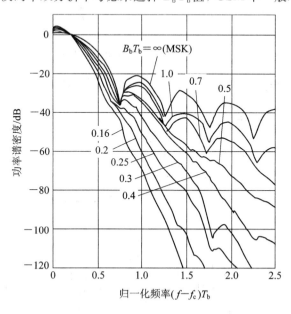

图 4-13 GMSK 的功率谱密度

GMSK 最吸引人的地方是具有恒包络特性，功率效率高，可用非线性功率放大器和非相干检测。GMSK 的缺点是频谱效率还不够高。当频率资源紧缺时，频带利用率更高的线性调制方式更具有吸引力。

4.3 线性调制

线性调制方式主要有各种进制的 PSK 和 QAM 等，其中以 QPSK 为典型代表。QPSK 和 OQPSK 是 IS-95 CDMA 系统所采用的调制方式。这一类调制方式的频带利用率一般都大于 $1\text{ b}\cdot\text{s}^{-1}/\text{Hz}$，而且随着调制电平数的增加而增加。线性调制方式又可分为频谱高效和功率高效两种。理论上可以得到频带利用率大于 $2\text{ b}\cdot\text{s}^{-1}/\text{Hz}$ 的调制方式为频谱高效，如 8PSK、16QAM、256QAM 等。频谱高效调制方式是通过增加电平数来获得较高的频带利用率的，因此为得到同样的误码率，就需要较高的信噪比。功率高效调制为欲获得 10^{-3} 误码率仅需 14 dB 信噪比的调制方式，如 BPSK 和 QPSK 等。功率高效调制方式可达到的最高频带利用率为 $2\text{ b}\cdot\text{s}^{-1}/\text{Hz}$。线性调制一般需要用价格昂贵、功率效率差的线性放大器，且其易受衰落和干扰的影响。

4.3.1 2PSK

在二进制的相位调制中，二进制的数据可以用相位的两种不同取值表示。设输入二进制的数据为 $\{a_n\}$，$a_n=\pm1$，$n=-\infty\sim+\infty$，则二相相移键控(Binary Phase Shift Keying,

2PSK)的信号形式为

$$S_{2PSK}(t) = A\cos\left[\omega_c t + \left(\frac{1-a_n}{2}\right)\pi\right], \quad nT_b \leqslant t < (n+1)T_b \quad (4.34)$$

$s_{2PSK}(t)$ 还可以表示为

$$S_{2PSK}(t) = A\left[\sum_{n=-\infty}^{\infty} a_n p(t-nT_b)\right]\cos\omega_c t, \quad nT_b \leqslant t < (n+1)T_b \quad (4.35)$$

式中，A、ω_c 分别是载波的幅度和角频率，$p(t)$ 是宽度为 T_b 的矩形脉冲，$\sum_{n=-\infty}^{\infty} a_n p(t-nT_b)$ 表示双极性 NRZ 码的基带信号波形。2PSK 信号的波形如图 4-14 所示。

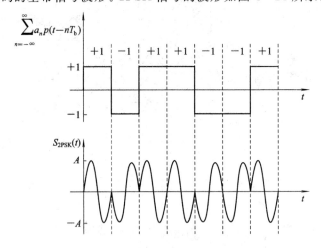

图 4-14　2PSK 信号的波形

设矩形脉冲 $p(t)$ 的频谱为 $G(\omega)$，则 2PSK 信号的功率谱为（假定"＋1"和"－1"等概率出现）

$$P_S(f) = \frac{1}{4}\left[|G(f-f_c)|^2 + |G(f+f_c)|^2\right] \quad (4.36)$$

由式(4.35)可知，2PSK 信号是一种线性调制，当基带波形为 NRZ 码时，其功率谱如图 4-15 所示。频带效率只有 1/2，用在某些移动通信系统中，信号的频带就显得过宽。此外，2PSK 信号有较大的旁瓣，旁瓣的总功率约占信号总功率的 10%，带外辐射严重。为了减小信号带宽，可考虑用多进制 PSK 代替 2PSK。

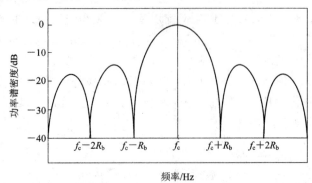

图 4-15　NRZ 基带信号的 2PSK 信号功率谱

4.3.2 QPSK

在四相相移键控(Quadrature Phase Shift Keying, QPSK)调制中，在要发送的比特序列中，每两个相连的比特分为一组构成一个四进制的码元，即双比特码元。双比特码元的 4 种状态用载波的四个不同相位($i=1,2,3,4$)表示。这种对应关系叫做相位逻辑，如图 4-16 所示。

双极性表示		θ_i
a_{2n}	a_{2n+1}	
+1	+1	$\pi/4$
-1	+1	$3\pi/4$
-1	-1	$5\pi/4$
+1	-1	$7\pi/4$

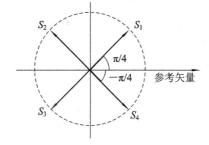

图 4-16 QPSK 的一种相位逻辑

1. QPSK 信号的时域表示和调制原理

QPSK 信号可以表示为

$$S_{QPSK}(t) = A\cos(\omega_c t + \theta_i), \quad i=1,2,3,4, \quad nT_s \leqslant t \leqslant (n+1)T_s \quad (4.37)$$

其中，A、ω_c 分别是载波的幅度和角频率，θ_i 取图 4-16 中的四种相位，T_s 为四进制符号间隔。将式(4.37)展开可得

$$\begin{aligned} S_{QPSK}(t) &= A[\cos\theta_i \cos(\omega_c t) - \sin\theta_i \sin(\omega_c t)] \\ &= \frac{A}{\sqrt{2}}[I(t)\cos(\omega_c t) - Q(t)\sin(\omega_c t)] \end{aligned} \quad (4.38)$$

式中，$I(t)=\pm 1$，$Q(t)=\pm 1$。

令双比特码元$(a_{2n}, a_{2n+1}) = (I(t), Q(t))$，则 QPSK 信号可以通过正交调制方式产生，即将输入的双比特码(a_{2n}, a_{2n+1})经过串/并变换，分别送入两个并联支路——I 支路（同相支路）和 Q 支路（正交支路），再分别用一对正交载波进行调制，然后相加便可得到 QPSK 信号，如图 4-17 所示。

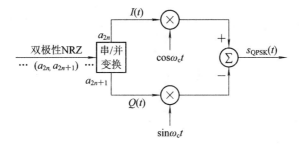

图 4-17 QPSK 正交调制原理图

2. QPSK 信号的功率谱和带宽

正交调制产生 QPSK 信号的方法实际上是把两个 BPSK 信号相加。每个 BPSK 信号的

码元长度是原序列比特长度的 2 倍,即 $T_s=2T_b$,或者说码元速率为原比特速率的一半 ($R_s=R_b/2$)。另外,它们有相同的功率谱和相同的带宽 $B=2R_s=R_b$,而两个支路信号的叠加得到的 QPSK 信号的带宽 $B=R_b$,频带效率则提高为 1。

QPSK 信号比 BPSK 信号的频带效率高出一倍,但当基带信号的波形是方波序列时,它含有较丰富的高频分量,所以已调信号功率谱的旁瓣仍然很大,计算机分析表明信号主瓣的功率占 90%,而 99% 的功率带宽约为 $10R_s$。在两个支路加入低通滤波器(LPF),如图 4-18 所示,对形成的基带信号实现限带,衰减其部分高频分量,从而减小已调信号的旁瓣,这被称作脉冲成形技术。脉冲成形技术在移动通信中通常被用来减少符号间干扰和已调数字信号的带宽。这里采用的脉冲成形滤波器是升余弦滤波器,而在 GMSK 调制中采用的是高斯低通滤波器。

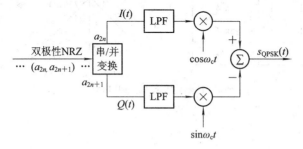

图 4-18 QPSK 的限带传输

采用升余弦滤波器的 QPSK 信号的功率谱在理想情况下,信号的功率完全被限制在升余弦滤波器的通带内,带宽为

$$B = (1+\alpha)R_s = \frac{(1+\alpha)R_b}{2} \quad (4.39)$$

式中,α 为滤波器的滚降系数($0<\alpha\leqslant 1$)。$\alpha=0.5$ 时的 QPSK 信号的功率谱密度如图 4-19 所示。

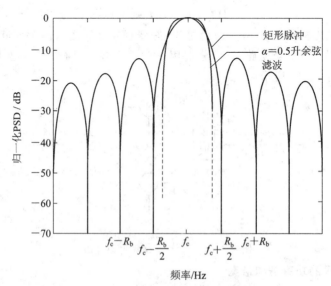

图 4-19 QPSK 信号的功率谱密度

3. QPSK 信号的相位跳变和包络特性

QPSK 是一种相位不连续的信号,随着双比特码元的变化,在码元转换的时刻,信号的相位发生跳变。当只有一个支路的数据发生改变时,相位跳变 $\pm\pi/2$;当两个支路的数据符号同时发生改变时,则相位跳变 $\pm\pi$。信号相位的跳变情况可以用图 4-20 的信号星座图来说明,图中的虚线表示相位跳变的路径。

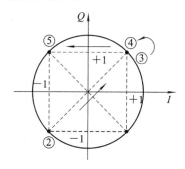

图 4-20 QPSK 信号相位跳变路径

当基带信号为方波脉冲(NRZ)时,QPSK 信号具有恒包络特性。但在实际数字通信中,如上所述,由于信道带宽有限,往往经过成形滤波器后,再进行 QPSK 调制后,所得到的限带 QPSK 信号包络不再恒定,且在 π 相位突变处,出现包络为零的现象,如图 4-21 所示。若限带 QPSK 信号再进行硬限幅或非线性功率放大,将会使信号功率谱旁瓣再生和频谱扩展,而要防止频谱扩展就必须使用效率较低的线性放大器。一种对 QPSK 调制的改进措施就是减小信号相位的跳变幅度,从而减小信号包络的波动幅度,避免包络过零点。

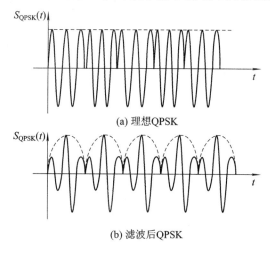

图 4-21 QPSK 信号包络示意图

4.3.3 OQPSK

偏移四相相移键控(Offset QPSK,OQPSK)与 QPSK 调制类似,不同之处是在正交支路引入一个比特(半个码元)的时延,这使得两个支路的数据不会同时发生变化,因而不可能像 QPSK 那样产生 $\pm\pi$ 的相位跳变,而仅产生 $\pm\pi/2$ 的相位跳变。OQPSK 两支路符号错开和相位变化的例子如图 4-22 所示。图 4-23 为 OQPSK 调制的原理框图。OQPSK 在非线性放大时，仍能保持带限性质，这一点比较适合移动通信，IS-95 CDMA 的反向信道就采用 OQPSK 调制技术。

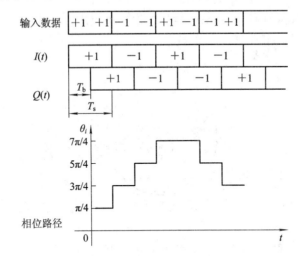

图 4-22　OQPSK 的 $I(t)$、$Q(t)$ 两支路符号偏移及相位路径

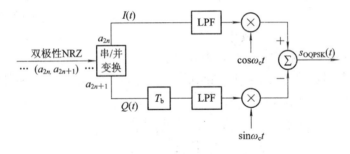

图 4-23　OQPSK 调制原理图

4.4　QAM

单独采用振幅或相位携带信息时，不能充分地利用信号平面。多进制幅度调制时，矢量端点在一条轴上分布；多进制相位调制时，矢量端点在一个圆上分布。随着进制数 M 的增加，这些矢量端点之间的最小距离也随之减小，误码率随之增加。正交幅度调制（Quadrature Amplitude Modulation，QAM）则是联合键控幅度和相位，将矢量端点在信号平面重新合理分布，可以在不减小最小距离的情况下，增加信号矢量的端点数，从而可在限定的频带内传输更高速率的数据，提高频谱效率。M 进制 QAM（MQAM）已被广泛地应用于 HSPA 和 LTE 系统中。

4.4.1　MQAM 调制的原理

1. MQAM 信号的时域表示

设码元在星座图上映射的矢量点为 u_m，则 u_m 可表示为

第 4 章 数字调制技术

$$u_m = A_m + jB_m = C_m e^{j\theta_m} \tag{4.40}$$

其中，$m=1, 2, \cdots, M$，$C_m = \sqrt{A_m^2 + B_m^2}$，$\theta_m = \arctan\left(\dfrac{B_m}{A_m}\right)$。若调制载波频率为 f_c（$f_c = \dfrac{\omega_c}{2\pi}$），则 MQAM 已调信号 $s_{\text{MQAM}}(t)$ 从概念上表示为

$$S_{\text{MQAM}}(t) = C_m \cos(\omega_c t + \theta_m), \ 0 \leqslant t < T_s \tag{4.41}$$

其中，C_m、θ_m 二者均变化，T_s 为码元宽度。

从正交实现上可表示为

$$S_{\text{MQAM}}(t) = A_m \cos\omega_c t - B_m \sin\omega_c t, \ 0 \leqslant t < T_s \tag{4.42}$$

式中，A_m 和 B_m 分别为同相分量和正交分量。

从信号空间上可表示为

$$S_{\text{MQAM}}(t) = \text{Re}[(A_m + jB_m)e^{j\omega_c t}], \ 0 \leqslant t < T_s \tag{4.43}$$

式中，A_m 和 B_m 可进一步表示为

$$\begin{cases} A_m = d_m A \\ B_m = e_m A \end{cases} \tag{4.44}$$

式中，A 为固定的振幅；(d_m, e_m) 由输入数据确定。(d_m, e_m) 决定了已调 QAM 信号在信号空间中的坐标点。

2. QAM 星座图

星座图就是矢量端点的分布图，通常可以用星座图来描述 QAM 信号的信号空间分布状态。圆形和方形是两种常见的星座图，例如采用 16QAM 时，其两种星座图如图 4-24 所示。

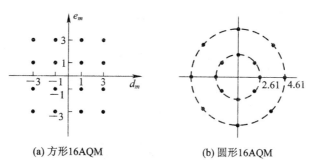

(a) 方形16AQM　　　(b) 圆形16AQM

图 4-24 16QAM 星座图

表征星座图特性的参数主要包括最小欧几里德距离和最小相位偏移。最小欧几里德距离是指 MQAM 信号星座点间的最小距离，该参数反映了 MQAM 信号抗高斯白噪声的能力，可以通过优化星座图分布来得到最大值，从而提高抗干扰的能力。最小相位偏移是 MQAM 信号星座点相位的最小偏移，该参数反映了 MQAM 信号抗相位抖动的能力和对时钟恢复精确度的敏感性。同样可以优化星座点的分布来获得最大值，从而获得更好的传输性能。

假设信号点之间的最小距离为 $2A$，且所有信号点等概率出现，则平均发射信号功率为

$$P = \frac{A}{M} \sum_{m=1}^{M} (d_m^2 + e_m^2) \tag{4.45}$$

以图 4-24 中的 16QAM 为例，对于方形 16QAM，信号平均功率为

$$P = \frac{A^2}{16}(4 \times 2 + 8 \times 10 + 4 \times 8) = 7.5A^2 \qquad (4.46)$$

对于圆形 16QAM，信号平均功率为

$$P = \frac{A^2}{16}(8 \times 2.61^2 + 8 \times 4.61^2) = 14.03A^2 \qquad (4.47)$$

由此可见，就平均功率而言，方形和圆形 16QAM 两者功率相差 1.4 dB，即在相同的平均功率的情况下，方形的最小欧几里德距离较圆形的大，因此抗干扰能力较强。另一方面从星座图结构看，圆形有 2 个振幅值，方形有 3 个振幅值；圆形有 8 个相位值，方形有 12 个相位值；圆形最小相位偏移为 45°，方形最小相位偏移为 18°。圆形的最小相位偏移比方形大，相应的其抗相位抖动的能力较强。

4.4.2 MQAM 信号的产生和解调

基于式(4.42)可得到 MQAM 正交调制的原理框图，如图 4-25 所示。输入的二进制序列经过串/并变换后输出速率减半的两路并行序列，分别经过 2 电平到 $L(L=\sqrt{M})$ 电平的变换，形成 L 电平的基带信号 A_m 和 B_m。为了抑制已调信号的带外辐射，A_m 和 B_m 需要经过预调制低通滤波器，再分别与同相载波和正交载波相乘，最后两路信号相加便得到 MQAM 信号。

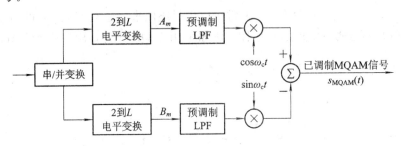

图 4-25 MQAM 调制原理图

在接收端，MQAM 可采用正交相干解调方法，其原理框图如图 4-26 所示。首先解调器的输入信号与本地恢复的两个正交载波相乘，接着经过低通滤波器输出两路多电平基带信号 A_m 和 B_m，然后多电平判决器对其进行判决和检测，再经过 L 电平到 2 电平变换和并/串变换，最后输出二进制数据。

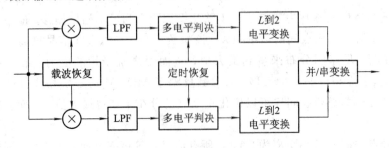

图 4-26 MQAM 解调原理图

4.4.3 MQAM 调制性能

1. MQAM 的误码率

对于方型 QAM 来说，它可以看成是两个脉冲振幅调制信号之和，因此利用脉冲振幅调制的分析结果，可以得到 M 进制 QAM 的误码率为

$$P_M = 2\left(1 - \frac{1}{\sqrt{M}}\right)\text{erfc}\left(\sqrt{\frac{3}{2(M-1)}k\gamma_b}\right) \cdot \left[1 - \frac{1}{2}\left(1 - \frac{1}{\sqrt{M}}\right)\text{erfc}\left(\sqrt{\frac{3}{2(M-1)}k\gamma_b}\right)\right]$$
(4.48)

式中，$k = \text{lb}M$ 为每个码元内的比特数，γ_b 为每比特的平均信噪比，$\text{erfc}(x)$ 为补误差函数。MQAM 的误码率计算结果如图 4-27 所示。

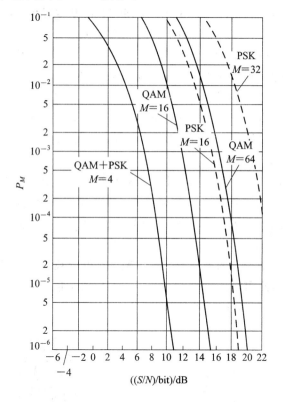

图 4-27 方型 MQAM 的误码率曲线

2. MQAM 的频带利用率

在多进制调制中，每个电平包含的比特数越多，效率就越高。MQAM 信号是由同相支路和正交支路的 L 进制 ASK 信号叠加而成的，因此，其功率谱是两支路信号功率谱的叠加。第一零点带宽（主瓣宽度）$B = 2R_b$，即码元频带利用率

$$\eta_B = \frac{R_b}{B} = \frac{1}{2}$$
(4.49)

所以，MQAM 信号的信息频带利用率为

$$\eta_B = \frac{R_b}{B} = \frac{\text{lb}M}{2} = \text{lb}L$$
(4.50)

如 16QAM 在 25 kHz 信道中可实现 64 kb/s 的传输速率，其频带利用率为 2.56 b·s^{-1}/Hz；而 64QAM 的频带利用率可达 5 b·s^{-1}/Hz。但需要指出的是，QAM 的高频带利用率是以牺牲其抗干扰性能而获得的，电平数越大，信号星座点数越多，其抗干扰性能就越差。因为随着电平数的增加，电平间的距离减小，噪声容限减小，同样噪声条件下的误码率也就增加。

4.5 多载波调制

4.5.1 多载波调制基本概念

多载波调制(Multi-Carrier Modulation，MCM)的基本思想是将所要传输的数据流分解成若干个子比特流，再调制到不同的子载波上进行传输。一般情况下，各子载波在理想传播条件下是相互正交的。对于低速并行的子载波而言，由于符号周期展宽，多径效应造成的时延扩展相对变小，能有效地消除码间干扰的影响，因而多载波调制对于信道的时间弥散性不敏感。

多载波调制可通过多种技术途径来实现。这些技术途径包括：多音实现(Multi-tone Realization)、正交频分复用(Orthogonal Frequency Division Multiplexing，OFDM)、多载波码分多址(MC-CDMA)、编码 MCM(Coded MCM)等。

多音实现是采用通常的频分复用技术和带限信道，将整个射频带宽分割成若干个互不交叠的子载波信道来并行传输各个子数据流，在接收端用一组滤波器来分离各个子信道，如图 4-28(a)所示。这种方法直接、简单，其缺点是频谱效率较低，且多个滤波器实现较困难。

正交频分复用是一种特殊的多载波传输方案，它可以被看作一种调制技术，也可以被看作一种复用技术，其使用相互正交的一组子载波构成子信道来传输各个子数据流，子信道的频谱是可以相互交叠的，这样可显著提高频谱效率，如图 4-28(b)所示。

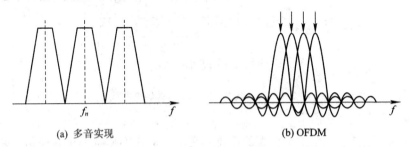

图 4-28 子载波频率设置

多载波码分多址是另一种将信号扩展到不同子载波上的重要方式，该方式将 CDMA 与 OFDM 进行了有机结合。多载波码分多址的实现方案又可分为 Multi-Carrier CDMA(MC-CDMA)、Multi-Carrier DS-CDMA(MC-DS-CDMA)和 Multi-Tone CDMA(MT-CDMA)三种。在 MC-CDMA 方案中，在发送端，将每个信息符号先经过扩频，扩频后将每个码片(chip)调制到一个子载波上，若 PN 码长为 N，则调制到 N 个子载波上，即不同的码片信号分别调制到不同的子载波上。可见，该方案是在频域上进行扩频，也可认为数据信息在许多载波码片上同时进行发送。在 MC-DS-CDMA 方案中，输入信息比特先经过串/并变换后，并行的每路经过相同的短扩频码扩频，然后再调制到不同的子载波上，相邻子带间有 1/2 重叠且保持正交关系。由于它是每路经过相同的短扩频码扩频再调制到不同的子载波上，也可认为数据信息在许多时间码片上用同一载波发送，所以属于时域扩频。另外，由于扩频后的带宽限制在一个子带内，因而一般只能选择短码扩频。在 MT-CDMA 方案中，输入数据流先经过串/并变换再调制到不同的子载波上以形成 OFDM 信号，然后再采用较长的扩频码进行扩频。MT-CDMA 的子载波间有更多的重叠，但子载波之间已不再保持正交。在这三种多载波码分多址方案中，MC-CDMA 的性能最佳，它不仅具有较高的频谱利用率，而且抗干扰、误码性能也较好。

编码 MCM 是采用编码的方法将信息映射到各个子信道，接收时对各个子信道的信号进行联合处理。这样，可以充分挖掘出 MCM 的分集效应所带来的增益。

在上述几种多载波调制方式中，OFDM 技术应用最为广泛，已被应用于非对称数字用户线（Asymmetric Digital Subscriber Line，ADSL）、数字音频广播（Digital Audio Broadcasting，DVB）、数字视频广播（Digital Video Broadcasting，DVB）等系统，也是 Wimax、LTE 等宽带移动通信系统的关键技术之一。

OFDM 技术的主要优点如下：

（1）频谱效率高。传统的 FDM 系统为了分离开各子信道的信号，需要在相邻的信道间设置一定的保护间隔（频带），以便接收端能用带通滤波器分离出相应子信道的信号，造成了频谱资源的浪费。而 OFDM 各子信道信号的频谱在频域上是相互正交的，各相邻子信道部分相互重叠，显著地提高了频谱效率。

（2）有效对抗多径效应。在 OFDM 系统中，通过对高速数据的串/并变换，大大降低了每个子载波上的符号速率，从而增加了每路数据流的符号持续时间，与多径时延相比，符号周期大大增加了，这样就可以有效地减小多径时延所引起的码间干扰（Inter-Symbol Interference，ISI）。进一步，当为系统引入保护间隔和循环前缀（Cyclic Prefix，CP）后，可以完全消除码间干扰和子载波间干扰（Inter-Carrier interference，ICI）。

（3）抗频率选择性衰落能力强。高速的数据在无线信道中传输时，信号带宽大于信道的相干带宽，易产生频率选择性衰落，OFDM 可将频率选择性衰落转化为一系列平坦衰落子信道，其将高速的数据流分成若干个低速数据流并行传输，若每个子信道的信号带宽小于信道的相干带宽，则每个子信道所经历的衰落是相对平坦的。

（4）实现比较简单。在实现方面，OFDM 利用 IFFT/FFT 变换替代一系列正交载波调制和解调，既不用多组振荡源，又不用带通滤波器组分离信号，大大降低了 OFDM 系统的实现复杂度。

OFDM 技术的不足之处表现如下：

（1）同步实现困难。OFDM 对同步系统的精度要求较高，较大的同步误差不仅造成输出信噪比的下降，还会破坏子载波间的正交性，造成载波间干扰，从而大大影响系统的性能，甚至使系统无法正常工作。

（2）峰值平均功率比高。OFDM 信号的峰值平均功率比（Peak-to-Average Power Ratio，PAPR）往往较大，使其对放大器的线性范围要求大，同时也降低了放大器的效率。

4.5.2 OFDM 的原理

OFDM 系统的原理如图 4-29 所示,在发射端,高速的数据流经过串/并变换,变为 N 路并行的低速数据流,再分别调制到 N 个等频率间隔的彼此正交的子载波上进行发射,其低通等效信号形式可表示为

$$S(t) = \sum_{k=0}^{N-1} X(k) e^{j2\pi f_k t} \quad (4.51)$$

式中,$X(k)$ 为第 k 个子载波上的码元,每个码元的周期为 T_s;N 为 OFDM 子载波数;f_k 为第 k 个子载波的频率,$f_k = f_0 + \dfrac{k}{T_s}$,$k=0,1,2,\cdots,N-1$,$f_0$ 是所用的最低频率。式 (4.51) 中,第 m 个子载波与第 n 个子载波具有如下特性

$$\frac{1}{T_s}\int_0^{T_s} e^{j2\pi f_m t} e^{-j2\pi f_n t}\, dt = \frac{1}{T_s}\int_0^{T_s} e^{\left[\frac{j2\pi(m-n)}{T_s}t\right]}\, dt = \delta(m-n) \quad (4.52)$$

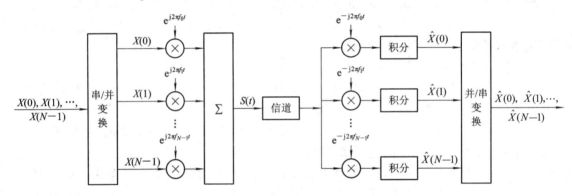

图 4-29 OFDM 原理框图

因此,OFDM 中各子载波之间满足正交条件,如图 4-30 所示。图中给出了 4 个子载波的 OFDM 时域和频域结构示意图。从时域看,各子载波间彼此正交;从频域看,在每个子载波频谱的最大处,其他子载波的频谱恰好为零。

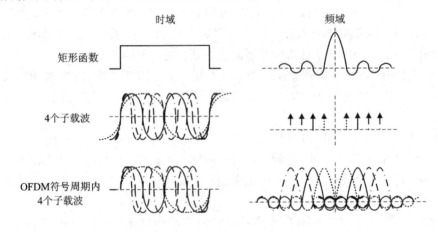

图 4-30 OFDM 符号时域和频域结构示意图

在接收端,可利用子载波间的正交性进行解调,再进行并/串变换,恢复出发送数据。假设我们希望解调出子载波频率 f_m 上的数据,则

$$\frac{1}{T_s}\int_0^{T_s} e^{-j2\pi f_m t}\Big[\sum_{k=0}^{N-1} X(k)e^{-j2\pi f_k t}\Big]dt = \frac{1}{T_s}\sum_{k=0}^{N-1} X(k)\int_0^{T_s} e^{[j2\pi(f_k-f_m)t]}dt$$
$$= X(m) \tag{4.53}$$

4.5.3 OFDM 的 IFFT/FFT 实现

由于 OFDM 子载波之间满足正交性,因此,其调制和解调可分别通过 IDFT/DFT(Inverse/Discrete Fourier Transform)来代替,进一步通过 IFFT/FFT 实现可显著降低算法的复杂度,为了 OFDM 系统实用化提供了途径。

对式(4.51)中的 $S(t)$ 信号用速率 N/T_s 进行采样,并假设 $f_0=0$(即载波频率为最低子载波频率),则可表示为

$$S(t) = \sum_{k=0}^{N-1} X(k)e^{j2\pi(f_0+\frac{k}{T_s})t}\Big|_{t=\frac{T_s}{N}m,\, f_0=0} \tag{4.54}$$

其中,$m=0, 1, 2, \cdots, N-1$。进一步可表示为

$$S(m) = \Big[\sum_{k=0}^{N-1} X(k)e^{j\frac{2\pi k}{N}m}\Big] = N \cdot \text{IDFT}[X(k)] \tag{4.55}$$

因此,基于 IFFT/FFT 实现的 OFDM 原理框图如图 4-31 所示。在发射端,经过串/并变换的数据 $X(0)$,$X(1)$,$\cdots$,$X(N-1)$ 进行 N 点 IFFT 运算后得到 $x(0)$,$x(1)$,$\cdots$,$x(N-1)$,可以认为是把频域数据符号 $X(k)$ 变换成时域数据符号 $x(n)$,再进行并/串变换、加入循环前缀、D/A 转换等一系列处理后,调制到射频载波 $\cos 2\pi f_0 t$ 上发送到移动信道中。其中,IFFT 变换结合 D/A 转换等效于 OFDM 的调制过程,而加入循环前缀(CP)可以有效消除码间干扰(ISI)和子载波间干扰(ICI),加窗则是为了改善 OFDM 信号的频谱特性。在接收端,进行相反的处理过程,首先对接收信号进行下变频、低通滤波、A/D 采样、去循环前缀后成为时域数据采样 $\hat{x}(n)$,再进行 N 点 FFT 运算和并/串变换后恢复出原始发送符号 $\hat{X}(k)$。

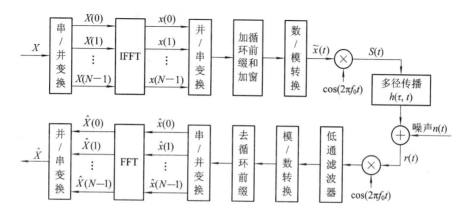

图 4-31 基于 IFFT/FFT 实现的 OFDM 原理框图

4.5.4 保护间隔与循环前缀

在无线信道中,多径传播会导致时延扩展,前一个信息符号的时延分量会叠加到当前的符号上,从而引起码间干扰(ISI),如图 4-32(a)所示。

OFDM 技术将高速数据流分配到 N 个并行子信道上,使得每个子载波上的符号周期扩大为原来符号周期的 N 倍,从而可以有效地对抗多径时延引起的码间干扰。为了最大限度地消除码间干扰,在每个符号之间插入保护间隔(GI),这样,前一个符号的时延分量就不会干扰到当前符号,只要保护间隔长度大于信道的最大多径时延就可以完全消除码间干扰,如图 4-32(b)所示。

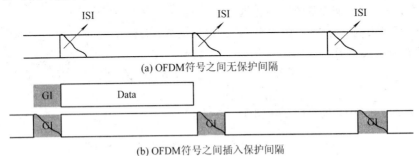

图 4-32 保护间隔的作用

如果保护间隔内不插任何信号,即为空白传输段,则由于多径效应的影响,子载波可能不能保持相互正交,从而引入了子载波间干扰(ICI),如图 4-33 所示。因为 FFT 积分区间内,延迟的子载波不具有整数倍的周期,所以当 OFDM 接收机解调子载波 1 的信号时,会引入延迟后的子载波 2 对它的干扰。

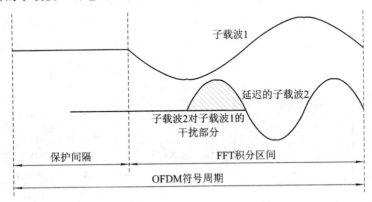

图 4-33 子载波间的干扰(ICI)

进一步,为抑制子载波间干扰(ICI),OFDM 符号在保护间隔的构造上采用循环扩展的方式,即循环前缀(CP)。循环前缀是将 OFDM 符号尾部的信号搬移到头部构成的,如图 4-34 所示。这样可以保证有时延的 OFDM 信号在 FFT 积分区间内总是具有整倍数周期。因此只要多径时延小于保护间隔,就不会造成载波间干扰,图 4-35 所示。图中的保护间隔大于多径时延,因此第二条径的相位跳变点正好位于保护间隔内,所以接收机收到的

第 4 章 数字调制技术

是满足正交特性的多载波信号,不会造成性能损失。如果保护间隔小于多径时延,则相位跳变点位于积分区间内,多载波信号不再保持正交性,从而会引入子载波干扰。

加入循环前缀可以有效地对抗多径效应所引起的 ISI 和 ICI,但这是以牺牲 OFDM 系统的功率效率和频谱效率为代价的。

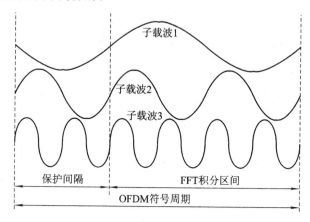

图 4-34 OFDM 符号加入循环前缀

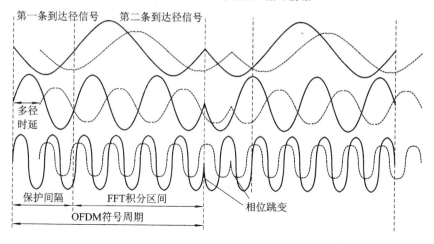

图 4-35 两径信道中 OFDM 信号的传输

4.5.5 加窗技术

由于符号调制的因素,OFDM 信号的子载波有可能发生相位跳变,如图 4-35 所示,这种相位跳变使得信号功率发生泄露或带外衰减变慢。图 4-36 给出了子载波数分别为 16、64、256 的功率谱。由图可知,其带外功率谱密度衰减比较慢,随着子载波数的增加,OFDM 信号的带外衰减虽有所增加,但即使是 256 个子载波的情况下,在 3 dB 带宽的 4 倍处,带外衰减也不过为 -40 dB。

为了使 OFDM 信号的带外衰减更快,可以采用对单个 OFDM 符号加窗的办法。OFDM 的窗函数可以使信号的幅度在符号边界更平滑地过渡到 0。常用的窗函数是升余弦滚降窗,定义如下

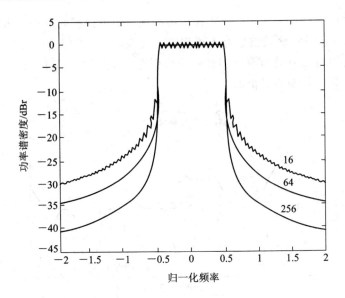

图 4-36 未加窗的 OFDM 功率谱

$$w(t) = \begin{cases} \frac{1}{2}\left[1+\cos\frac{(t-T_s)\pi}{\beta T_s}\right], & 0 \leqslant t \leqslant \beta T_s \\ 1.0, & \beta T_s \leqslant t \leqslant T_s \\ \frac{1}{2}\left[1+\cos\frac{(t+\beta T_s)\pi}{\beta T_s}\right], & T_s \leqslant t \leqslant (1+\beta)T_s \end{cases} \quad (4.56)$$

式中，β 为滚降系数，T_s 为 OFDM 的符号周期。图 4-37 给出了 64 个子载波时，采用不同滚降系数的归一化 OFDM 功率谱。由图可知，当 $\beta=0.025$ 时，已经能很好地改善带外衰减。滚降系数 β 值越大，带外辐射功率下降得也就越快，但同时也会降低 OFDM 符号对时延扩展的容忍程度。

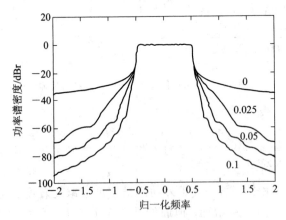

图 4-37 加窗的 OFDM 功率谱

因此，在工程实践中，OFDM 信号的生成过程可概括为如下步骤：首先对调制符号星座图(如 QAM)数据流补零，再计算 IFFT；然后将 IFFT 输出的末尾 T_{prefix} 个采样补在 OFDM 符号的前端构成循环前缀；再将前端 T_{postfix} 个采样放置在 OFDM 符号的后端；最后，对这个 OFDM 符号乘以滚降系数为 β 的升余弦窗函数作为 OFDM 信号的输出符号。

此符号相对于前一符号有 βT_s 的重叠区域。图 4-38 给出了 OFDM 信号加窗后的时序结构图，其中，T_s 为符号周期，T_{FFT} 为 FFT 区间，T_{prefix} 为循环前缀周期，$T_{postfix}$ 为循环后缀周期，βT_s 为升余弦滚降周期。

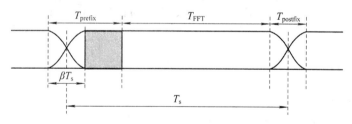

图 4-38　OFDM 加窗后的时序结构

习题与思考题

1. 在移动通信中对调制有哪些考虑？
2. GSM 系统空中接口传输速率为 270.833 kb/s，所采用的调制方式为 GMSK，求发射信号的两个频率差。若载波频率是 900 MHz，这两个频率又等于多少？若 $T_b B_b = 0.3$，求高斯低通滤波器的 3 dB 带宽，并确定高斯低通滤波器的参数 α。
3. 试说明 OQPSK 与 QPSK 的主要区别。
4. 在正交振幅调制中，应按什么样的准则来设计信号结构？
5. 方型 QAM 星座与星型 QAM 星座有何异同？
6. 试述多载波调制与 OFDM 调制的区别和联系。
7. 假定系统带宽为 450 kHz，最大多径时延为 32 μs，传输速率在 280～840 kb/s 间可变（不要求连续可变），试给出采用 OFDM 调制的基本参数。
8. 对 OFDM 符号采用"加窗"技术（Windowing）的目的是什么？

第5章 抗衰落技术

移动信道属于时变信道,多径衰落和多普勒频移的影响对于任何调制技术来说都会产生很强的负面效应。另外,与 AWGN 信道相比,移动无线信道在失真和衰落方面对信号造成的损害明显要大得多。为了改进恶劣无线电传播环境中的链路性能,移动通信系统中引入了多种抗衰落技术。本章主要介绍均衡技术、分集技术、交织技术和多天线技术。

5.1 均衡技术

5.1.1 均衡原理和作用

在带宽受限且存在时延扩展的无线信道中,多径传播导致的码间干扰(ISI)会使传输信号产生畸变,从而造成接收误码。码间干扰被认为是在移动无线通信信道中传输高速率数据时的主要障碍。均衡技术是用来处理码间干扰的算法和实现方法。

均衡的基本原理如图 5-1 所示。设信道冲激响应序列 $\{h(n)\}$ 的 Z 变换为 $H(z)$,输入到信道的序列为 $\{d(n)\}$,均衡器的冲激响应 $\{g(n)\}$ 的 Z 变换为 $G(z)$,均衡器的输出序列为 $\{u(n)\}$。采用均衡器的目的是根据信道的特性 $H(z)$,按照某种最佳准则来设计均衡器的特性 $G(z)$,使得 $\{d(n)\}$ 和 $\{u(n)\}$ 之间达到最佳匹配。

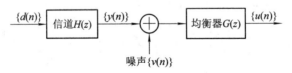

图 5-1 均衡器原理

广义的均衡器可以指任何用来消除码间干扰的信号处理操作。在无线通信系统中,由于移动衰落信道具有随机性和时变性,要求均衡器必须实时地跟踪信道的时变特性,这种均衡器又称为自适应均衡器。

并非所有的移动通信系统均要求使用自适应均衡器。实际上,当信道的频率选择性衰落引入多径时延扩展 τ_m,远远小于传输的消息符号的持续时间 T_s 时(即 $T_s \gg \tau_m$),移动信道可以不必使用自适应均衡,因为这时时延扩散对传送的消息符号的影响可以忽略不计,在 IS-95 CDMA 系统中,采用扩频码的 CDMA 方式来区分用户,对于每个用户传送的原始消息符号持续时间 $T_s \gg \tau_m$,因此对于 CDMA 系统一般不采用自适应均衡技术。另一种情况,若采用正交频分复用(OFDM)方式,对每一个正交的子载波所传送的消息符号持续时间 $T_s \gg \tau_m$,也可不采用自适应均衡技术。

反之,若 $T_s < \tau_m$,则在接收信号中会出现 ISI,就需要自适应均衡器来减轻或消除

ISI。例如 GSM 数字式蜂窝系统,由于采用了时分多址 TDMA 方式,对各用户信息传送采用时分复用方式,一般满足 $T_s < \tau_m$ 的条件,所以必须使用自适应均衡技术。

5.1.2 均衡实现途径

均衡目前有两个基本实现途径:

(1) 频域均衡。它主要从频域角度来满足无失真传输条件,它是通过分别校正系统的幅频特性和群时延特性来实现的,主要用于早期的固定式有线传输网络中。

(2) 时域均衡。它主要从时间响应考虑使包含均衡器在内的整个系统的冲击响应满足理想的无码间干扰的条件。与频域均衡相比较,时域均衡实现更方便,性能也较好,因此,其应用更广泛,特别是在时变的移动信道中,几乎都采用时域的实现方式。

时域均衡从原理上可以划分为线性与非线性两大类型。每一种类型均可分为几种结构。而每一种结构的实现又可根据特定的性能准则采用若干种自适应调整滤波器参数的算法。根据时域均衡器的类型、结构、算法给出的分类,如图 5-2 所示。

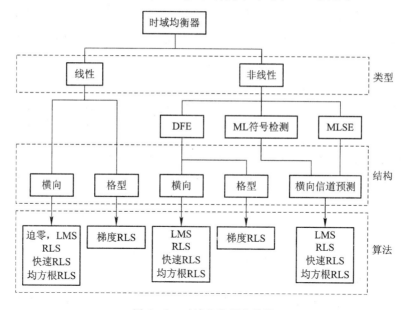

图 5-2 时域均衡器的分类

线性均衡和非线性均衡的主要差别在于均衡器的输出被用于反馈控制的方式上。通常,模拟信号经过接收机中的判决器,进行抽样判决,进而确定信号的数字序列 $d(t)$。如果 $d(t)$ 未被应用于均衡器的反馈逻辑中,那么均衡器是线性的;反之,如果 $d(t)$ 被应用于反馈逻辑中并参与确定了均衡器的后续输出,那么均衡器是非线性的。

线性均衡器在结构上可分为横向均衡器和格型均衡器。横向均衡器是由若干个按横向排列的迟延单元及抽头系数构成的。格型均衡器一般具有共轭对称的结构:前向反射系数是后向反射系数的共轭,其最突出的特点是局部相关联的模块化结构。与横向均衡器相比较,格型均衡器结构较复杂,其特殊的结构使这种均衡器允许进行最有效长度的动态调整,因而,当信道的时间扩散特性不很明显时,可以只用少量级数实现;而当信道的时间扩散特性增强时,格型均衡器的级数可以由算法自动增加,并且不用暂停均衡器的操作。

数值稳定性好以及收敛速度快是格型均衡器的两大优点。

常用的非线性均衡器包括判决反馈均衡器(Decision Feedback Equalizer，DFE)、最大似然序列估计器(Maximum Likelihood Sequence Estimator，MLSE)、最大似然符号检测器(Maximum Likelihood Symbol Detector)。判决反馈均衡器的基本思路是：一旦检测和判定一个信息符号后，就可在检测后续符号之前预测并消除由这个符号带来的码间干扰。MLSE 则是检测所有可能的数据序列(而不是只对收到的符号解码)并选择与信号相似性最大的序列作为输出。一般而言，非线性均衡器的性能较线性均衡器好，特别是在由于信道深衰落而导致严重失真的情况下。

从均衡器算法上，主要包括：最小均方(Least Mean Square，LMS)、递归最小二乘(Recursive Least Square，RLS)、快速递归最小二乘(Fast RLS)、均方根递归最小二乘(Square Root RLS)、梯度递归最小二乘(Gradient RLS)等。

5.1.3 横向滤波器的原理

在上述均衡器分类中，横向滤波器是时域均衡的主要实现方式，也是可用的类型中最简单的一种。它由多级抽头延迟线、可变增益加权系数乘法器以及相加器共同组成。横向滤波器结构如图 5-3 所示。

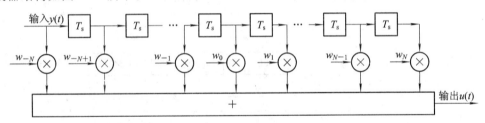

图 5-3 横向滤波器结构

输入信号 $y(t)$ 经过 $2N$ 级延迟线，每级的群时延为 $T_s=1/2f_H$，其中 f_H 为传送系统的奈奎斯特取样频率，即信号 $y(t)$ 的最高频率。在每一级延迟线的输出端都相应引出信号 $y(t-nT_s)$，并分别经过可变权系数 $w_k(k=0,\pm 1,\cdots,\pm N)$ 相乘以后，送入求和电路进行代数相加，形成总的输出信号 $u(t)$。其中滤波器抽头共有 $2N+1$ 个，权系数 w_k 可变、可调且能取正负值，并对中心抽头权系数 w_0 归一化。

若横向滤波器的冲激响应应为 $g(t)$，则

$$g(t) = \sum_{k=-N}^{N} w_k \delta(t-kT_s) \tag{5.1}$$

这时，输出响应就成为

$$u(t) = y(t) * g(t) = \sum_{k=-N}^{N} w_k y(t-kT_s) \tag{5.2}$$

可见，横向滤波器的接入将使系统的输出波形 $u(t)$ 成为 $2N+1$ 个经过不同时延的均衡器的输入波形 $y(t)$ 的加权和。对于一个实际响应波形 $y(t)$，只要适当地选择抽头权系数 w_k，就可以使输出波形在各个奈氏取样点($k=0$ 处除外)趋于零。

当 $t=nT_s$ 时，有

$$u(nT_s) = \sum_{k=-N}^{N} w_k y[(n-k)T_s] \tag{5.3}$$

或简写成

$$u_n = \sum_{k=-N}^{N} w_k y_{n-k} \tag{5.4}$$

上述公式中的 y_{n-k} 表示以 n 为中心的前后 k 个符号($k=0$，± 1，…，$\pm N$)在取样时刻 $t=nT_s$ 时对第 n 个符号所造成的码间干扰。这样，横向滤波器的作用就是要调节抽头加权系数(不含 w_0)，使得以 n 为中心的前后 $\pm N$ 个符号在取样时刻 $t=nT_s$ 的样值趋于零，即消除它们对第 n 个符号的干扰。所以横向滤波器可以控制并消除 $\pm N$ 个符号内的码间干扰，并将横向滤波器达到这一状态的特性称之为"收敛"特性。显然，横向滤波器抽头越多即 N 越大，控制范围也就越大，均衡的效果也就越好。但是 N 越大、抽头越多，调整也就越困难，工程上应在性能与实现复杂性上进行合理的折中。

5.1.4 自适应均衡和盲均衡

自适应均衡器通常包括两种工作模式：训练模式和跟踪模式。在训练模式，发端发射一个已知的定长训练序列，使均衡器迅速收敛，完成抽头权系数的初始化，典型的训练序列是一个二进制伪随机信号或一个预先指定的比特串，用户数据紧跟在训练序列之后被传送。接收端的均衡器通过递归算法评估信道特性，并修正滤波器权系数实现对信道的补偿。在设计训练序列时，要求做到即使在最差的信道条件下，均衡器也能通过这个序列获得正确的滤波权系数。这样就可以在收到训练序列后，使均衡器的滤波权系数接近最佳值。而在接收用户数据时，均衡器的自适应算法可以跟踪不断变化的信道。通过上述方式，自适应均衡器将不断改变其滤波特性。

自适应均衡器实际上是一组抽头权系数 w_0，…，w_{N-1} 在某种准则下可依据估计误差 $e(n)$ 的大小自动更新、调整的滤波器。这里介绍均衡器抽头权系数自适应更新的两种基本算法，即最小均方算法(LMS)和递归最小二乘算法(RLS)。

1. 最小均方算法(LMS)

基于最小均方误差(MMSE)准则的均衡器抽头权向量 $\boldsymbol{w}$ 的自适应梯度算法即 LMS 算法，该算法是 Widrow 和 Hoff 于 1960 年提出的。

设均衡器的输入和输出分别是 $y(n)$ 和 $u(n)$，则 FIR 横向滤波器方程可表示为

$$u(n) = \sum_{k=0}^{N-1} w_k y(n-k) = \boldsymbol{w}^T \boldsymbol{y}(n) \tag{5.5}$$

式中，$\boldsymbol{y}(n)=[y(n), y(n-1), …, y(n-N+1)]^T$ 为均衡器的输入向量，$\boldsymbol{w}=[w_0, w_1, …, w_{N-1}]^T$，为均衡器抽头权向量。

令 $\boldsymbol{R}=E\{\boldsymbol{y}(n)\boldsymbol{y}^T(n)\}$，$\boldsymbol{r}=E\{\boldsymbol{y}(n)d(n)\}$，并采用均方误差作代价函数

$$J(\boldsymbol{w}) = E\{|d(n) - \boldsymbol{w}^H \boldsymbol{y}(n)|^2\} \tag{5.6}$$

容易证明，在最小均方误差(MMSE)准则下的最优解为

$$\boldsymbol{w}_{opt} = \arg\min J(\boldsymbol{w}) = \boldsymbol{R}^{-1}\boldsymbol{r} \tag{5.7}$$

在滤波器理论中，这一最佳滤波器称为 Wiener 滤波器。在自适应均衡中，将式(5.7)变为自适应算法，其中 LMS 算法是采用梯度下降法更新权向量 $\boldsymbol{w}$，即

$$w(n) = w(n-1) - \frac{1}{2}\mu(n)\nabla J[w(n-1)] \tag{5.8}$$

式中，$\mu(n)$ 为第 n 次迭代的更新步长。$\nabla J[w(n-1)]$ 为梯度向量，定义为

$$\nabla[w(n-1)] = -2r + 2Rw(n-1) \tag{5.9}$$

为了减小计算复杂度，可采用瞬时梯度向量 $\widehat{\nabla} J[w(n-1)]$ 代替式(5.8)中的真实梯度向量 $\nabla J[w(n-1)]$，即用 $y(n)d(n)$ 和 $y(n)y^T(n)$ 分别代替 $E\{y(n)d(n)\}$ 和 $E\{y(n)y^T(n)\}$，容易验证，瞬时梯度向量是真实梯度向量的无偏估计。因此，将瞬时梯度向量 $\widehat{\nabla} J[w(n-1)] = -2y(n)[d(n) - y^T(n)w(n-1)]$ 代入式(5.8)可得

$$w(n) = w(n-1) + \mu(n)e^*(n)y(n) \tag{5.10}$$

式中，$e(n) = d(n) - w^T(n-1)y(n)$ 为估计误差，定义为期望输出 $d(n)$ 与滤波器实际输出之间的误差。

式(5.10)即为 LMS 自适应算法的递推公式。值得注意的是，LMS 算法还有一些改进形式：

(1) 若式中更新步长 $\mu(n)$ 等于常数，则称为基本 LMS 算法。

(2) 若 $\mu(n) = \dfrac{\alpha}{\beta + y^H(n)y(n)}$，其中 $\alpha \in (0,2)$，$\beta \geqslant 0$，则称为归一化 LMS 算法。

此外，还包括解相关 LMS 算法、滤波型 LMS 算法等。

2. 递归最小二乘算法(RLS)

梯度 LMS 算法的收敛速度很慢，为了实现快速收敛，可将最小二乘法推广为一种自适应算法，使得在已知 $i-1$ 时刻滤波器抽头权系数的情况下，能够通过简单的更新，得到 i 时刻的滤波器抽头权系数，这便是递归最小二乘(RLS)算法。

RLS 算法是以指数加权的误差平方和为代价函数的，即

$$J[w(i)] = \sum_{n=0}^{i} \lambda^{i-n} |d(n) - w^T(i)y(n)|^2 \tag{5.11}$$

式中，λ 为遗忘因子，$0 < \lambda < 1$，其作用是对不同时刻的误差取不同的权重，离 i 时刻越近，权重越大，反之，离 i 时刻越远，权重越小。式(5.11)是 $w(i)$ 的函数，所以 $J[w(i)]$ 对 w 求偏导并令其等于 0 可得

$$w(i) = R^{-1}(i)r(i) \tag{5.12}$$

式中，

$$R(i) = \sum_{n=0}^{i} \lambda^{i-n} y(n)y^T(n) \tag{5.13}$$

$$r(i) = \sum_{n=0}^{i} \lambda^{i-n} y(n)d(n) \tag{5.14}$$

根据式(5.13)和式(5.14)的定义，可得下列递推公式

$$R(i) = \lambda R(i-1) + y(i)y^T(i) \tag{5.15}$$

$$r(i) = \lambda r(i-1) + y(i)d(i) \tag{5.16}$$

对式(5.15)采用矩阵求逆引理，又可得逆矩阵 $P(i) = R^{-1}(i)$ 的递推公式为

$$P(i) = \frac{1}{\lambda}[P(i-1) - k(i)y^T(i)P(i-1)] \tag{5.17}$$

其中 $k(i)$ 称为增益向量,由下式给出

$$k(i) = \frac{P(i-1)y(i)}{\lambda + y^T(i)P(i-1)y(i)} \tag{5.18}$$

根据式(5.17)不难证明

$$\begin{aligned} P(i)y(i) &= \frac{1}{\lambda}[P(i-1)y(i) - k(i)y^T(i)P(i-1)y(i)] \\ &= \frac{1}{\lambda}\{[\lambda + y^T(i)P(i-1)y(i)]k(i) - k(i)y^T(i)P(i-1)y(i)\} \\ &= k(i) \end{aligned} \tag{5.19}$$

同时,根据式(5.12)和式(5.16)又有

$$\begin{aligned} w(i) &= R^{-1}(i)r(i) = P(i)r(i) \\ &= \frac{1}{\lambda}[P(i-1) - k(i)y^T(i)P(i-1)][\lambda r(i-1) + d(i)y(i)] \\ &= P(i-1)r(i-1) + \frac{1}{\lambda}d(i)[P(i-1)y(i) - k(i)y^T(i)P(i-1)y(i)] \\ &\quad - k(i)y^T(i)P(i-1)r(i-1) \end{aligned} \tag{5.20}$$

将式(5.19)代入式(5.20)可得抽头权向量 $w(i)$ 的更新公式

$$w(i) = w(i-1) + k(i)e(i) \tag{5.21}$$

其中,$e(i)$ 为先验估计误差,定义为

$$e(i) = d(i) - w^T(i-1)y(i) \tag{5.22}$$

RLS 算法的更新过程中需要初始值 $P(0)$,可由下式给出

$$P(0) = \delta^{-1}I \tag{5.23}$$

其中,I 为单位矩阵,δ 是很小的正数,δ 的值越小,$R(0)$ 在 $R(i)$ 的计算中所占比重越小。

衡量自适应均衡器性能的指标主要包括收敛速度、失调、计算复杂度和数值特征等。收敛速度是指对于恒定输入,当迭代算法的迭代结构已经充分接近最优解时(即已经收敛时),算法所需的迭代次数。快速收敛算法可以快速地适应稳定的环境,而且也可以及时地跟上稳定环境的特征变化。失调是指自适应滤波器取总平均的均方差的终值与最优的最小均方差之间的差距。计算复杂度是指完成迭代算法所需的操作次数。数值特征是指当算法以数字逻辑实现时,由于噪声和计算机中数字表示引入的舍入误差,会导致计算的不精确。这种误差会影响算法的稳定性。

自适应均衡器也存在一些不足,主要包括:第一,由于训练序列不传送有用信息,因而降低了通信系统的信息传输率;第二,对于快速时变信道,必须频繁地发送训练序列,以便不断地更新信道估计,跟踪信道变化;第三,当存在严重干扰或其他因素时,有可能使接收机有时无法跟踪上,从而出现通信中断,为了重新建立通信,就需要发送端再发送训练序列,这就要求系统增加反馈信道,增加了系统复杂度;第四,在一些特殊应用场合,接收机无法得到训练序列,如信息截获和侦察系统等。

为克服自适应均衡器的一些缺陷,人们研究设计了盲均衡器。盲均衡器是指能够不借助训练序列,仅利用接收序列本身的先验信息,便可均衡信道特性,使均衡器的输出序列尽量接近发送序列的一种滤波器。盲均衡器大致可分为以下几大类:Bussang 类盲均衡算法、基于高阶累积量和高阶谱的盲均衡算法、基于信号检测理论的盲均衡算法以及基于人

工神经网络的盲均衡算法。

5.2 分集技术

5.2.1 分集的概念

移动通信中由于传播的开放性和接收环境的复杂性，使信道的传输条件比较恶劣，发送出的已调信号经过恶劣的移动信道在接收端会产生严重的衰落，使接收的信号质量严重下降。分集技术就是一种最有效、应用最广泛的抗衰落技术。

从概念上讲，分集有两重含义：一是分散传输，使接收端能获得多个统计独立的、携带同一信息的衰落信号；二是集中处理，即接收机把收到的多个统计独立的衰落信号进行合并以降低衰落的影响。

例如，当基站用一根天线接收移动台发射的信号时，由于多径传播到达基站天线的信号可能产生严重的衰落，将直接影响到系统的性能。但当基站用相距一定距离的两根天线同时接收移动台的信号时，接收到的两路信号经过的路径是不同的，衰落特性也是不同的，我们一般认为两路衰落信号是不相关的，那么接收信号在一个天线上衰落不一定同时在另一个天线上也衰落。这样基站的接收机可以在每个时刻选择幅度大的一个信号，从而降低衰落的影响，提高系统的性能。这里，用相距一定距离的两根天线同时接收同一来源的信号，属于分集技术中的空间分集，而基站接收机选择幅度较大的一个信号作为输出，属于合并技术中的选择式合并。

5.2.2 分集技术的分类

分集技术按"分"和"集"有不同的划分方式。

按"分"划分，即按照接收信号样值的结构与统计特性，可分为空间、频率、时间三大基本类型；按"集"划分，即按集合、合并方式划分，可分为选择式合并、最大比合并、等增益合并和开关式合并；若按照合并的位置划分，可分为射频合并、中频合并与基带合并，而最常用的为基带合并。

分集还可以划分为接收端分集、发送端分集以及发/收联合分集，即多输入多输出（MIMO）系统。

分集从另一个角度也可以划分为显分集与隐分集。显分集一般采用多套设备来实现分集，典型的显分集是空间分集，即几个天线被分隔开来，并被连到一个公共的接收系统中。当一个天线未检测到信号时，另一个天线却有可能检测到信号的峰值，而接收机可以随时选择接收到的最佳信号作为输入。其他的显分集技术还包括频率分集和时间分集。隐分集是采用一套设备而利用信号设计与处理来实现的分集，主要是指把分集作用隐蔽于传输信号之中，如直接序列扩频技术，利用扩频码的良好自相关特性，在接收端采用Rake接收实现路径分集，再比如交织技术是将所传输比特分散到不同的时间段中而实现时间分集。

5.2.3 典型的分集技术

1. 空间分集

空间分集在无线通信系统中已被广泛地应用。典型的空间分集是在发射端或接收端由空间上分开排列的多个天线或天线阵列来实现的。空间分集可分为接收分集和发射分集。在移动通信系统中，移动台侧由于受体积、复杂度和功率等诸多因素的限制，很难实现发射分集和接收分集，而对于基站侧，多天线接收分集是传统的抗衰落技术手段，从 1G 系统已开始被采用，为了进一步提高系统性能，在 B3G/4G 系统中引入了多天线发射分集，发射分集的实现有赖于空时编码技术，关于发射分集我们将在随后的多天线技术章节中集中讨论。这里主要介绍传统的接收分集，其典型结构为：发射端采用一副天线，接收端采用多副天线。接收端天线之间的距离 d 应满足一定的条件（大于相干距离），以保证接收天线输出信号的衰落特性是相互独立的，如图 5-4 所示。

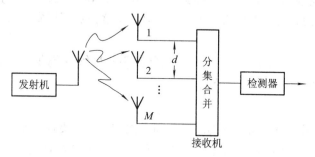

图 5-4 空间分集示意图

在空间接收分集中，天线数 M 越大，分集效果越好，但是分集与不分集差异很大，属于质变；而分集增益正比于分集天线数，一般当 M 大于 3 时，增益改善不再明显，且随着 M 增大而逐步减少，属于量变。然而 M 的增大意味着设备复杂度的增大，所以在工程上要在性能与复杂度之间做一折衷，一般取 $M=2\sim 4$ 即可。另外，天线的间隔，可以垂直间隔也可以水平间隔，但垂直间隔分集性能较差。

空间分集还有两种变化形式。

1) 极化分集

极化分集是利用天线水平与垂直极化方向上的正交性能来实现分集功能的，即利用极化的正交性来实现衰落的不相关性。

电磁波的极化方向可分为水平极化和垂直极化，这两种极化波是正交的，利用这一点，在发送端安装两副距离很近但极化方向不同的天线分别发送信号，就可得到两路衰落特性不相关的信号，在接收端同样用两副距离很近但极化方向不同的天线来接收这两路不相关的衰落信号，就可获得分集的效果。

极化分集可看成是空间分集的一种特殊情况，它也要用两副天线（二重分集情况），但它仅仅利用了不同极化的电磁波所具有的不相关衰落特性，因而缩短了天线之间的距离，在工程上常常将两副天线集成于一副天线内实现，从外观看上去只是一副天线。其优点是结构紧凑，节约空间；缺点是在移动时变信道中，极化正交性很难保证，且发送端的功率要分配给两个不同的极化天线，因此发射功率要损失 3 dB。

2) 角度分集

由于地形地貌和建筑物等环境的不同，到达接收端的不同路径的信号可能来自不同的方向。在接收端，采用多个方向性很强（方向性尖锐）的接收天线就能分离出衰落特性不相关的多个信号。

角度分集也是一种特殊的空间分集,它也要用多副天线,但它是利用多副天线尖锐的方向性接收来自不同方向的不相关衰落信号。同样多副方向性天线的间距可以很近,也可将多副定向天线等效为不同角度的馈源集成于一副天线内实现。其优点是结构紧凑,节约空间;其缺点是实现工艺要求较高,且性能比空间分集差。

2. 频率分集

频率分集是将要传输的信息分别以不同的载频发射出去,只有载频之间间隔足够大(大于相干带宽),才能在接收端得到衰落特性不相关的信号。由于频率间隔大于相干带宽的两个信号所遭受的衰落可以认为是不相关的,利用这一点可以实现抗信道中频率选择性衰落的功能。

频率分集的优点是减少了天线数目(与空间分集相比较),其缺点是占用更多的频谱资源;需要多部发射机和接收机,设备复杂。

3. 时间分集

时间分集是将同一信号在不同的时间区间多次重发,只要各次发送的时间间隔足够大(大于相干时间),那么各次发送信号所出现的衰落是彼此独立的。由于时间间隔大于相干时间的两个信号所遭受的衰落可以认为是不相关的,利用这一点可以实现抗信道中时间选择性衰落的功能。

时间分集与空间分集相比较,优点是减少了天线及相应设备的数目,缺点是占用时隙资源,增大了开销,降低了传输效率。

5.2.4 常用的合并技术

接收端收到 $M(M \geq 2)$ 路分集信号后,如何利用这些信号以减少衰落的影响,这就是合并技术。常用的合并技术有四类:选择式合并(Selective Combining,SC)、最大比合并(Maximum Ratio Combining,MRC)、等增益合并(Equal Gain Combining,EGC)和开关式合并(Switching Combining)。

1. 选择式合并(SC)

选择式合并是指检测所有分集支路的信号,以选择其中信噪比最大的那一支路的信号作为合并器的输出。其原理图如图 5-5 所示。

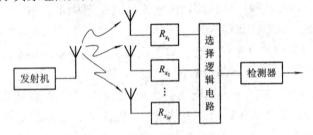

图 5-5 选择式合并示意图

选择式合并的平均输出信噪比为

$$\bar{\gamma}_S = \gamma_0 \sum_{k=1}^{M} \frac{1}{k} \tag{5.24}$$

其中，γ_0 为合并前每个支路的平均信噪比。该式表明每增加一条分集支路，它对输出信噪比的贡献仅为总分集支路数的倒数倍。

选择式合并的合并增益为

$$\overline{G}_\mathrm{S} = \frac{\overline{\gamma}_\mathrm{S}}{\gamma_0} = \sum_{k=1}^{M} \frac{1}{k} \tag{5.25}$$

2. 最大比合并(MRC)

在接收端，将 M 个分集支路经过相位校正后，按适当的可变增益加权再同相相加后送入检测器进行检测。最大比合并的原理图如图 5-6 所示。

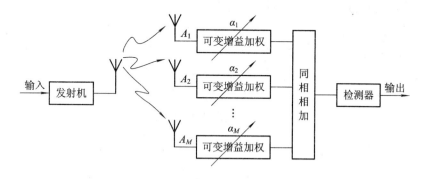

图 5-6 最大比合并示意图

经最大比合并后的输出

$$A = \sum_{k=1}^{M} \alpha_k A_k \tag{5.26}$$

其中，A 为合并后的信号幅度，A_k 为第 k 条支路的信号幅度，α_k 为第 k 条支路的可变增益加权系数。设每个支路的噪声功率为 σ^2，利用许瓦兹不等式可以证明，当可变增益加权系数 $\alpha_k = A_k/\sigma^2$ 时，合并后的信噪比达到最大。因此式(5.26)可以化简为

$$A = \sum_{k=1}^{M} \frac{A_k}{\sigma^2} A_k = \frac{1}{\sigma^2} \sum_{k=1}^{M} A_k^2 \tag{5.27}$$

可见，信噪比越大的分集支路对合并后的信号贡献也就越大。

最大比合并的平均输出信噪比为

$$\overline{\gamma}_M = M\gamma_0 \tag{5.28}$$

γ_0 为合并前每个支路的平均信噪比。

最大比合并的合并增益为

$$\overline{G}_M = \frac{\overline{\gamma}_M}{\gamma_0} = M \tag{5.29}$$

3. 等增益合并(EGC)

在最大比合并中，实时改变可变增益加权系数 α_k 比较困难，于是若在上述最大比合并中，取 $\alpha_k = 1 (k=1, 2, 3, \cdots, M)$，即为等增益合并。

等增益合并的平均输出信噪比为

$$\overline{\gamma}_\mathrm{E} = \gamma_0 \left[1 + (M-1)\frac{\pi}{4} \right] \tag{5.30}$$

等增益合并的合并增益为

$$\overline{G}_E = \frac{\overline{\gamma}_E}{\gamma_0} = 1 + (M-1)\frac{\pi}{4} \tag{5.31}$$

4. 开关式合并

开关式合并的原理图如图 5-7 所示。其工作时，监视接收信号的瞬时包络，当本支路的瞬时包络低于预定门限时，将天线开关置于另一个支路上。当开关从支路 1 转到支路 2 时，若支路 2 的瞬时包络也低于预定门限，则有两种处理方式：

(1) 天线开关在支路 1 和支路 2 之间循环切换，直到一个支路的包络大于预先设定的门限。该方式称为门限选择——切换和检验。

(2) 天线开关停留在支路 2 上，直到支路 2 大于预定门限后再次低于预定门限时，天线开关再转到支路 1 上。该方式称为门限选择——切换和等待。该方式避免了在两个支路都低于预定门限时，频繁地倒换开关。它是实际中通常采用的方法。此时二重开关式合并后输出信号的包络如图 5-8 所示。

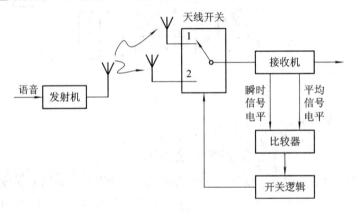

图 5-7 开关式合并示意图

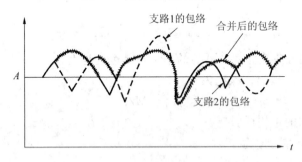

图 5-8 开关式合并的输出包络

5. 几种合并方式的比较

选择式、等增益和最大比三种合并方式的性能比较如图 5-9 所示，在相同分集支路数（即 M 相同）情况下，以最大比方式改善信噪比最多，等增益方式次之；在分集支路数 M 较小时，等增益合并的信噪比改善接近最大比值合并。选择式合并所得到的信噪比改善量最少，其原因在于合并器输出只利用了最强一路信号，而其他各支路都没被利用。几种合并方式的特点比较见表 5-1。

第5章 抗衰落技术

表 5-1 几种合并方式的优缺点

分集合并方式	如何工作	优点	缺点
选择式合并	选择 M 重分集支路中最好的一个	性能优于开关式合并	需要同时监视 M 条支路上的信号
最大比合并	将 M 重分集支路按照总信噪比最大化的原则	获得 M 重分集支路通信系统的最优性能	需要同时解调 M 条支路;需要信噪比估计算法
等增益合并	将 M 重分集支路按等权值相加	获得 M 重分集支路通信系统接近最优性能,不需要信噪比的估计算法	需要同时解调 M 条支路
门限选择——切换和检验	如果当前支路信号衰落到门限以下,则选择另一支路	使用简单的单信道接收机	各支路的同时衰落会导致突发的无效快速切换,大多数应取 $M=2$
门限选择——切换和等待	一旦切换,一直等待到当前支路信号强度由门限以上衰落到门限以下再切换到下一支路	使用简单的单信道接收机	新选择的支路信号可能比前一支路信号更差

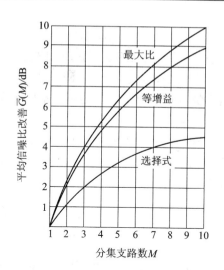

图 5-9 三种合并方式的性能比较

5.2.5 Rake 接收技术

Rake 接收技术不同于传统的空间、频率与时间分集技术,它是一种典型的隐分集技术。在多径传播信道中,由于多径信号中含有可以利用的信息,因此,在接收端可以考虑通过合并多径信号来改善信噪比。Rake 接收技术就是分别接收每一支路的信号进行处理,然后叠加输出达到增强接收效果的目的。

在结构上,Rake 接收机主要是由一组相关器构成的,各相关器均使用相同的模板 $x_{\text{tmp}}(t)$,但不同相关器的模板具有不同的时延,分别对应于不同的多径分量,各相关器中模板的时延可通过信道估计获得。接收信号首先通过相关器组的相关运算提取出各多径分量，再对多径分量进行合并处理。Rake 接收机的原理如图 5-10 所示。

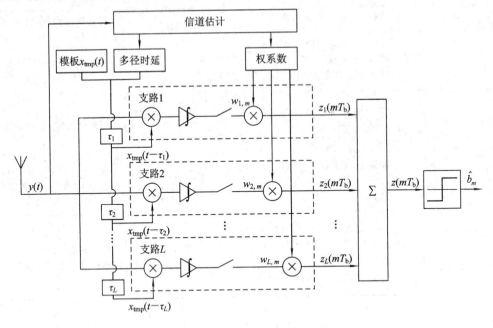

图 5-10 Rake 接收机原理框图

由图 5-10 可知，与相关接收机（或匹配滤波器）相比较，Rake 接收机的优势不仅体现在收集更多的多径信号而获得分集增益，还体现在 Rake 接收机能将相关器输出的多径信号进行最大比合并，根据各条路径的输出信噪比的不同乘以相应的权值，这样可以减小那些深衰落路径对接收机性能的影响。

在精确信道估计情况下，有两方面的因素会影响到 Rake 接收机的性能：一方面是对多径分量如何进行选择，即多径分量的选择方式；另一方面是对相关器所提取的多径分量如何进行处理，即多径合并方式。

根据多径分量的选择方式的不同，Rake 接收机可分为：完全 Rake(All Rake，ARake) 接收机、选择性 Rake（Selective Rake，SRake）接收机以及部分 Rake（Partial Rake，PRake）接收机。

ARake 接收机的支路数与接收信号的多径数相同，可以合并接收信号中的所有多径分量，能最大限度地提高输出信噪比，但 ARake 接收机需要精确估计所有路径衰减系数和时延。在超宽带密集多径信道环境下，受实现复杂度的限制，ARake 是很难实际应用的，其通常作为 Rake 接收机理论研究的性能上限。

为了兼顾 Rake 接收机的性能和实现复杂度，可考虑仅选取全部多径中的 L（L 值小于总的多径数）条路径进行处理。若选取的是最强的 L 条多径分量，称之为 SRake 接收机；若选取的是最先到达的 L 条多径分量，则称之为 PRake 接收机。PRake 较之 SRake，因无需考虑从所有多径中进行选择，故复杂度较低，但性能不及 SRake。

Rake 接收机的合并方式也包括最大比合并（MRC）、等增益合并（EGC）以及选择式合并（SC），其中最大比合并性能最优。

5.3 交 织

信道编码的基本思路是适应信道,即什么类型信道就采用相应的适合于该类信道、并与该类信道特性相匹配的编码类型。且信道编码一般只能纠正随机独立差错或少量的突发差错,而对于持续较长的突发差错,实现将会太复杂,从而失去其应用价值。与信道编码不同,交织技术的基本思路是改造信道,它利用发送端的交织器和接收端的去交织器的信息处理手段,将一个有记忆的突发信道改造成为一个随机独立差错信道。

5.3.1 交织的基本原理

交织是将一条信息的相继比特以非相继的方式发送,使突发差错信道变为随机独立差错信道。交织技术的实现可以通过存储器来完成,在信道的输入端将信息按列写入交织存储器,按行读出;在信道的输出端,按行写入去交织存储器,按列读出。交织码的实现如图5-11所示。

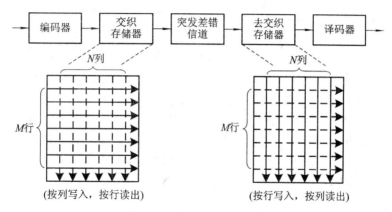

图 5-11 交织码的实现框图

5.3.2 交织的特点

一般而言,设信息分组长度 $l=M\times N$,即由 M 行 N 列的矩阵构成,其中交织存储器是按列写入、按行读出,然后送入突发差错信道,进入去交织存储器,它则是按行写入、按列读出。利用这种行、列倒换,可将突发差错信道变换为等效的随机独立信道。这类分组周期性交织器具有如下性质:

(1) 任何长度 $l \leqslant M$ 的突发差错,经交织后成为最多被 $N-1$ 位隔开后的一些单个独立差错。

(2) 任何长度 $l > M$ 的突发差错,经去交织后,可将较长的突发差错变换成较短的,即其长度不超过 $l_1 = \lceil \frac{l}{M} \rceil$ 的短突发差错,符号 $\lceil \cdot \rceil$ 表示向上取整运算。

(3) 完成交织与去交织变换,在不计信道时延条件下,将会产生 $2MN$ 个符号的时延,其中发送端和接收端各占一半。

(4) 在很特殊的情况下,周期为 M 的 k 个随机独立单个差错经过上述的交织、去交织后,也有可能产生一定长度的突发差错。

由以上分组交织器的性质可见,它是克服深衰落大突发差错的最为简单而有效的方法,并已在移动通信中得到广泛的应用。但是它的主要缺点是:带来附加的 $2MN$ 个符号的时延,这对实时业务,比如语音通信将带来不利的影响;另外,存在能将一些随机独立差错交织为突发差错的可能性。

5.4 多天线技术

5.4.1 多天线技术的概念

移动通信信道传输环境较恶劣,多径衰落、时延扩展造成的码间干扰(Inter-Symbol Interference,ISI)、FDMA 和 TDMA 系统(如 GSM)由于频率复用引入的同信道干扰(Co-Channel Interference,CCI)、CDMA 系统中的多址干扰(Multiple Access Interference,MAI)等都会导致链路性能和系统容量的下降,信道编译码、均衡、Rake 接收技术等都是为了对抗或者减小它们的影响。这些技术实际上是利用时域、频域信息,而实际上有用信号,其时延样本(delay version)和干扰信号在时域、频域存在差异的同时,在空域也存在差异,多天线技术则是通过对空域资源的充分利用,提高系统的性能和容量。

在无线通信中多天线技术主要包括三类。第一类是扇区天线(Sector Antenna),即将空间固定划分为几个相等角度扇区,每个扇区的信号互不干扰,扇区天线在 2G 的 GSM 和 IS-95 CDMA 等系统中被广泛使用。第二类是智能天线(Smart Antenna),它能实时地跟踪有用信号,同时有效抑制来自其他方向上的干扰,其通常要求天线阵元之间的距离小于半个波长,以便各阵元上的信号具有较好的相关特性,智能天线在 3G 的 TD-SCDMA 系统中已被成功地应用。以上两类多天线技术主要利用了信号在空间传播的方向性,属于空间滤波的范畴,其中智能天线比扇区天线能更好地抑制干扰。第三类就是分布式天线(Distributed Antenna),即天线阵元间隔较大,每个阵元上的接收信号可视为是相互独立的。当发射端和接收端均采用多副天线进行数据传输时,称之为多输入多输出(Multiple Input Multiple Output,MIMO)技术,如图 5-12 所示。

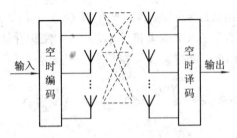

图 5-12 MIMO 结构示意图

与扇区天线和智能天线技术相比,MIMO 技术能有效地利用无线信道的多径传播特性以及空间维度,获得分集增益(Diversity Gain)和复用增益(Multiplexing Gain),从而提高无线通信系统的功率效率(Power Efficiency)和频谱效率(Spectral Efficiency)。更进一步,其还可以在分集增益和复用增益之间进行合理折中,从而为无线通信链路的设计提供了更大的自由度(Degrees of Freedom，DOF)和灵活性。因此，MIMO 技术是 HSPA、LTE 以及 WiMax 等宽带无线通信的核心技术之一。

5.4.2 多天线技术的优势

多天线技术的优势主要体现在空间分集(Spatial Diversity)、空间复用(Spatial Multiplexing)和波束成形(Beamforming)三个方面。

1. 空间分集

前面章节已经介绍过，空间分集可分为接收分集和发射分集。接收分集是在接收端配置多副天线来改善信号质量，是传统的抗衰落技术手段，而发射分集是结合空时编码技术将同样信息在多个天线上同时发送，接收端可获得比单天线高的信噪比。

利用空间分集，信号既没有在时间域内引入冗余，也没有在频率域内引入冗余，只是将信号赋予了一定的空间结构，在空间上引入了冗余，从而提高通信系统可靠性，改善误码性能。

2. 空间复用

空间复用是将发射的高速数据通过串并变换转换为几个并行的低速数据流，在同一频带从多个天线同时发射出去。由于多径传播，每个发射天线对接收机产生不同的空间信号，接收机利用这些不同的信号分离出独立的数据流，最后再复用成原始数据流。实现空间复用必须要求发射和接收天线之间的间距大于相关距离，这样才能保证收发端各子信道是独立衰落的不相关信道。

空间复用可以在不增加系统带宽的前提下，成倍提高系统传输速率，提高频谱利用率，当采用这一技术时，在散射丰富的环境中，同时经由不同天线传输相互独立的数据流，可以提高系统容量。

3. 波束成形

波束成形应用于小间距的天线阵列，其主要原理是利用空间信道的强相关性及波的干涉原理产生强方向性的辐射方向图，使辐射方向图的主瓣指向用户来波方向，从而提高接收端的信干比(Signal to Interference Ratio，SIR)。波束成形可以增强小区覆盖范围，减小小区间干扰，节省发射功率以及实现定位功能等。为了根据信道条件自适应地更新传输的权值，一般有两种方法：基于来波方向(Direction of Arrival，DoA)的波束成形和基于预编码(Precoding)的波束成形。

当天线之间相关性比较高时，一般天线阵列为小间距的天线阵列($d \leqslant \lambda/2$)，可以应用基于 DoA 的波束成形，如图 5-13(a)所示。同一个信号可以应用不同的相位偏移，映射到不同的天线上进行发送。由于天线之间高的相关性，可以在发射机端形成一个具有特定指向的较大的波束，如图 5-13(b)所示。通过调整不同天线上使用的相位偏移值，可以调整波束的方向，从而使得该方向的信号强度得到提高，并降低对其他方向的干扰。该相位权值可以通过估计 DoA 获得(比如：TDD 系统中，可以利用 NodeB 从接收的上行信号中提取出一些上、下行对称的信道参数)。DoA 估计对角度扩展比较敏感，当角度扩展较大时，DoA 估计的错误也就增大。所以为了准确地估计 DoA 和相应的波束权值，NodeB 的天线阵列包括前后端 RF 需要进行幅度和相位校准。由于不同天线之间的高度相关性，这种波束成形的方法不具有分集增益,不能抗无线链路的衰落,只能增强接收信号的强度。

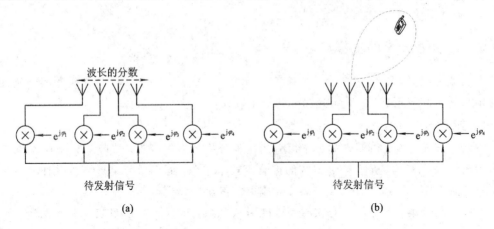

图 5-13 基于 DoA 的波束成形

在天线之间的相关性较小时,天线间距 $d>\lambda/2$,可以应用基于预编码的波束成形,其也是在不同的天线上应用不同的传输权值,不同之处在于这里的权值不仅包括相位上的调整,也包括幅度上的调整。如图 5-14 所示。

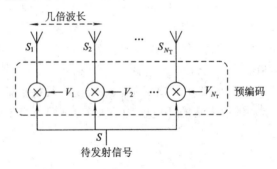

图 5-14 基于预编码的波束成形

相对于基于 DoA 的波束成形,基于预编码的波束成形需要更详细的信道信息来进行其赋形权值的计算,比如瞬时的信道衰落。其赋形权值的更新需要在相对短的时间内完成,用来捕获衰落的变化。因此,基于预编码的波束赋形不仅可以提供赋形增益,还可以提供分集增益。

基于预编码的波束赋形可以采用码本的方式实现,也可以采用非码本的方式。其中对于 FDD 来说,由于上行传输和下行传输所经历的信道的差别较大,比较适合采用码本的方式来实现基于预编码的波束赋形,即终端通过进行下行方向的信道估计,从已知的码本中选择下一次传输的赋形权值,并反馈给基站。对于 TDD 来说,由于上下行信道之间的对称性,可以直接利用上行信道估计,进行下行方向赋形权值的计算,所以不需要使用码本方式。

另外,使用码本方式进行基于预编码的波束赋形,需要在不同发射天线上传输彼此正交的参考符号。当天线数目较大时,其参考符号的开销可能过大。而使用非码本方式进行基于预编码的波束赋形,则需要使用专用参考信号,这与传统的基于 DoA 波束赋形类似。

5.4.3 空时编码技术

MIMO 技术能够使无线通信系统获得优良的性能增益,但这种改善依赖于合适的空时编码技术。Foschini 于 1996 年首先提出了分层空时码(Layered Space-Time Coding,LSTC)技术。分层空时码采用了空间复用技术,将数据流分为若干子数据,独立地进行编码、调制后并行传输,其目标是为了获得最大的传输速率,频谱效率可达 $40\ \text{b} \cdot \text{s}^{-1}/\text{Hz}$ 以上,但它较适于窄带系统和室内环境,不太适合应用于室外移动环境。为了充分利用空间分集提高传输可靠性,Alamouti 于 1998 年提出了一种简单的双路分集发射方案,由于发送码字具有正交性,在接收端已准确知道信道传输特性的情况下,采用一些简单的信号处理技术,即可获得较好的性能。随后,Tarokh 等人将 Almouti 方案推广到多个发射天线的情形,形成了基于正交设计概念的空时分组码(Space-Time Block Coding,STBC)技术。Tarokh 等人还将这种发送分集技术结合格状编码调制(TCM)技术,提出了空时网格码(Space-Time Trellis Coding,STTC)。空时分组码一般只能实现分集增益,而没有编码增益,其中正交分组码具有简单的最大似然译码形式;空时网格码同时具有分集增益和编码增益,但是接收机需要用 Viterbi 译码,复杂度随着传输速率的增加呈指数增加。分集增益包括发射分集增益和接收分集增益。对于一个 MIMO 系统,只要接收端采用最大似然检测,接收分集增益总是能达到的,所以空时编码可以认为是在研究如何实现发送分集技术。

1. 分层空时码(LSTC)

分层空时码最早应用在 Lucent 公司的 BLAST(Bell Laboratories Layered Space-Time)系统中。其将信源数据先通过串并变换分为多个并行子数据流,然后对这些子数据流分别进行信道编码、分层空时编码和调制,并在不同的天线上发射,如图 5-15 所示。分层空时编码器的处理功能实际上是实现一种映射关系,根据映射方式的不同,可形成三种分层空时编码方案,即水平分层空时码(Horizontal BLAST,H-BLAST)、垂直分层空时码(Vertical BLAST,V-BLAST)和对角分层空时码(Diagonal BLAST,D-BLAST)。

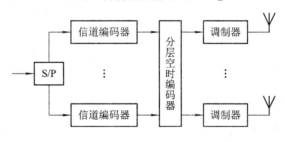

图 5-15 空时分层编码发送模型

以发射天线数 $N_t=4$ 为例,若信道编码器的输出如图 5-16 所示,则 H-BLAST 将并行信道编码器的输出按水平方向进行空时编码,即每个信道编码器编码后的码元直接送往对应的天线(信道编码器与天线是一一对应的)发送出去,如图 5-17 所示。V-BLAST 将并行信道编码器的输出按垂直方向进行空时编码,如图 5-18 所示。D-BLAST 分两步实现:第一步,对各层数据之间要引入相对时延;第二步,每个天线沿对角线发送符号,如图 5-19 所示。

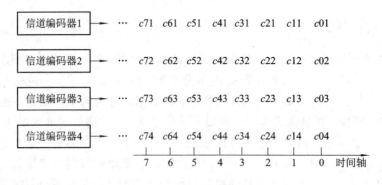

图 5-16 信道编码器输出

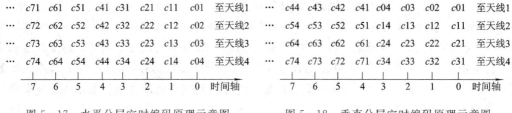

图 5-17 水平分层空时编码原理示意图   图 5-18 垂直分层空时编码原理示意图

```
… c44 c43 c42 c41 c04 c03 c02 c01   至天线1
… c53 c52 c51 c14 c13 c12 c11  0    至天线2
… c62 c61 c24 c23 c22 c21  0   0    至天线3
… c71 c34 c33 c32 c31  0   0   0    至天线4
    ├───┼───┼───┼───┼───┼───┼───┼───→
    7   6   5   4   3   2   1   0   时间轴
```

图 5-19 对角分层空时编码原理示意图

H-BLAST 虽然容易实现，但由于空时特性最差而很少使用，D-BLAST 的性能优于 V-BLAST，但其编译码过程较 V-BLAST 复杂，而且存在频谱利用率的损失，因此也不太实用，V-BLAST 能有效提高频谱效率且实现简单，在实际中应用较多。

分层空时码的译码有多种算法。最优算法当然是最大似然译码(MLD)算法。但 MLD 算法具有指数复杂度大，无法实用化的特点，因此学者们提出了各种简化算法。其中常用的检测算法包括：迫零(ZF)算法、QR 分解算法以及 MMSE 算法等。

2. 空时分组码(STBC)

空时分组码编码最早是由 Alamouti 引入的，采用了简单的两天线发分集编码的方式。Tarokh 进一步将两天线 STBC 编码推广到多天线情形，提出了通用的正交设计准则。

Alamouti 编码是将同一信息经过正交编码后从两根天线上发射出去，两路信号由于具有正交性，在接收端就可以将两路独立的信号区别开来，采用简单的最大似然译码准则，便可获得完全的天线增益。在这种编码方案中，每组 m 比特信息首先调制为 $M=2^m$ 进制符号。然后编码器选取连续的两个符号，根据下式变换将其映射为发送信号矩阵。

$$\boldsymbol{X} = \begin{bmatrix} x_1 & -x_2^* \\ x_2 & x_1^* \end{bmatrix} \tag{5.32}$$

天线1发送信号矩阵的第一行,而天线2发送信号矩阵的第二行。编码器结构如图5-20所示。由图可知,Alamouti空时编码是在空域和时域上进行编码。令天线1和2的发送信号向量分别为

$$\boldsymbol{x}^1 = [x_1, -x_2^*], \quad \boldsymbol{x}^2 = [x_2, x_1^*] \tag{5.33}$$

这种空时编码的关键思想在于两个天线发送的信号向量相互正交,编码矩阵具有如下性质

$$\boldsymbol{X} \cdot \boldsymbol{X}^H = \begin{bmatrix} |x_1|^2 + |x_2|^2 & 0 \\ 0 & |x_1|^2 + |x_2|^2 \end{bmatrix} = (|x_1|^2 + |x_2|^2)\boldsymbol{I}_2 \tag{5.34}$$

其中 $\boldsymbol{I}_2$ 是 2×2 的单位矩阵。

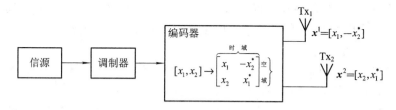

图5-20 Alamouti空时块编码器结构

假设接收机采用单天线接收。发送天线1和2的块衰落信道响应系数为

$$h_1 = |h_1|e^{j\theta_1}, \quad h_2 = |h_2|e^{j\theta_2} \tag{5.35}$$

在接收端,相邻两个符号周期接收到的信号可以表示为

$$\begin{cases} r_1 = h_1 x_1 + h_2 x_2 + n_1 \\ r_2 = -h_1 x_2^* + h_2 x_1^* + n_2 \end{cases} \tag{5.36}$$

其中,n_1 和 n_2 表示第1个符号和第2个符号的加性白高斯噪声样值。这种两发一收的接收机结构如图5-21所示。

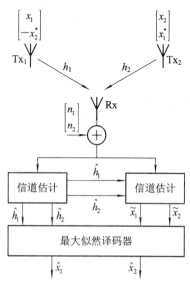

图5-21 两发一收STBC译码器结构

Alamouti 编码方案具有如下优点：

(1) 发送信号是正交的，因此在接收端可以达到满分集增益。

(2) 两个发射天线的发送功率保持均衡，因此可以减小对功率放大器的需求，降低成本。

(3) 编码速率为 1，因此没有牺牲频谱效率。

(4) 最大似然解码非常简单，因此可以减小接收机的复杂度。

3. 空时网格码(STTC)

空时网格编码是将信道编码、调制及收发分集技术进行联合优化，它既可以获得完全的分集增益，又能获得非常大的编码增益，同时还能提高系统的频谱效率。空时网格码利用某种网格图，将同一信息通过多根天线发射出去，在接收端采用基于欧氏距离的 Viterbi 译码器译码。因此译码复杂度较高，而且译码复杂度将随着传输速率的增加呈指数的增加。

空时网格码结构与分层空时码类似，只需把分层空时码的编译码器部分换成空时网格码的编译码器即可。但是，空时网格码却与分层空时码简单映射的编码方案不同，它需要专门设计码字矩阵来引进冗余，提高错误性能。设计一个良好的空时网格码的关键是如何决定状态转移图。Tarokh 假设接收端能够准确估计信道特性，按照误码率最小的原则在准静态平坦瑞利衰落条件下推出了空时网格码的设计准则。

设系统有 N 个发射天线，M 个接收天线，则在空间中有 NM 个子信道，认为这 NM 个信道是相互独立的。c 是发送的码字，且满足 $c = c_1^1 c_2^1 \cdots c_l^1 c_1^2 c_2^2 \cdots c_l^2 \cdots c_1^N \cdots c_l^N$，其中，$c_k^i$ ($i = 1, 2, \cdots, N; k = 1, 2, \cdots, l$) 表示第 k 个时隙、第 i 条天线发射的信号。接收到的码字为 e 且满足 $e = e_1^1 e_2^1 \cdots e_l^1 e_1^2 e_2^2 \cdots e_l^2 \cdots e_1^N \cdots e_l^N$，其中，$e_k^i$ ($i = 1, 2, \cdots, N; k = 1, 2, \cdots, l$) 表示接收端判定为第 k 个时隙、第 i 条天线发射的信号。构造的码字差错矩阵为

$$\mathbf{B}(c, e) = \begin{bmatrix} e_1^1 - c_1^1 & e_2^1 - c_2^1 & \cdots & e_l^1 - c_l^1 \\ e_1^2 - c_1^2 & e_2^2 - c_2^2 & \cdots & e_l^2 - c_l^2 \\ \vdots & \vdots & \vdots & \vdots \\ e_1^N - c_1^N & e_2^N - c_2^N & \cdots & e_l^N - c_l^N \end{bmatrix} \quad (5.37)$$

$$\mathbf{A}(c, e) = \mathbf{B}(c, e) \mathbf{B}^H(c, e) \quad (5.38)$$

其中，$\mathbf{B}^H(c, e)$ 是 $\mathbf{B}(c, e)$ 的共轭转置矩阵。

设 $\Omega_j = (\alpha_{1,j}, \cdots, \alpha_{n,j})$，则成对错误概率公式为

$$P(c \rightarrow e | \alpha_{i,j}, i = 1, 2, \cdots, N; j = 1, 2, \cdots, M) \leqslant \prod_{j=1}^{M} \exp\left(-\frac{\Omega_j \mathbf{A}(c, e) \Omega_j^* E_s}{4 N_0}\right) \quad (5.39)$$

化简得

$$P(c \rightarrow e) \leqslant \prod_{j=1}^{M} \left(\prod_{i=1}^{N} \frac{1}{1 + \frac{E_s}{4 N_0} \lambda_i} \exp\left(-\frac{k_{i,j} \frac{E_s}{4 N_0} \lambda_i}{1 + \frac{E_s}{4 N_0} \lambda_i}\right) \right) \quad (5.40)$$

其中，λ_i 是 $\mathbf{A}(c, e)$ 的特征值，$k_{i,j}$ 是路径衰落因子 $\alpha_{i,j}$ 的均值。

瑞利衰落信道下空时网格码的设计标准。

1) 秩准则

若要达到最大的分集增益 MN,集合 $\{(\boldsymbol{B}(c,e)\mid c,e\in C)\}$ 中的每一个 $\boldsymbol{B}(c,e)$ 必须是满秩的,若最小秩为 r,则分集增益最大可达 rM。

2) 行列式准则

若系统的分集为 rM,计算集合 $\{(\boldsymbol{A}(c,e)\mid c,e\in C)\}$ 中每个 $\boldsymbol{A}(c,e)=\boldsymbol{B}(c,e)\boldsymbol{B}^{\mathrm{H}}(c,e)$ 的所有 $r\times r$ 阶的主代数余子式的行列式的和的 r 次根得到集合 $\{(\lambda_1\lambda_2\cdots\lambda_r)^{\frac{1}{r}}\}$ 的最小值决定编码增益,r 是 $\boldsymbol{A}(c,e)=\boldsymbol{B}(c,e)\boldsymbol{B}^{\mathrm{H}}(c,e)$ 的秩,$\lambda_i(i=1,2,\cdots,r)$ 是 $\boldsymbol{A}(c,e)$ 的特征值。$\{(\lambda_1\lambda_2\cdots\lambda_r)^{\frac{1}{r}}\}$ 的最小值决定系统得编码增益,应使这个最小值达到最大。

按照这两个准则就可以构造 STTC 的状态转移图。但是当编码器的状态数比较多时,真正按照秩准则和行列式准则设计网格图是比较困难的。

对 STTC 的译码是在网格图上利用矢量 Viterbi 译码进行的。

假设接收端已准确知道路径衰落因子 $\alpha_{i,j}(i=1,2,\cdots,N;j=1,2,\cdots M)$,$r_i^j$ 是接收天线 j 在 t 时刻收到的信号,则对应于状态转移标号为 $q_1^1 q_1^2 \cdots q_1^N$ 的路径度量由下式给出

$$\sum_{j=1}^{M}\left|r_i^j-\sum_{i=1}^{N}\alpha_{i,j}q_i^j\right|^2 \tag{5.41}$$

利用 Viterbi 算法就可以找出最小路径。

比较 BLAST、STBC 和 STTC 和三种典型空时码性能,可归纳如下。

(1) BLAST 具有系统编码增益,但没有分集增益,不过有较高的频谱利用率,适合高速数据传输。要求接收天线数必须大于发射天线数。

(2) STBC 具有系统分集增益,但没有编码增益,接收端译码复杂度较低,但当发射天线数目较多时,系统频带利用率降低。STBC 虽然没有编码增益,但其可灵活地作为内码级联一个编码增益较高的外码,如卷积码、Turbo 码等纠错码来提高系统的整体性能。

(3) STTC 同时具备分集及编码增益。但随着收发天线数和状态数的增长,STTC 的译码复杂度呈指数增加,不利于硬件实现。

习题与思考题

1. 均衡的作用是什么?其实现途径有哪些?
2. 简述线性均衡方法与非线性均衡方法的异同。
3. RLS 算法与 LMS 算法的主要异同点是什么?
4. 分集的作用是什么?主要的分集技术有哪些?合并方式有哪些?
5. Rake 接收机如何实现分集?
6. 交织的作用和原理分别是什么?
7. 多天线技术的应用方式有几种?它们的主要特点是什么?

第 6 章 移动通信组网技术

6.1 蜂窝技术

蜂窝技术的提出对移动通信的发展具有划时代的意义。采用蜂窝结构组网,极大地提高了系统容量,使得移动通信应用于个人领域成为可能。但采用蜂窝结构进行网络覆盖时,必然会遇到两个问题:频率复用和移动性管理。随着系统容量的不断增加,需要更多的频率资源,但分给每个系统的频率资源是有限的,为了解决这一矛盾,就需要采用频率复用技术。此外,用户在移动的过程中,可能会跨越不同的蜂窝小区,移动性管理用于确定用户的位置信息以及确保用户通信的连续性。

6.1.1 蜂窝的概念

蜂窝的概念是 20 世纪 60~70 年代首先由 Bell 实验室提出的,1978 年 Bell 实验室研制成功了采用蜂窝进行网络覆盖的 AMPS 系统,该系统于 1983 年首先在美国芝加哥商用,随后同属于 1G 系统的 TACS,以及 2G、3G 系统均采用了蜂窝结构进行网络覆盖,我们将其称为蜂窝移动通信系统。

1. 区域覆盖的发展

在蜂窝概念出现之前,移动通信系统采用的网络覆盖方式是大区制,蜂窝小区就是相对于大区制而言的,大区制移动通信系统通过使用大功率发射机(50~200 W)、架设很高的天线(>30 m)而获得一个大面积的覆盖范围。大区制具有覆盖面积大、网络结构简单且无需移动交换机(直接与 PSTN 相连)等优点,但也有服务性能较差、频谱利用率低及用户容量有限等缺点。例如,20 世纪 70 年代纽约开通的 IMTS(Improued Mobile Telephone Service)系统仅提供 12 对信道,即网中仅允许 12 对用户同时通话,若同时出现第 13 对用户要求通话,就会发生阻塞。这样的系统显然不能满足移动服务增长的需求,因此,调整移动通信系统结构,以使其既能用有限的频率获得大容量,同时又能覆盖大面积范围,已迫在眉睫。

解决频谱利用率低和用户容量问题的有效方法是采用小区制。其思想是用许多小功率的发射机(小覆盖区)来代替单个的大功率发射机(大覆盖区),每个小功率发射机只提供服务范围内的一小部分覆盖。

针对不同的服务区,小区制在覆盖方式上可分为带状服务覆盖区和面状服务覆盖区。带状服务覆盖区主要用于覆盖公路、铁路、海岸等,如图 6-1 所示。基站天线若用全向辐射,覆盖区形状是圆形,如图 6-1(b)所示;带状网宜采用有向天线,使每个小区呈扁圆形,如图 6-1(a)所示。面状服务覆盖区主要用于覆盖较大区域的平面,在平面区域内划分小区,这种覆盖方式在实际应用中更为普遍。

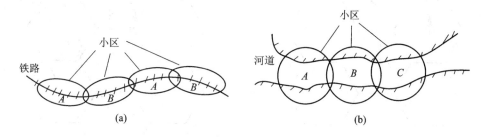

图 6-1 带状覆盖

2. 蜂窝小区的形状

一个蜂窝小区就是一个基站所覆盖的有效面积。蜂窝小区就形状而言,由于无线电波传播受地形地物的影响,它的形状是不规则的。若不考虑地形地物的影响且采用全向天线,那么理想化的蜂窝小区形状就是一个圆。为了避免在服务区出现盲区,我们必须用小区进行不留空隙地覆盖,这样相邻圆形小区之间必然存在交叠部分。在考虑了交叠之后,每个小区的有效覆盖区域等效为一个圆内接多边形。可以证明,要用正多边形无空隙、无重叠地覆盖一个平面区域,可取的形状只能是三种,即正三角形、正方形和正六边形。比较这三种多边形可知,正六边形的小区面积最大,交叠面积最小,如图 6-2 和表 6-1 所示。这就意味着在服务区面积一定的情况下,正六边形的覆盖需要的小区数目最少,即基站最少,费用也最少。

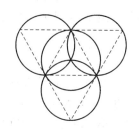 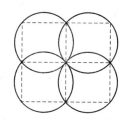 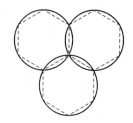

图 6-2 小区的形状比较

表 6-1 三种形状小区的比较(R 为圆的半径)

小区形状	正三角形	正方形	正六边形(蜂窝)
邻区距离	R	$\sqrt{2}R$	$\sqrt{3}R$
小区面积	$1.3R^2$	$2R^2$	$2.6R^2$
重叠区面积	$1.2\pi R^2$	$0.73\pi R^2$	$0.35\pi R^2$

当用正六边形作为蜂窝小区的理论化模型时,如果基站安装在小区的中心,则称为中心激励,如图 6-3 所示;如果基站安装在正六边形相同的三个顶点上,则称为顶点激励,如图 6-4 所示。

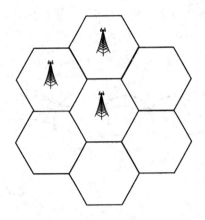
图 6-3 中心激励方式
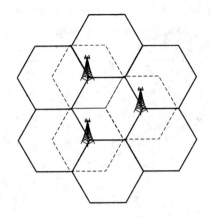
图 6-4 顶点激励方式

3. 蜂窝小区的分类

一般根据蜂窝小区覆盖半径的不同可将其划分为宏蜂窝(macro-cell)、微蜂窝(micro-cell)、微微蜂窝(pico-cell)。

1) 宏蜂窝

早期的蜂窝网络用户量较少,蜂窝小区由宏蜂窝构成,每个小区的覆盖半径大多为 1~20 km。由于覆盖半径较大,所以基站的发射功率较强,一般在 10 W 以上,天线架设也较高。每个小区分别设有一个基站,它与处于其服务区内的移动台建立无线通信链路。

在实际的宏蜂窝内,存在着微小区域:一是"盲点",由于网络漏覆盖或电波在传播过程中遇到障碍物而造成阴影区域等原因,使得该区域的信号强度极弱,通信质量差;二是"热点",由于客观存在商业中心或交通要道等业务繁忙区域,造成空间负荷的不均匀分布。这样便产生了微蜂窝小区技术。

2) 微蜂窝

微蜂窝小区是在宏蜂窝小区的基础上发展起来的技术,它的覆盖半径大约为 0.1~1 km,发射功率较小,一般为 1~2 W;基站天线置于相对低的地方,如屋顶下方,高于地面 5~10 m,传播主要沿着街道的视线进行,信号在楼顶的泄漏小。因此,微蜂窝最初被用来加大无线电覆盖,消除宏蜂窝中的"盲点"。同时由于低发射功率的微蜂窝基站允许较小的频率复用距离,因此业务密度得到了巨大的增长,且无线干扰很低,将它安置在宏蜂窝的"热点"上,可满足该微小区域质量与容量两方面的要求。

在实际设计中,微蜂窝作为无线覆盖的补充,一般用于宏蜂窝覆盖不到又有较大话务量的地点,如地下会议室、娱乐室、地铁、隧道等。作为热点应用的场合一般是话务量比较集中的地区,如购物中心、娱乐中心、会议中心、商务楼、停车场等地。

3) 微微蜂窝

随着容量需求进一步增长,运营者可按同一规则安装第三或第四层网络,即微微蜂窝小区。微微蜂窝实质上是微蜂窝的一种,只是它的覆盖半径更小,一般只有几十米;基站发射功率更小,大约在几十到几百毫瓦左右;其天线一般装于建筑物内业务集中地点。微微蜂窝也是作为网络覆盖的一种补充形式而存在的,它主要用来解决商业中心、会议中心等室内覆盖的通信问题。

此外,随着移动通信的不断发展,近年来又出现了一种新型的智能蜂窝。它是相对于智能天线而言的,是指基站采用具有高分辨阵列信号处理能力的自适应天线系统,智能地监测移动台所处的位置,并以一定的方式将确定的信号功率传送给移动台的蜂窝小区。智能天线利用数字信号处理技术,产生空间定向波束,使天线主波束对准用户信号到达方向,旁瓣或零陷对准干扰信号到达方向,达到充分高效地利用移动用户信号并删除或抑制干扰信号的目的。因此,智能蜂窝小区的应用极大地改善了系统性能。

6.1.2 频率复用

1. 频率复用的概念

频率复用就是相同频率的重新使用。相邻小区不能使用相同的频率,但由于每个小区基站发射的功率较小,因此两个相距一定距离的小区是可以使用相同的频率的。频率复用技术很好地解决了频率资源和系统容量之间的矛盾。

2. 区群

为了便于讨论频率复用技术,我们首先给出区群的概念:若干个彼此邻接的小区按一定方式排列便构成了区群。

1)区群的结构

区群是由若干小区构成的,而且各小区要求邻接,因此同一区群内各小区均要求使用不同的频率组,而任一小区所使用的频率组在其他区群相应的小区中还可以再次使用,这就是频率复用。区群是频率复用的基本单位。图6-5给出了A、B、C、D四个小区构成的区群结构。

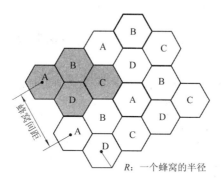

图6-5 区群结构示意图

下面以工程应用中的4×3的频率分组和复用模式进行讨论。4×3复用是将可用频率分为4×3=12组,分别标志为A1、B1、C1、D1、A2、B2、C2、D2、A3、B3、C3、D3,如表6-2所示。

表6-2 频率分组

扇区编号	A1	B1	C1	D1	A2	B2	C2	D2	A3	B3	C3	D3
频点	1	2	3	4	5	6	7	8	9	10	11	12
	13	14	15	16	17	18	19	20	21	22	23	24
	25	26	27	28	29	30	31	32	33	34	35	36

再将 A1、A2、A3 为一大组分配给某基站的 3 个扇区，B1、B2、B3、C1、C2、C3、D1、D2、D3 分别为一大组分配给相邻基站的 3 个扇区，如图 6-6 所示，不同区群中具有相同编号的扇区分配相同的频率。

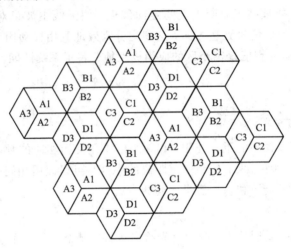

图 6-6 4×3 复用模式

2) 区群中小区的数目

单位无线区群的构成应满足以下两个条件：

(1) 无线区群应彼此相邻接。

(2) 相邻无线区群内任意两个同频复用小区的中心距离应该相等。

满足以上两个条件的情况下，构成单位无线区群的小区个数 N 为

$$N = i^2 + ij + j^2 \tag{6.1}$$

式中：i、j 是不同时为零的正整数。根据关系式，可以求出 N 可等于 3、4、7、9、12 等。

3) 同频小区之间的距离

同频小区可通过以下两步寻找：沿着任何一条六边形边垂直移动 i 个小区；顺时针（或逆时针）旋转 60°再移动 j 个小区。图 6-7 中，$i=2$，$j=1$（$N=7$）。

设小区的辐射半径（即六边形外接圆的半径）为 R，则由图 6-7 可求出

$$D = \sqrt{3(i^2+ij+j^2)}R = \sqrt{3N}R \tag{6.2}$$

若每个小区的大小都差不多，基站也都发射相同的功率，则同频干扰比例与发射功率无关，而变为小区半径（R）与同频小区距离（D）的函数。定义同频复用因子 Q 为

$$Q = \frac{D}{R} = \sqrt{3N} \tag{6.3}$$

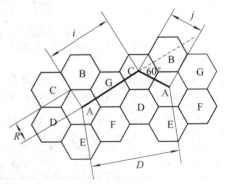

图 6-7 区群的组成

可见，同频复用因子 Q 与区群内小区数 N 有关，N 越大，Q 值越大，同频小区的距离就越远，同频干扰越小，传播质量就越好；反之，N 越小，Q 值越小，同频干扰越大，但容量增加。因此，在设计实际蜂窝系统时，需要对这两个目标进行协调和折中。

6.1.3 蜂窝系统容量的改善

对于一个给定业务区域、给定频率资源的移动通信系统，采用大区制进行覆盖时，整个业务区域就是一个大区，由于基站设备的限制，系统的容量非常有限，为了增加系统容量，可将整个业务区域划分为许多小区，即通过减少基站发射功率、增加基站数量来增加系统容量，这也就是所谓的小区制(蜂窝小区覆盖)。在蜂窝网中，采用频率复用技术可提高频率资源在空间上的利用率，从而增加系统容量。

采用蜂窝结构覆盖时，整个业务区包含若干个区群，若能减少同频复用距离，便相当于减少了区群的面积，从而可以在相同的业务区中容纳更多的区群数量，最终达到进一步提高系统容量的目的。由式(6.2)可知，减小同频复用距离 D 有两种基本措施：一是 N 不变的情况下，减小 R；二是 R 不变的情况下，减小 N。第一种措施即是保持区群的结构不变，减少每个基站的发射功率。这种方式实际上就是通过小区分裂来提高系统容量。第二种措施即是保持基站的发射功率不变，改变区群的结构，减少区群中小区数量 N，N 减少会导致同频干扰的增加，再进一步通过使用定向天线代替基站中的全向天线来减少系统中的同频干扰，即通过裂向(划分扇区)来提高系统容量。此外，采用智能小区技术也是提高系统容量的有效途径。

1. 小区分裂

小区分裂是将拥塞的小区分成更小小区的方法，每个小区都有自己的基站，并相应地降低天线高度，减小发射机功率，因而能提高系统容量。这样通过设定比原小区半径更小的新小区和在原有小区间安置这些小区(叫做微小区)，提高了信道的复用次数，增加了单位面积内的信道数目，从而增加了系统容量。

假设每个小区都按原半径的一半来分裂，如图6-8所示。为了用这些更小的小区来覆盖整个服务区域，应使小区数增加到大约为原来小区数的4倍。以 R 为半径画一个圆就容易理解了，即以 R 为半径的圆所覆盖的区域是以 $R/2$ 为半径的圆所覆盖区域的4倍。小区数目的增加将增加覆盖区域内区群的数目，这样就增加了覆盖区域内的信道数量，从而增加了容量。小区分裂通过用更小的小区代替较大的小区来允许系统容量的增长，同时又不影响为了维持同频小区间的最小同频复用因子 Q 所需的信道分配策略。

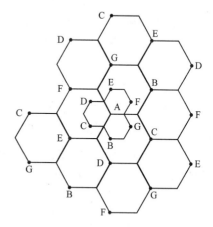

图6-8 按小区半径的一半进行小区分裂示意图

图6-8为小区分裂的例子，基站放置在小区角上，假设基站A服务区域内的业务量已经饱和(即基站A的呼叫阻塞超过了可接收值)，因此该区域需要新基站来增加区域内的信道数目，并减小单个基站的服务范围。在图6-8中，更小的小区是在不改变系统的频率复用计划的前提下增加的。从图中可以看出，小区分裂只是按比例缩小了区群的几何尺寸，每个新小区的半径都是原来小区的一半。

对于在尺寸上更小的新小区，它们的发射功率也应该下降。半径为原来小区一半的新小区基站的发射功率，可以通过检查在新的和旧的小区边界接收到的功率 P_R 并令它们相等来得到。这需要保证新的微小区的频率复用方案和原小区一样。

实际上，不是所有的小区都同时分裂。对于服务提供者来说，要找到完全适合小区分裂的确切时期通常很困难。因此，不同大小的小区将同时存在。在这种情况下，需要特别注意保持同频小区间所需的最小距离，因而频率分配变得更复杂。同时也要注意到切换问题，使高速和低速移动用户能同时得到服务。如图 6-8 所示，当同一个区域内有两种规模的小区时，不能简单地让所有新小区都用原来的发射功率，或是让所有旧小区都用新的发射功率。如果所有小区都用大的发射功率，则更小的小区使用的一些信道将不足以从同频小区中分离开。另一方面，如果所有小区都用小的发射功率，则大的小区中将有部分地段被排除在服务区域之外。由于这个原因，旧小区中的信道必须分成两组：一组适应小的小区的复用需求，另一组适应大的小区的复用需求。大的小区用于高速移动通信，那么切换次数就会减小。

两种不同尺寸的小区中，信道组的大小取决于分裂的进程情况。在分裂过程的最初阶段，在小功率的组中信道数会少一些。然而，随着需求的增长，小功率组需要更多的信道。这种分裂过程一直持续到该区域内的所有信道都用于小功率的组中，此时小区分裂覆盖整个区域，整个系统中每个小区的半径都更小。常用天线下倾（即将基站的辐射能量集中指向地面，而不是水平方向）来限制新构成的微小区的无线覆盖。

2. 裂向

如前所述，小区分裂通过增加单位面积内的信道数来获得系统容量的增加。另一种提高系统容量的方法是保持小区半径不变，而寻找办法来减小同频复用因子 D/R。在这种方法中，首先使用定向天线来提高信干比（Signal to Interference Ratio，SIR），而容量的提高是通过减小区群中小区数量 N 来实现的。但是为了做到这一点，需要在不降低发射功率的前提下减小干扰。

蜂窝系统中的同频干扰可以通过使用定向天线代替基站中单独的一根全向天线来减小，其中每个定向天线辐射某一特定的扇区。由于使用了定向天线，因此小区将只接收同频小区中一部分小区的干扰。这种使用定向天线来减小同频干扰，从而提高系统容量的技术叫做裂向。同频干扰减小的因素取决于使用扇区的数目。通常一个小区划分为 3 个 120°的扇区或是 6 个 60°的扇区，如图 6-9(a)、(b)所示。

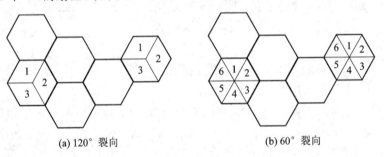

(a) 120°裂向　　　　　　　(b) 60°裂向

图 6-9　扇区划分

3. 智能小区

智能小区可以是宏蜂窝也可以是微蜂窝，它可以有效地增加系统容量和改善业务的传输性能。从实现方式上，它可分为功率传送型、自适应天线阵列型和处理增益型。

1) 功率传送型

在传统的蜂窝系统中，当一个移动用户进入一个小区（或一个扇区）时，基站发出的功率将覆盖整个小区（或扇区），系统容量取决于同频距离 D。

如果仅将功率传送到移动台附近小区域内，或者说，发射功率仅足以覆盖移动台附近的小区域，则发射功率和同频干扰就会大大降低。该智能功率传送方案要求：

(1) 必须知道移动用户的确切位置。

(2) 必须能够将功率传送给移动用户。

实现该方案的一个实例如图 6-10 所示。

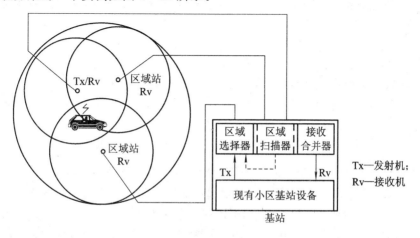

图 6-10 智能功率传送方案举例

在该例中，将小区分成三个小区域（zone），无论移动用户在小区的哪个 zone 中，服务于该移动用户的发射机频率相同（它不同于小区分裂的情况）。在每个小区中，仅有一套公共基站设备，各个 zone 站仅有天线、功放/低噪声放大器、上/下变频器等设备。zone 站到基站采用微波或光纤传输。基本工作方式是一个 zone 发、三个 zone 站都收。当移动台从一个 zone 进入另一个 zone 后，打开新 zone 的发射机，关闭旧 zone 的发射机，且使用相同的频率。这样发送的功率仅限定在一个 zone 中。图中基站的 zone 扫描器用来确定移动台所在的 zone。

在上例中，也可以将一个小区分为更多个 zone。在理想情况下，如果能用一根导线把基站发射机与移动台接收机连接起来，那么干扰将被降低到最小。这时，无线系统就像有线系统一样。

2) 自适应天线阵列型

自适应天线阵列型智能小区与功率传送型智能小区的想法类似，它利用阵列天线，自适应地形成跟踪移动用户的波束，而在干扰方向上形成零点，如图 6-11 所示。如果相同的频率可在小区内重复使用 K 次，则系统容量将提高 K 倍。另外，由于干扰的降低，可减小同频复用因子 Q。

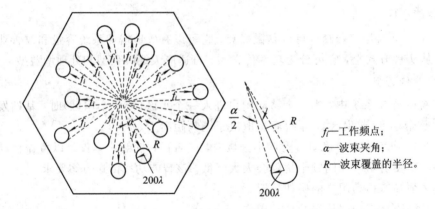

f_i—工作频点；
α—波束夹角；
R—波束覆盖的半径。

图 6-11 自适应天线阵列型智能小区

在自适应天线阵列型智能小区中，一个重要的参数就是基站处形成的波束夹角 α，表示为

$$\alpha = \frac{2 \times 200\lambda}{R} \tag{6.4}$$

式中，R 为基站到移动台之间的距离，λ 是波长。但通常工作在 UHF 频段的天线波束宽度 θ（θ 是 18 dB 的波束宽度）总是大于 α。因此，在考虑两个在相同信道进行的移动呼叫之间的隔离时，应按 θ 而不是 α 来计算。

3）处理增益型

处理增益型智能小区的基本思想与功率传送型智能小区刚好相反，它是与干扰共存，而不是限制干扰。其基本思想是允许大量干扰存在的情况下通过提高处理增益来提高正确接收能力。处理增益型智能小区不仅适用于 DS-CDMA 系统，也适用于快速跳频系统和窄脉冲位置调制系统（脉冲宽度小于 1 ns）。在这类扩频系统中，一方面，如果处理增益足够高，就可以使每个小区的信道数足够大；另一方面，如果干扰得到充分的降低，则系统容量也会明显增加。此外，如果引入功率控制，使得发射的功率到达接收机时刚好达到接收机的门限要求，则也可以显著提高容量。

6.2 移动性管理

与固定通信相比，移动通信的主要优点是用户具有移动性。网络对用户移动过程的管理称为移动性管理。

蜂窝系统的移动性管理包括两个层面的问题：移动用户的位置管理和越区切换管理。前者确保网络知道用户在任何时候所处的位置，后者确保移动用户的通信连续性和用户对通信质量的要求。下面分别对这两个方面进行介绍。

6.2.1 位置管理

位置管理就是移动通信网络跟踪移动台的位置变化，对移动台位置信息进行登记、删除和更新的过程。移动台的位置信息存储在通信网络的归属位置寄存器 HLR 和访问位置寄存器 VLR 中。当一个移动用户首次入网时，该用户必须通过 MSC 在相应的 HLR 中登记注册，把有关的用户信息(如移动用户识别码、移动台号码以及业务类型等)全部存入这个寄存器中。

移动台入网以后，其具体位置将不断变化，而且有可能漫游到远离其 HLR 的地区，这种变化的移动台位置信息就由移动台当前位置对应的 VLR 记录并传送给移动台归属位置寄存器 HLR。一旦移动台离开旧 VLR 对应的位置区，并在新 VLR 中登记，就将记录在旧 VLR 中的移动台信息删除。

位置管理涉及网络处理能力和网络通信能力。网络处理能力涉及用户信息数据库大小、查询的频度、响应速度；网络通信能力影响传输用户位置的更新、查询信息增加的业务量及时延等。由于数字蜂窝网络的用户密度远大于早期的模拟蜂窝网络，因此位置管理已经是数字蜂窝网络的一项重要功能。这项功能应尽量少地占用网络资源。

1. 位置登记

蜂窝网的覆盖区域分为若干个位置区 LA，每个 LA 与一个 MSC 相连并有一个位置区识别码 LAI。MS 从一个位置区移到另一个位置区时，必须在对应 LA 的 VLR 中进行登记。也就是说，一旦 MS 发现其存储器中的位置识别码 LAI 与接收到的 LAI 发生了变化，便执行登记。

位置更新和寻呼信息均在空中接口的控制信道上传输。对于位置登记和寻呼，LA 越大，每次寻呼的基站数目就越多，系统的寻呼定时和位置更新开销也就越大；LA 越小，寻呼基站数目越少，系统的寻呼开销也越小。

位置登记过程包括登记、修改和注销三个步骤。登记就是将 MS 进入新 LA 的信息传给管理新 LA 的新 VLR 中并记录下来。修改就是在该 MS 的 HLR 中记录当前服务该 MS 的新 VLR 的 ID。注销指的是在旧 VLR 和 MSC 中删除该 MS 的相关信息。

2. 位置更新

当 MS 进入新的位置区 LA 时，系统将对其位置信息进行更新。这样，当该 MS 被呼叫时，系统将在新的 LA 内进行寻呼。在蜂窝网络中，位置更新可能采用下面三种方式。

1) 基于时间的位置更新方式

基于时间的位置更新就是每隔 ΔT 的时间段，MS 周期性地更新其位置信息。ΔT 可由系统根据呼叫到达间隔的概率分布动态确定。

2) 基于运动的位置更新方式

在 MS 跨越一定数量的小区边界(这个跨越的边界数量称为运动门限)以后，MS 就进行一次位置更新。

3) 基于距离的位置更新方式

若 MS 离开上次位置更新时所在小区的距离超过一定的值(称为距离门限)，则 MS 进行一次位置更新。最佳距离门限的确定取决于各个 MS 的运动方式和呼叫到达参数。

3. 位置更新的不同情况

MS 从一个小区移动到另一个小区时，根据位置区的所属不同，有以下三种不同情况下的位置更新：两个小区同属一个位置区时的位置更新、同一个 MSC/VLR 业务区内两个小区间的位置更新、不同 MSC/VLR 业务区内两个小区间的位置更新。下面借助图 6-12 说明不同情况下网络对位置更新的处理。图中，LA1 位置区范围内有小区 1 和小区 2，

LA2 位置区范围内有小区 3 和小区 4，LA3 位置区范围内有小区 5。

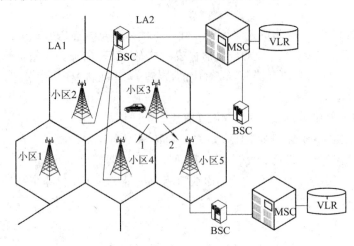

图 6-12　所属 MSC/VLR 与小区之间的关系

1) 两个小区同属一个位置区时的位置更新

开机后处于空闲状态下的 MS，被锁定于一个已定义的无线频率，即某个小区的 BCCH（广播控制信道）载频上。当 MS 向远离此小区 BTS 的方向移动时，信号强度就会减弱。当移动到两小区理论边界附近的某一点时，MSC 就会因信号强度太弱而决定转移到邻近小区的新的无线频率上。为了正确选择无线频率，MS 要对每一个邻近小区的 BCCH 载频的信号强度进行连续测量。当发现新的 BTS 发出的 BCCH 载频信号强度优于原小区时，MS 将锁定于这个新载频，并继续接收广播消息以及可能发给它的寻呼消息，直到它移向另一小区。

若小区 1 和小区 2 同属一个位置区 LA1，则这两个小区有相同的位置区码。如果 MS 从小区 1 移向小区 2，则虽然为 MS 服务的小区发生改变，但位置区并没有变化。这种情况下，网络只需要进行越区切换处理，MS 接收的 BCCH 载频的改变并不会通知网络。这就是说，MS 在没有进行位置更新时，网络不参与这个处理过程。

2) 同一个 MSC/VLR 业务区内两个小区间的位置更新

当在同一个 MSC/VLR 的不同位置区之间发生位置更新时，如图 6-12 中的小区 2 和小区 3，这两个小区属于同一个 MSC/VLR 管理的业务区，但不属于同一位置区。当 MS 从小区 2 移动到小区 3 时，MS 通过接收 BCCH 便可知道已进入了新位置区。由于位置信息非常重要，因此位置区的变化一定要通知网络。这在移动通信中称为"强制登记"。当 MS 从某一小区移向同一 MSC 不同 BSC 的另一小区时，MS 通过新的 BSC 将位置更新消息传给原来的 MSC，MSC 分析出新的位置区也属本业务区内的位置区，即通知 VLR 修改客户数据，并向 MS 发送位置更新确认。

3) 不同 MSC/VLR 业务区内两个小区间的位置更新

当 MS 从小区 3 移向小区 5 时，BTS5 通过新的 BSC 把位置区信息传到新的 MSC/VLR。这就是不同 MSC/VLR 业务区间的位置更新。

图 6-13 表示了在不同 MSC 业务区之间的位置更新过程。MS 从一个 BTS 小区移向不同 MSC 业务区的另一个 BTS 小区时，它发现自己锁定的 BCCH 载频信号强度在减弱，

而另一 BTS 小区的 BCCH 信号在增强，MS 就通过新的 BTS 小区向 MSC 发送一个具有"我在这里"的信息，即位置更新请求。MSC 把位置更新请求信息送给 HLR，同时给出 MSC 和 MS 的识别码，HLR 修改该客户数据，并回给 MSC 一个确认响应，VLR 对该客户进行数据注册，最后由新的 MSC 发送给 MS 一个位置更新确认，同时由 HLR 通知原来的 MSC 删除 VLR 中有关该 MS 的客户数据。当然，在这一过程发生前，要对这个 MS 进行鉴权。

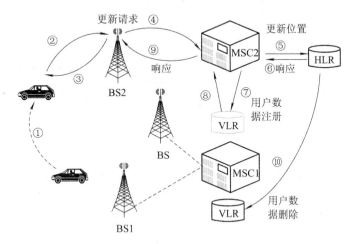

图 6-13 位置更新的网络方案

6.2.2 越区切换

1. 定义

越区切换是指移动台(MS)在通信过程中从一个基站(BS)覆盖区移动到另一个基站覆盖区，或者由于外界干扰造成通话质量下降时，将原有信道转接到一条新的空闲信道，以保持与网络持续连接的过程。切换应尽可能少地出现，切换过程中应尽量保证移动用户的通信质量。

越区切换的研究包括三个方面的问题：越区切换的准则，也就是何时需要进行越区切换；越区切换如何控制，它包括同一类型小区切换如何控制和不同类型小区之间切换如何控制；越区切换时信道分配。

2. 越区切换的准则

在决定何时需要进行越区切换时，通常根据移动台处接收的平均信号强度来确定，也可以根据移动台处的信噪比(或信号干扰比)、误比特率等参数来确定。

假定移动台从基站 1 向基站 2 运动，其信号强度的变化如图 6-14 所示。判定何时需要越区切换的准则如下：

(1) 相对信号强度准则(准则1)。在任何时间都选择具有最强接收信号的基站，如图 6-14 中的 A 处将要发生越区。这种准则的缺点是，在原基站的信号强度仍满足要求的情况下，会引发太多不必要的越区切换。

(2) 具有门限规定的相对信号强度准则(准则2)。仅允许移动用户在当前基站的信号足够弱(低于某一门限)，且新基站的信号强于本基站的信号情况下，才可以进行越区切换。例如，图 6-14 中，在门限为 Th_2 时，在 B 点将会发生越区切换。

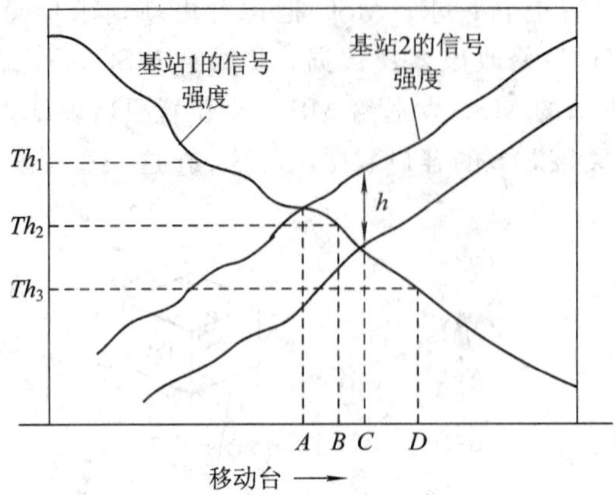

图 6-14 越区切换示意图

在该方法中，门限选择具有重要作用。例如，在图 6-14 中，如果门限太高，取为 Th_1，则该准则与准则 1 相同。如果门限太低，取为 Th_3，则会引起较大的越区时延。此时，可能会因链路质量较差而导致通信中断，另一方面，它会引起对同道用户的额外干扰。

（3）具有滞后余量的相对信号强度准则（准则 3）。仅允许移动用户在新基站的信号强度比原基站信号强度强很多（即大于滞后余量）的情况下进行越区切换，如图 6-14 中的 C 点。该技术可以防止由于信号波动引起的移动台在两个基站之间的来回重复切换，即"乒乓效应"。

（4）具有滞后余量和门限规定的相对信号强度准则（准则 4）。仅允许移动用户在当前基站的信号电平低于规定门限，并且新基站的信号强度高于当前基站一个给定滞后余量时进行越区切换。

3. 越区切换的控制策略

越区切换控制包括两个方面：一方面是越区切换的参数控制，另一方面是越区切换的过程控制。参数控制在上面已经提到，这里主要讨论过程控制。

在移动通信系统中，过程控制的方式主要有移动台控制的越区切换（Mobile Controlled Hand-Over，MCHO）、网络控制的越区切换（Network Controlled Hand-Over，NCHO）和移动台辅助的越区切换（Mobile Assisted Hand-Over，MAHO）三种。

1）移动台控制的越区切换（MCHO）

在该方式中，移动台连续监测当前基站和几个越区时的候选基站的信号强度和质量。当满足某种越区切换准则后，移动台选择具有可用业务信道的最佳候选基站，并发送越区切换请求。

该方式一般是低层无线系统采用的技术，如早期的个人接入通信系统（Personal Access Communication Services，PACS）和欧洲数字无绳电话系统（Digital European Cordless Telephone，DECT）。

移动台完成自动链路转换（ALT，两个基站之间的切换）和时隙转换（TST，同一个基站中两个信道之间的切换）的组合控制，这样可以达到如下效果：

（1）减轻网络的切换控制负荷。

(2) 如果无线信道突然变差,则可以重新连接两个呼叫来保证无线连接的稳固性。
(3) 控制 ALT 和 TST,防止两个过程的同时激发。

DECT 系统所需的切换时间是 100~500 ms,对于 PACS 系统,该时间可低至 20~50 ms。

2) 网络控制的越区切换(NCHO)

在该方式中,基站监测来自移动台的信号强度和质量,当信号低于某个门限后,网络开始安排向另一个基站的越区切换。网络要求移动台周围的所有基站都监测该移动台的信号,并把测量结果报告给网络。网络从这些基站中选择一个基站作为越区切换的新基站,把结果通过旧基站通知移动台并通知新基站。第一代蜂窝系统一般采用网络控制的越区切换,如 AMPS 和 TACS 系统。

基站通过测量接收信号强度指示(Received Signal Strength Indication,RSSI)监测当前所有连接的通信质量,移动交换中心(MSC)指示周围基站经常性地测量这些链路。依据测量值,MSC 决定何时何地执行切换。由于网络需要收集的信令业务很重,因此相邻基站不必连续地将测量报告发送回 MSC,在 RSSI 低于一个预先设定的阈值之前也不作比较。该方式需要的切换时间可能达到 10 s 或更高。

3) 移动台辅助的越区切换(MAHO)

在该方式中,网络要求移动台测量其周围基站的信号质量并把结果报告给旧基站,网络根据测试结果决定何时进行越区切换以及切换到哪一个基站。第二代数字蜂窝移动通信系统中的 IS-95CDMA 和 GSM 采用了该方式。

在 MAHO 中,仍然由网络(即 BS、BSC 或 MSC)决定切换执行的时间和地点。但是由于切换的测量工作部分转移到了 MS 上,这样 MSC 就不需要连续不断地监视信号强度,因此,MAHO 切换要比 NCHO 快得多。GSM 系统切换执行的时间大约为 1 s。

在 MAHO 和 NCHO 系统中,需要网络用信令通知 MS 相关的切换决策,即由一个正在失效的链路传送切换决策信息。所以,存在这样的可能,即在切换决策信息传送到 MS 之前,原通信链路已经失效。在这种情况下,通信被迫中断。

4. 越区切换时的信道分配

越区切换时的信道分配是解决当呼叫要转换到新小区时,新小区如何分配信道,使得越区失败的概率尽量小的问题。常用的做法是在每个小区预留部分信道专门用于越区切换。这种做法的特点是:新呼叫使可用的信道数减少,虽增加了呼损率,但减少了通话被中断的概率,从而符合人们的使用习惯。

5. 越区切换的分类

当一次切换过程被触发后,通信将被转接到新的链路上,建立新的信道,同时,将原来的通信信道释放。按照新的通信链路的建立方式,可以将切换类型分为硬切换、软切换、更软切换和接力切换等。

1) 硬切换

硬切换是指不同频率的 BS 或扇区之间的切换。在硬切换情况下,MS 在同一时刻只占用一个无线信道。MS 必须在指定时间内,先中断与原基站的联系,调谐到新的频率,再与新 BS 建立联系,在切换过程中可能会发生通信短时中断。

硬切换主要用于 GSM 系统，其主要优点是同一时刻 MS 只使用一个无线信道；缺点是通信过程会出现短时的传输中断，如在 GSM 系统中，硬切换时通信会有 200 ms 左右的中断时间。因此，硬切换在一定程度上会影响通话质量。由于硬切换采用"先断开，后切换"的方式，因此如果在通信中断时间内受到干扰或切换参数设置不合理等因素的影响，则将会导致切换失败，引起掉话。当硬切换区域面积狭窄时，会出现新基站与原基站之间来回切换的"乒乓效应"，影响业务信道的传输。此外，如果切换所用到的参数需要 MS 进行测量，则切换所用到的数据都是通过无线接口传送到网络的，这明显加重了无线接口的负荷。

2) 软切换

软切换是指同一频率不同 BS 之间的切换。在软切换过程中，两条链路及对应的两个通信数据流在一个相对较长的时间内同时被激活，直到 MS 进入新 BS 并测量到新 BS 的传输质量满足指标要求后，才断开与原 BS 的连接。不论是从 MS 的角度，还是从网络的角度来看，两条链路传输的都是相同的通信数据流，这保证了通信不会发生中断。软切换主要用于 CDMA 系统中。

软切换采用"先建后断"的方式，MS 只有在取得与新 BS 的连接之后，才会中断与原 BS 的联系，因此在切换过程中没有中断，不会影响通话质量。由于软切换是在频率相同的 BS 间进行的，在两个 BS(或多个 BS)覆盖区的交界处，MS 同时与多个 BS 通信，起到前向业务信道和反向业务信道多径分集的作用，因而可大大减少切换造成的掉话。

另外，由于软切换中 MS 和 BS 均采用了分集接收技术，有抵抗衰落的能力，同时通过反向功率控制，可以使 MS 的发射功率降至最小，从而降低了 MS 对系统的干扰。进入软切换区域的 MS 即使不能立即得到与新 BS 的链路，也可以进入切换等待的排列，从而减少了系统的阻塞率。但是，软切换同时也存在占用信道资源较多和信令复杂的问题，因此导致系统负荷加重、下行链路干扰增加、设备投资增大和系统背板的复杂程度增加等缺点。软切换仅仅能用于具有相同频率的信道之间，所以模拟蜂窝系统、TDMA 系统均不能采用该方式。

3) 更软切换

在 CDMA 系统中，MS 在同一基站(小区)不同扇区之间的软切换称为更软切换。更软切换实际上是相同信道板上的导频之间的切换。这种切换是由 BSC 完成的，并不通知 MSC。

4) 接力切换

TD-SCDMA 系统采用的是一种基于智能天线的接力切换方式。所谓接力切换，就是指移动用户在向另一个基站覆盖区移动的过程中，由于基站使用的是智能天线技术，因此系统可以估计用户的波达方向（Direction of Arrival，DoA）信息。同时，TD-SCDMA 系统是上行同步的，网络可以确定用户信号传输的时间偏移，通过信号的往返时延获知用户设备(User Equipment，UE)到 Node B 的距离信息。

这样，网络获得了 MS 的准确位置信息，因而系统可以确定需要切换的目标小区，两个小区的基站将接收来自同一 MS 的信号，两个小区都对此 MS 定位，并将此定位结果向基站控制器报告。基站控制器将根据此信息判断用户是否移动到另一基站的邻近区域，并将接近小区的 Node B 信息告知这个 MS。一旦进入切换区域,基站控制器将通知另一基站做好切换准备,通过一个信令交换过程,MS 就可以顺利切换到另一基站的通信信道上,完成接力切换过程。

6.3 多址接入

多址接入技术的目标是在保证一定的信息传输质量的基础上,尽可能提高通信资源的利用率。本节首先介绍了多址接入的基本概念,然后给出三种基本多址方式(FDMA、TDMA 和 CDMA)的特点,最后对三种多址方式进行了比较分析。

6.3.1 多址接入的概念

多址接入技术所要解决的问题是多个用户如何共享公共通信资源。蜂窝系统向用户提供的通信资源包括时间、频率、空间和编码方式(码序列),它们分别属于时域、频域、空域和码域。为了高效地利用通信资源,需要对一部分资源进行共享,而将另一部分资源进行分割,共享可以提高系统的容量,而通过分割可以区分出不同的信道,提供给不同的用户使用,这便形成了多址。

通过对通信资源的不同分割方式,也就形成了不同的多址方式,理想的分割应使信道上传输的用户信号满足正交的要求。正交的数学机理如下:

设用户 i 的信号波形为 $x_i(t)(i=1,2,\cdots)$,$x_i(t)$ 的傅立叶变换为 $X_i(f)$,$x_i(t)$ 的伪随机码波形为 $c_i(t)$,那么如果满足

$$\int_{-\infty}^{\infty} x_i(t)x_j(t)\mathrm{d}t = \begin{cases} K_1, & i=j \\ 0, & i \neq j \end{cases} \tag{6.5}$$

或

$$\int_{-\infty}^{\infty} X_i(f)X_j(f)\mathrm{d}f = \begin{cases} K_2, & i=j \\ 0, & i \neq j \end{cases} \tag{6.6}$$

或

$$\int_{-\infty}^{\infty} c_i(t)c_j(t)\mathrm{d}t = \begin{cases} K_3, & i=j \\ 0, & i \neq j \end{cases} \tag{6.7}$$

则用户之间是正交的。满足以上正交化过程的多址方式分别是 TDMA、FDMA 和 CDMA。但一般很难达到数学上如此理想的实现方式,在实际应用中,三种多址方式有着各自的实现方法。

对于 FDMA 方式,一种简单的物理实现方法是将频率带宽划分为一系列不重叠的子频带(频道),让不同的用户信号使用不同的子频带,在接收端采用带通滤波器将不同的用户信号区分开来,如图 6-15(a)所示。

对于 TDMA 方式,一种简单的物理实现方法是将该时间段划分为一系列不重叠的时间片(时隙),通过定时的采样门即可将不同的用户信号区分开来,如图 6-15(b)所示。

对于 CDMA 方式,系统中的所有用户信号可以占用相同的时间和频率,区分不同用户信号则是通过正交或准正交的扩频码来实现的,如图 6-15(c)所示。因此,选择正交扩

频码集是 CDMA 方式物理实现的关键。但一方面正交码集的数量有限，另一方面，实际系统中的多径传播也会破坏不同用户扩频码之间的正交性。非正交码会带来用户间的干扰，称为多址干扰（Multiple Access Interference，MAI）。多址干扰会使系统性能下降。

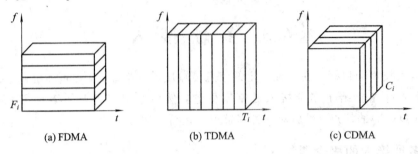

图 6-15 三种基本多址方式示意图

除以上三种基本多址方式外，固定分配接入方式还包括空分多址（SDMA）、波分多址（WDMA）等。此外，还有一类动态分配接入方式，其包括 ALOHA 协议随机多址、载波侦听多址（CSMA）以及分组预约多址（PRMA）等。

6.3.2 三种多址方式的特点

1. FDMA 方式的特点

（1）每个信道占用一个载频，相邻载频之间的间隔应满足传输信号带宽的要求。为了在有限的频谱中增加信道数量，系统均希望间隔越窄越好。FDMA 信道的相对带宽较窄（25 kHz 或 30 kHz），每个信道的每一载波仅支持一个电路连接。也就是说，FDMA 通常在窄带系统中实现。

（2）符号时间与平均延迟扩展相比较是很大的。FDMA 方式中，每信道只传送一路数字信号，信号速率低，一般在 25 kb/s 以下，远低于多径时延扩展所限定的 100 kb/s，所以在数字信号传输中，由码间干扰引起的误码极小，因此在窄带 FDMA 系统中无需自适应均衡。

（3）基站复杂庞大，重复设置收发信设备。基站有多少信道，就需要多少部收发信机，同时需用天线共用器，功率损耗大，易产生信道间的互调干扰。

（4）FDMA 系统每载波单个信道的设计，使得在接收设备中必须使用带通滤波器允许指定信道里的信号通过，滤除其他频率的信号，从而限制临近信道间的相互干扰。

（5）越区切换较为复杂和困难。因在 FDMA 系统中，分配好语音信道后，基站和移动台都是连续传输的，所以在越区切换时，必须瞬时中断传输数十至数百毫秒，以把通信从一频率切换到另一频率。对于语音，瞬时中断问题不大；对于数据传输，则将带来数据的丢失。

2. TDMA 方式的特点

（1）突发传输的速率高，远大于语音编码速率，每路编码速率设为 R b/s，共 N 个时隙，则在这个载波上传输的速率将大于 NR b/s。这是因为，TDMA 系统中需要较高的同步开销。同步技术是 TDMA 系统正常工作的重要保证。

（2）发射信号速率随 N 的增大而提高。如果达到 100 kb/s 以上，则码间干扰将加大，此时必须采用自适应均衡,用以补偿传输失真。

(3) TDMA 用不同的时隙来发射和接收,因此不需要双工器。即使使用 FDD 技术,在用户单元内部的切换器,也能满足 TDMA 在接收机和发射机间的切换,因而不需要使用双工器。

(4) 基站复杂性减小。N 个时分信道共用一个载波,占据相同带宽,只需一部收发信机,互调干扰小。

(5) 抗干扰能力强,频率利用率高,系统容量大。

(6) 越区切换简单。由于在 TDMA 中移动台是不连续的突发式传输,所以切换处理对一个用户单元来说是很简单的。因为它可以利用空闲时隙监测其他基站,这样越区切换可在无信息传输时进行,所以没有必要中断信息的传输,即使传输数据也不会因越区切换而丢失。

3. CDMA 方式的特点

(1) CDMA 系统的许多用户共享同一频率,不管使用的是 TDD 还是 FDD 技术。

(2) 通信容量大。从理论上讲,信道容量完全由信道特性决定,但实际的系统很难达到理想的情况,因而不同的多址方式可能有不同的通信容量。CDMA 是受限系统,任何干扰的减少都直接转化为系统容量的提高。因此一些能降低干扰功率的技术,如语音激活(voice activity)技术等,可以自然地用于提高系统容量。

(3) 容量的软特性。TDMA 系统中同时可接入的用户数是固定的,无法再多接入任何一个用户;而直扩 CDMA (Direct Sequence Code Division Multiple Access,DS-CDMA)系统中,多增加一个用户只会使通信质量略有下降,不会出现硬阻塞现象。

(4) 由于信号被扩展在一较宽频谱上,因而可以减小多径衰落。如果频谱带宽比信道的相干带宽大,那么固有的频率分集将具有减少小尺度衰落的作用。

(5) 在 CDMA 系统中,信道数据速率很高。因此码片时长很短,通常比信道的时延扩展小得多。因为 PN 序列有低的自相关性,所以大于一个码片宽度的时延扩展部分,可受到接收机的自然抑制;另一方面,如采用分集接收最大合并比技术,则可获得最佳的抗多径衰落效果。而在 TDMA 系统中,为克服多径造成的码间干扰,需要用复杂的自适应均衡。均衡器的使用增加了接收机的复杂度,同时会影响到越区切换的平滑性。

(6) 平滑的软切换和有效的宏分集。DS-CDMA 系统中所有小区使用相同的频率,这不仅简化了频率规划,也使越区切换得以完成。每当移动台处于小区边缘时,同时有两个或两个以上的基站向该移动台发送相同的信号,移动台的分集接收机能同时接收合并这些信号,此时处于宏分集状态。当某一基站的信号强于当前基站信号且稳定后,移动台才切换到该基站的控制上去,这种切换可以在通信的过程中平滑完成,称为软切换。

(7) 低信号功率谱密度。在 DS-CDMA 系统中,信号功率被扩展到比自身频带宽度宽百倍以上的频带范围内,因而其功率谱密度大大降低。由此可得到两方面的好处:其一,具有较强的抗窄带干扰能力;其二,对窄带系统的干扰很小,有可能与其他系统共用频段,使有限的频谱资源得到更充分的使用。

CDMA 系统存在着两个重要的问题,一个问题是来自非同步 CDMA 网中不同用户的扩频序列不完全是正交的,这一点与 FDMA 和 TDMA 是不同的,FDMA 和 TDMA 具有合理的频率保护带或保护时间,接收信号近似保持正交性,而 CDMA 对这种正交性是不能保证的。这种扩频码集的非零互相关系数会引起多址干扰,在异步传输信道以及多径传播环境中多址干扰将更为严重。

另一个问题是"远近效应"(Near - Far Effect)。由于移动用户所在的位置处于动态的变化中,基站接收到的各用户信号功率可能相差很大,即使各用户到基站距离相等,深衰落的存在也会使到达基站的信号各不相同,强信号对弱信号有着明显的抑制作用,会使弱信号的接收性能很差甚至无法通信。这种现象被称为"远近效应"。为了解决"远近效应"问题,在大多数 CDMA 实际系统中使用功率控制。蜂窝系统中由基站来提供功率控制,以保证在基站覆盖区内的每一个用户给基站提供相同功率的信号。这就解决了由于一个邻近用户的信号过大而覆盖了远处用户信号的问题。基站的功率控制是通过快速抽样每一个移动终端的无线信号强度指示(RSSI)来实现的。尽管在每一个小区内使用功率控制,但小区外的移动终端还会产生不在接收基站控制内的干扰。

6.3.3 三种多址方式的比较

接入性能描述了在给定系统可用资源的条件下,系统对用户通信业务接入请求的支持情况。但在更高的层面上,对于给定通信资源转化为系统可用资源的过程中,转化效率也是一个需要讨论的问题。系统可用资源常常用系统容量来表示,实际中,FDMA、TDMA 和 CDMA 在使通信资源转化为系统容量时其效率是不同的。不仅如此,在其他方面,这三种方式也有明显差异。

1. 业务支持的灵活性

完全采用 FDMA 方式的系统主要是早期的模拟系统,用来支持语音业务。由于模拟系统很难支持具有可变速率的数据业务,因而纯的 FDMA 方式在现代通信网络中很少单独使用,新的系统逐渐向 TDMA 方式演进。考虑到 FDMA 所需的技术复杂度较低,实际上多数系统采用了 FDMA/TDMA 结合的方式。

TDMA 是一种数字接入和传输方式,能够单独支持语音和数据业务,也能为综合的语音和数据业务提供更为灵活和方便的支持。TDMA 网络中采用同步时隙传输的方式,可以支持固定速率的业务,如语音等,也可以提供对数据业务的支持,既是为语音传输设计的时隙,也可以单独或者通过组合的方式提供不同速率的数据业务传输。只是对于具有突发性质的数据业务传输而言,其支持效率可能有所降低。

CDMA 也是一种数字接入和传输方式,能够单独支持语音和数据业务,也能灵活方便地支持综合的业务。相对于 TDMA,CDMA 的主要优点在于其时间占用和传输质量具有很大的灵活性。在 CDMA 系统中,用户使用不同的码序列彼此区分,不受其他用户传输时间的影响,用户通过调节发送功率可以提供所需要的传输质量,无论是时间敏感性业务还是时间不敏感性业务都可以得到相同优先级的支持。CDMA 系统中的通信资源实际上是一种发送功率比例的分配,发送功率越大,占用信道资源就越多。另外,CDMA 信号的动态资源占用特点可以使其信道资源利用效率达到较高的水平,却不需要人为地通过调度算法进行控制。所以,在综合业务支持方面,CDMA 方式具有最高的传输效率。简言之,CDMA 可以根据不同的业务需求(比如不同的传输速率或不同的时间占用)自适应地分配信道资源,这是 CDMA 方式最明显的优势。

2. 传输性能

独立采用 FDMA 方式的系统一般是模拟系统,其传输性能受到传输环境的影响较大,而改进其传输性能的技术手段却不多。TDMA 系统通常采用了数字收发技术,可以使传输性能得到很大改进,比如,采用信道编解码、交织、各种均衡技术以及分集手段,可以有效地提高其传输性能。CDMA 系统也是数字传输系统,也采用了许多先进的数字信号处理技术,除了 TDMA 所使用的技术之外,还有一些专用的技术,比如 Rake 接收技术等。另外,与一般的 TDMA 系统相比,CDMA 通常是宽带传输系统,因而 CDMA 系统在抗干扰、抗多径衰落方面具有优势。

3. 系统容量

从理论上看,给定的通信资源无论采用何种分配方式,其系统容量应该是相同的,但不同的多址方式在利用给定通信资源的机制和方法上有很大区别,将给定通信资源转化为系统可用资源的效率也是不同的,这导致了实际系统中,CDMA 容量>TDMA 容量>FDMA 容量。以下对实际容量进行分析比较。

蜂窝系统的无线容量可定义为

$$M = \frac{B_t}{BN} \quad 信道/小区 \quad (6.8)$$

式中,M 是无线容量大小;B_t 是分配给系统的总的带宽;B 是信道带宽;N 是频率复用的小区数。

1) FDMA 蜂窝系统的容量

对于模拟 FDMA 系统来说,如果采用频率复用的小区数为 N,根据对同频干扰和系统容量的讨论可知,对于小区制蜂窝网

$$N = \sqrt{\frac{2}{3} \times \frac{C}{I}} \quad (6.9)$$

即频率复用的小区数 N 由所需的载干比来决定。可求得 FDMA 的无线容量如下:

$$M = \frac{B_t}{B\sqrt{\frac{2}{3} \times \frac{C}{I}}} \quad (6.10)$$

2) TDMA 蜂窝系统的容量

对于数字 TDMA 系统来说,由于数字信道所要求的载干比可以比模拟制的小 4~5 dB(因数字系统有纠错措施),因而频率复用距离可以再近一些。所以可以采用比 $N=7$ 小的复用图案,例如 $N=3$ 的复用图案。可求得 TDMA 的无线容量如下:

$$M = \frac{B_t K}{B\sqrt{\frac{2}{3} \times \frac{C}{I}}} \quad (6.11)$$

其中,B 为载频间隔,K 为每个载频包含的时隙数。

3) CDMA 蜂窝系统的容量

CDMA 系统的容量是干扰受限的,而 FDMA 和 TDMA 系统的容量是带宽受限的。决定 CDMA 数字蜂窝系统容量的主要参数包括处理增益、E_b/N_0、语音负载周期(即语音激活率)、频率再用效率以及基站天线扇区数等。考虑一般扩频通信系统,载波功率可表示为

$C = R_b \times E_b$,干扰功率可表示为 $I = W \times N_0$。式中 R_b 为信号比特速率,E_b 为每比特的信号能量,W 为扩频后的信号带宽,N_0 为干扰功率谱密度。接收信号的载干比为

$$\frac{C}{I} = \frac{R_b E_b}{N_0 W} = \frac{E_b/N_0}{W/R_b} \tag{6.12}$$

如果 M 个用户共用一个无线信道,显然每一用户的信号都受到其他 $M-1$ 个用户信号的干扰。假设到达一个接收机的信号强度和各干扰强度都相等,则载干比为

$$\frac{C}{I} = \frac{1}{M-1} \tag{6.13}$$

所以 CDMA 系统容量可表示为

$$M = 1 + \frac{W/R_b}{E_b/N_0} \tag{6.14}$$

如果把背景热噪声 η 考虑进去,则能够接入此系统的用户数可表示为

$$M = 1 + \frac{W/R_b}{E_b/N_0} - \frac{\eta}{C} \tag{6.15}$$

采用语音激活技术,则必须引入 d(占空比)来修正

$$M = 1 + \left(\frac{W/R_b}{E_b/N_0} - \frac{\eta}{C}\right) \cdot \frac{1}{d} \tag{6.16}$$

采用扇区化后,还必须引入因子 G(扇区分区系数)来修正

$$M = \left[1 + \left(\frac{W/R_b}{E_b/N_0} - \frac{\eta}{C}\right) \cdot \frac{1}{d}\right] \cdot G \tag{6.17}$$

考虑到频率复用,所有用户共享一个无线频率,任何一个小区的移动台都会受到相邻小区基站的干扰,任何一个小区的基站都会受到相邻小区的移动台干扰,这些干扰的存在必然会影响系统容量,再引入因子 F(信道复用效率)

$$M = \left[1 + \left(\frac{W/R_b}{E_b/N_0} - \frac{\eta}{C}\right) \cdot \frac{1}{d}\right] \cdot G \cdot F \tag{6.18}$$

6.4 多信道共用技术

多信道共用就是多个无线信道为许多移动台所共用,或者说,网内大量用户共享若干无线信道。多信道共用技术可以提高无线电信道的利用率,提高系统容量。但会引起呼损情况的发生,这里首先介绍一些与多信道共用技术相关的指标,可以认为是多信道共用技术的定量分析,再简要介绍一下空闲信道的选取方式。

6.4.1 技术指标

1. 呼叫话务量与忙时话务量

1)呼叫话务量

话务量是度量通信系统通话业务量或繁忙程度的指标。其性质如同客流量,具有随机性,只能用统计方法获取。所谓呼叫话务量,是指单位时间(一小时)内的平均电话交换量,可表示为

$$A = C \cdot t_0 \tag{6.19}$$

式中，C 为每小时平均呼叫次数；t_0 为每次呼叫平均占用信道时间。t_0 以小时为单位时，A 的单位为 Erl。

2) 忙时话务量

实际上在一天 24 小时中，每小时话务量是不可能相同的。例如，在我国，上午 8～9 点最忙，而在发达国家一般晚上 7 点左右最忙。一天中话务量分布的不均衡对于通信系统的建设者、设计者和管理者都很重要。只要"忙时"信道够用，那么非忙时就不成问题了。因此，在这里我们引入忙时话务量这一概念。

忙时话务量是指一天中最忙的那个小时（即"忙时"之意）每个用户的平均话务量，定义为

$$A_B = \frac{C'KT}{3600} \tag{6.20}$$

其中，C' 为每个用户每天的呼叫次数；K 为集中系数（忙时话务量与全日话务量之比称为集中系数）；T 为每次呼叫平均占用信道时间（单位为秒）。

2. 容量

在多信道共用时，容量有两种表示法。

1) 系统所能容纳的用户数（M_s）

系统所能容纳的用户数 M_s 为

$$M_s = \frac{A}{A_B} \tag{6.21}$$

2) 每个信道所能容纳的用户数（m）

每个信道所能容纳的用户数 m 为

$$m = \frac{M_s}{n} = \frac{A}{nA_B} \tag{6.22}$$

式中，n 为共用信道数，A 为总话务量，A_B 为忙时的话务量。

3. 呼损率

当 M_s 个用户共用 n 个信道时，由于用户数远大于信道数，因此当超过 n 个用户同时呼叫时，就有一部分用户无信道而无法通话，称为呼叫失败。在一个通信系统中，呼叫失败的概率称为呼损率，记为 B，其计算式为

$$B = \frac{A - A'}{A} \tag{6.23}$$

其中，A 为呼叫话务量；A' 为呼叫成功而接通电话的话务量，称为完成话务量，可表示为 $A' = C_0 \cdot t_0$，C_0 为 1 小时内呼叫成功而通话的次数，t_0 为每次呼叫平均占用信道时间。可以进一步推导呼损率的公式为

$$B = \frac{A - A'}{A} = \frac{C - C_0}{C} = \frac{C_i}{C} \tag{6.24}$$

式中，$A - A'$ 为呼损话务量，C 为总的呼叫次数，C_i 为呼叫失败次数。显然，B 越小，成功呼叫的概率就越大，用户就越满意，因此，呼损率 B 称为系统的服务等级（Grade Of Service, GOS）。

如果每次呼叫相互独立，互不相关，即呼叫具有随机性，每次呼叫在时间上都有相同

概率,每个用户选用无线信道是任意的,且是等概率的。则呼损率可按下式计算:

$$B = \frac{\dfrac{A^n}{n!}}{\sum\limits_{i=0}^{n} \dfrac{A^i}{i!}} \tag{6.25}$$

这就是电话工程中的第一爱尔兰公式,也称为爱尔兰 B 公式,它反映了呼损率(B)、信道数(n)和总话务量(A)三者关系。通过计算可得到在话务工程计算中广泛使用的爱尔兰呼损表。

4. 信道利用率

多信道共用时,信道利用率是指每个信道平均完成的话务量,可表示为

$$\eta = \frac{A'}{n} = \frac{A(1-B)}{n} \tag{6.26}$$

其中,A' 为完成话务量,A 为总话务量。

6.4.2 空闲信道的选取方式

移动通信网中,在基站控制的小区内有 i 个无线信道提供给该小区的所有移动用户共同使用。当 $j(j < i)$ 个信道被占用时,其他需要通话的用户可以选择其余 $i-j$ 个中的任一空闲信道进行通话。某一用户需要通信而发出呼叫时,基站需要按一定的选取方式进行空闲信道的分配。空闲信道的选取方式主要可以分为两类:一类是专用呼叫信道方式(或称共用信令信道方式);另一类是标明空闲信道方式。

1. 专用呼叫信道方式

专用呼叫信道方式是在网中专门设置呼叫信道,专用于处理用户的呼叫。专用呼叫信道的作用有两个:一是处理呼叫;二是指配语音信道。

移动用户只要在不通话时就停留在呼叫信道上守候。当移动用户要发起呼叫时,就在上行专用呼叫信道发出呼叫请求信号,基站收到请求后,在下行专用呼叫信道给主叫的移动用户指定当前的空闲信道,移动台根据指令转入空闲信道通话,通话结束后再自动返回到专用呼叫信道守候。当移动台被叫时,基站在专用呼叫信道上发出选呼信号,被叫移动台应答后即按基站的指令转入某一空闲信道进行通信。

这种方式的优点是处理呼叫的速度快。但是,由于这种方式专门需要一个信道作呼叫信道,相对来说,减少了通话信道的数目,当用户数和共用信道数不多时,这种方式信道利用率不高,因此,这种方式适用于大容量的移动通信网,是公用移动电话网的主要方式。

2. 标明空闲信道方式

标明空闲信道方式可分为循环定位、循环不定位、循环分散定位等。小容量移动通信网比较适合采用这种方式。

(1) 循环定位方式。这种方式不设置专门的呼叫信道,由基站利用发空闲信号的方法临时指定一个信道作为呼叫信道,所有的信道都可供通话,选择呼叫与通话可在同一信道上进行。基站在某一空闲信道上发出空闲信号,所有未在通话的移动台都自动地对所有信道进行循环扫描,一旦在某一信道上收到空闲信号,就定位在这个信道上守候。所有移动台都集中守候在临时呼叫信道上,当这个信道被某个移动台占用后,基站就另选一空闲信

道发出空闲信号，所有未通话的移动台又自动转到新的临时呼叫信道上守候。如果基站的全部信道都被占用，则基站就停发空闲信号，所有未通话的移动台就不停地循环扫描，直到出现空闲信道，收到空闲信道才定位在该信道上。

这种方式中，所有信道都可用于通话，信道的利用率高。此外，由于所有空闲的移动台都定位在同一个空闲信道上，因此不论移动台主呼或被呼都能立即进行，处理呼叫快。但是，正因为所有空闲移动台都定位在同一空闲信道上，其中有两个以上用户同时发起呼叫的概率(同抢概率)也较大，极易发生冲突。

(2) 循环不定位方式。为减少同抢概率，移动台采用循环扫描而不定位的方式。该方式是基站在所有空闲信道上都发出空闲标志信号，不通话的移动台始终处于循环扫描状态。当移动台主呼时，遇到任何一个空闲信道就立即占用。由于预先设置了不同移动台对信道的扫描顺序不同，因此两个移动台同时发出呼叫，又同时占用同一空闲信道的概率很小，这就有效地减少了同抢概率。不过主叫时不能立即进行，要先搜索空闲信道，当搜索到并定位之后才能发出呼叫，时间上稍微慢了一点。当移动台被呼叫时，由于各移动台都在循环扫描，无法接收基站的选呼信号，因此，基站必须先在某一空闲信道上发一个保持信号，指令所有循环扫描中的移动台都自动地对这个标有保持信号的空闲信道锁定。保持信号需持续一段时间，等到所有空闲移动台都对它锁定以后，再改发选呼信号。被呼移动台对选呼信号应答，即占用此信道通信。其他移动台识别不是呼叫自己，立即释放此信道，重新进入循环扫描。

这种方式减少了同抢概率，但因移动台主呼时要先搜索空闲信道，被呼时要先保持信号锁定，这都占用了时间，所以接续时间比较长。

(3) 循环分散定位方式。为克服循环不定位方式中移动台被呼的接续时间比较长的缺点，人们提出了一种分散定位方式，即基站在全部不通话的空闲信道上都发空闲信号，网内移动台分散地守候在各个空闲信道上。移动台主呼是在各自守候的空闲信道上进行的，保留了循环不定位方式的优点。基站呼叫移动台时，呼叫信号在所有的空闲信道上发出，并等待应答信号，从而提高了接续速度。

习题与思考题

1. 为什么说最佳的小区形状是正六边形？
2. 当单位无线区群的小区个数 $N=3$ 时，试绘出 3 个单位区群彼此邻接时的结构图形。假定小区半径为 R，邻近无线区群的同频小区的中心间距如何确定？
3. 试说明改善蜂窝移动通信系统中容量的途径有哪些。
4. 越区切换的准则主要有哪些？越区切换的过程控制方式主要有哪几种？越区切换可分为哪几种？
5. 什么是多址技术？常用的多址技术有哪些？它们各有什么特点？
6. 移动通信网的某个小区共有 100 个用户，平均每个用户 $C=5$ 次/天，$T=180$ 秒/次，$K=15\%$。问为了保证呼损率小于 3%，需要共用的信道数是几个？若允许呼损率达 20%，共用信道数可节省几个？

第 7 章 2G 移动通信系统

GSM 和 IS-95 CDMA 是第二代移动通信(2G)系统的典型代表,作为数字蜂窝移动通信系统,它们凭借其开放式结构、全球漫游功能以及众多的技术优势均取得了巨大的商业成功。其中 GSM 系统主要是基于 TDMA 方式的,是最早商用的数字蜂窝移动通信系统,其标准由欧洲各国制定,由于 GSM 系统规范、标准的公开化等诸多优点,很快在全球范围内得到了广泛的应用。IS-95 CDMA 系统主要是基于 CDMA 方式的,其标准由美国高通公司提出,CDMA 技术具有抗干扰、抗衰落、频谱利用率高、系统容量大等等一系列优越的性能,对移动通信的发展产生了深远的影响。

7.1 GSM 通信系统

7.1.1 GSM 系统概述

1. GSM 系统的发展

GSM 系统源于欧洲,属于第二代(2G)数字蜂窝移动通信系统,它是为解决欧洲各国第一代(1G)模拟蜂窝移动通信系统之间不兼容问题而发展起来的。20 世纪 80 年代初,欧洲已有几大模拟蜂窝移动系统在运营,例如北欧的 NMT(北欧移动电话)和英国的 TACS(全接入通信系统),西欧其他各国也提供移动业务。但这些不同模拟系统间没有公共接口,不能漫游,这对客户造成很大的不便。为了方便全欧洲统一使用移动电话,需要一种公共的系统。

1982 年在欧洲邮电行政大会(CEPT)上成立"移动特别小组"(Group Special Mobile)简称"GSM",开始制定适用于泛欧各国的一种数字移动通信系统的技术规范。

1986 年在巴黎,该小组对欧洲各国及各公司经大量研究和实验后所提出的 8 个建议系统进行了现场实验。

1987 年 5 月 GSM 成员国就数字系统采用窄带时分多址(TDMA)、规则脉冲激励长期预测(RPE-LTP)语音编码和高斯滤波最小移频键控(GMSK)调制方式达成一致意见。同年,欧洲 17 个国家的运营者和管理者签署了谅解备忘录(MoU),相互达成履行规范的协议。与此同时还成立了 MoU 组织,致力于 GSM 标准的发展。

1990 年完成了 GSM900 的规范,共产生大约 130 项的全面建议书,不同建议书经分组成为一套 12 个系列。

1991 年在芬兰开通了基于该规范的第一个系统,同时 MoU 组织为该系统设计和注册了市场商标,将 GSM 更名为"全球移动通信系统"(Global System for Mobile Communication)。

同年，移动特别小组还完成了制定 1800 MHz 频段的公共欧洲电信业务的规范，名为"DCS1800 系统"。该系统与 GSM900 具有同样的基本功能特性，因而该规范只占 GSM 建议的很小一部分，仅将 GSM900 和 DCS1800 之间的差别加以描述，绝大部分两者是通用的，两系统均可通称为 GSM 系统。

1992 年大多数欧洲 GSM 运营者开始商用业务。

1993 年欧洲第一个 DCS1800 系统投入运营。

我国于 1994 年 12 月底在广东开通了第一个 GSM 数字蜂窝移动网。

2. GSM 系统的主要特点

GSM 的主要特点可以归纳为以下几点。

1）频谱效率

由于采用了高效调制器、信道编码、交织、均衡和语音编码技术，使系统具有高频谱效率。

2）容量

由于每个信道传输带宽增加，使同频复用载干比要求降低至 9 dB，故 GSM 系统的同频复用模式可以缩小到 4/12 或 3/9 甚至更小（模拟系统为 7/21）；加上半速率语音编码的引入和自动话务分配以减少越区切换的次数，使 GSM 系统的容量效率（每兆赫每小区的信道数）比 TACS 系统高 3～5 倍。

3）语音质量

鉴于数字传输技术的特点以及 GSM 规范中有关空中接口和语音编码的定义，在门限值以上时，语音质量总是达到相同的水平而与无线传输质量无关。

4）开放的接口

GSM 系统与其他通信网之间、GSM 中各分系统之间以及分系统内部各设备实体之间都明确而详细地定义了接口规范，这保证了不同厂商所提供的 GSM 设备之间能互连。

5）安全性

GSM 系统中的安全、保密措施，主要有四类：防止未授权的非法用户接入的鉴权（认证）技术；防止空中接口非法用户窃听的加密、解密技术；防止非法用户窃取用户身份和位置信息的临时移动用户身份码 TMSI 更新技术；防止未经登记的非法用户接入和防止合法用户过期终端（手机）在网中继续使用的设备认证技术。

6）在 SIM 卡基础上实现漫游

漫游是移动通信的重要特征，它标志着用户可以从一个网络自动进入另一个网络。GSM 系统可以提供全球漫游，当然也需要网络运营者之间的某些协议，例如计费。

在 GSM 系统中，漫游是在 SIM 卡识别号以及被称为 IMSI 的国际移动用户识别号的基础上实现的。这意味着用户不必带着终端设备而只需带其 SIM 卡进入其他国家即可。终端设备可以租借，仍可达到用户号码不变，计费账号不变的目的。

7.1.2 GSM 系统组成

1. GSM 系统结构及功能

GSM 系统由一系列功能单元组成，其具体组成如图 7-1 所示，分为移动台（Mobile

Station, MS)、基站子系统(Base Station Sub-system, BSS)、网络交换子系统(Network Switching Sub-system, NSS)和操作维护子系统(Operation and Maintenance Sub-system, OMS)等几个主要部分。

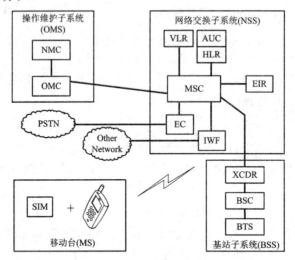

图 7-1 GSM 系统结构

1) 移动台

移动台由移动设备(Mobile Equipment, ME)和用户识别模块(Subscriber Identity Module, SIM)组成。移动设备可完成语音编码、信道编码、信息加密、信息的调制和解调、信息发射和接收；用户识别模块(SIM)用于识别唯一的移动台使用者，类似于"身份卡"，存储的信息包括国际移动用户识别码(IMSI)、用户鉴权参数 K_i、用于鉴权的 A_3 算法、产生密钥 K_c 的 A_8 算法等固化数据和临时移动用户识别码(TMSI)、位置区域识别码(LAI)等临时数据。

2) 基站子系统

广义来说，基站子系统包含了 GSM 数字移动通信系统中无线通信部分的所有基础设施，它通过无线接口直接与移动台实现通信连接，同时又连到网络端的交换机，为移动台和交换子系统提供传输通路，因此，BSS 可以看作移动台与移动交换机之间的桥梁。按 GSM 规范提出的基本结构，BSS 由两个基本部分组成：通过无线接口与移动台一侧相连的基站收发信机(BTS)和与移动交换一侧相连的基站控制器(BSC)。从功能上看，BTS 主要负责无线传输，BSC 主要负责控制和管理。

BTS 在网络的固定部分和无线部分之间提供中继，移动用户通过空中接口与 BTS 相连。BTS 包括收、发信机和天线，以及与无线接口有关的信号处理电路等，它也可以看作是一个复杂的无线解调器。在 GSM 系统中，为了保持 BTS 尽可能的简单，BTS 往往只包含那些靠近无线接口所必须的功能。

BSC 通过 BTS 和移动台的远端命令管理所有的无线接口，主要是进行无线信道的分配、释放以及越区信道切换的管理等，起着 BSS 系统中交换设备的作用。BSC 由 BTS 控制部分、交换部分、和公共处理器部分等组成。根据 BTS 的业务能力，一台 BSC 可以管理多达几十个 BTS。

第 7 章 2G 移动通信系统

此外，BSS 还包括码型变换器(XCDR-transcoder 或 TC)。码型变换器在实际应用中一般是置于 BSC 和 MSC 之间，完成 16 kb/s RPE-LTP 编码和 64 kb/s A 律 PCM 之间的码型变换。

3) 网络交换子系统

网络交换子系统包括实现 GSM 的主要交换功能的交换中心以及管理用户数据和移动性的所需的数据库。它由一系列功能实体构成，各功能实体之间以及 NSS 与 BSS 之间通过符合 CCITT 信令系统 No.7 协议规范的 7 号信令网络互相通信。它的主要作用是管理 GSM 用户和其他网络用户之间的通信。NSS 可分为如下几个功能单元。

(1) 移动业务交换中心(Mobile Switching Center，MSC)。MSC 是网络的核心，它完成最基本的交换功能，即实现移动用户与其他网络用户之间的通信连接。为此，它提供面向系统其他功能实体的接口、到其他网络的接口以及与其他 MSC 互连的接口。

MSC 从归属位置寄存器、访问位置寄存器和鉴权中心这三种数据库中取得处理用户呼叫请求所需的全部数据，同时这三个数据库也会根据 MSC 最新信息进行自我更新。MSC 为用户提供承载业务、基本业务与补充业务等一系列服务。作为网络的核心，MSC 还支持位置登记、越区切换和自动漫游等移动性能及其他网络功能。

(2) 访问位置寄存器(Visited Location Register，VLR)。VLR 存储进入其覆盖区的所有用户的全部有关信息，为已经登记的移动用户提供建立呼叫接续的必要条件。VLR 是一个动态数据库，需要随时与有关的 HLR 进行大量的数据交换以保证数据的有效性。当用户离开其覆盖区时，用户的有关信息将被删除。

VLR 在物理实体上总是与 MSC 一体，这样可以尽量避免由于 MSC 与 VLR 之间频繁联系所带来的接续时延。

(3) 归属位置寄存器(Home Location Register，HLR)。HLR 是系统的中央数据库，存放与用户有关的所有信息，包括用户漫游权限、基本业务、补充业务及当前位置信息等，从而为 MSC 提供建立呼叫所需的路由信息等相关数据。一个 HLR 可以覆盖几个移动交换区域甚至整个移动网。

(4) 鉴权中心(AUthentication Center，AUC)。AUC 存储用户的加密信息，用以保护用户在系统中的合法地位不受侵犯。由于空中接口的开放性，经由空中接口传送的信息极易受到侵犯，因此 GSM 采用了严格的保密措施如用户鉴权、信息加密等。这些鉴权信息和加密密钥等均存放在 AUC 中，因此，AUC 是一个受到严格保护的数据库。在物理实体上，AUC 与 HLR 共存。

(5) 设备识别寄存器(Equipment Identify Register，EIR)。EIR 存放移动台 IMEI 有关的信息，完成对移动设备的识别、监视、闭锁等功能，防止未经许可的移动台设备使用移动网。EIR 中存有三种名单：白名单用于存贮已分配给可参与运营的 GSM 各国的所有设备识别标识 IMEI；黑名单用于存贮所有应被禁用的设备识别标识 IMEI；灰名单用于存贮有故障的以及未经型号认证的设备识别标识 IMEI。

4) 操作维护子系统

操作维护子系统是操作人员与系统设备之间的中介，它实现了系统的集中操作与维护，完成包括移动用户管理、移动设备管理及网络操作维护等功能。操作维护子系统包括两部分：操作维护中心(Operations and Maintenance Center，OMC)和网络管理中心

(Network Management Center，NMC)。操作维护中心(OMC)专门用于操作维护的设备。GSM系统的每个组成部分都可以通过特有的网络连接至OMC,从而实现集中维护。OMC由两个功能单元构成。OMC－S(操作维护中心—交换部分)用于MSC、HLR、VLR等交换子系统各功能单元的维护与操作。OMC－R(操作维护中心—无线部分)用于实现BSS系统的操作与维护,它一般是通过SUN工作站在BSS上的应用来实现。OMC也可以作为进入更高一层管理网络的关口设备。

网络管理中心总揽整体网络(NMC),它从整体上管理网络。NMC处于体系结构的最高层,它提供全局性网络管理。

2. 接口和接口协议

接口是指通信系统不同模块或设备之间进行信息交换的部分。接口两侧的模块或设备必须使用同一协议。而协议是为不同模块或设备之间进行信息交换的需要,而制定的一系列有关信息格式的规范。不同模块或设备必须使用同一协议才能实现信息的正常交换。在通信系统中广泛使用各种协议。

GSM系统各功能实体之间的接口定义明确,如图7－2所示。同样,GSM规范对各接口所使用的分层协议也做了详细的定义,协议是各功能实体之间共同的"语言"。通过各个接口互相传递有关的消息,为完成GSM系统的全部通信和管理功能建立起有效的信息传送通道。不同的接口可能采用不同形式的物理链路,完成各自特定的功能,传递各自特定的消息,这些都由相应的信令协议来实现。GSM系统各接口采用的分层协议结构是符合开放系统互连(OSI)参考模型的。分层的目的是允许隔离各组信令协议功能,按连续的独立层描述协议,每层协议在明确的服务接入点对上层协议提供它自己特定的通信服务。

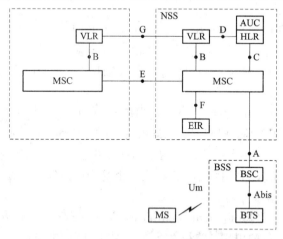

图7－2 GSM系统接口名称

图7－3给出了GSM系统主要接口所采用的协议分层示意图。

信号层1(也称物理层):这是无线接口的最低层、提供传送比特流所需的物理链路(例如无线链路)、为高层提供各种不同功能的逻辑信道,包括业务信道和逻辑信道,每个逻辑信道有它自己的服务接入点。

信号层2:该层主要目的是在移动台和基站之间建立可靠的专用数据链路,L_2协议基于ISDN的D信道链路接入协议(LAP－D),但加入了一些移动应用方面的GSM特有的

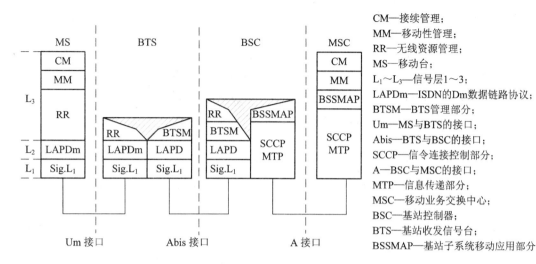

图 7-3 GSM 系统主要接口的协议分层示意图

协议,我们称之为 LAPDm 协议。

信号层 3:这是实际负责控制和管理的协议层,把用户和系统控制过程中的特定信息按一定的协议分组安排在指定的逻辑信道上。L_3 包括三个基本子层:无线资源管理(RR)、移动性管理(MM)和接续管理(CM)。其中一个接续管理子层中含有多个呼叫控制(CC)单元,提供并行呼叫处理。为支持补充业务和短消息业务,在 CM 子层中还包括补充业务管理(SS)单元和短消息业务管理(SMS)单元。

7.1.3 GSM 无线接口理论

1. GSM 系统工作频段

GSM 作为公用陆地移动通信网,其无线传输部分必然要占用频率资源,根据 GSM 规范及国际上各国频率使用情况来看,GSM 系统主要工作频段为 900 MHz 和 1800 MHz。

(1) GSM900 工作的无线频率分配为:

GSM900:890~915 MHz   上行频段
            935~960 MHz   下行频段

双工间隔为 45 MHz,工作带宽为 25 MHz,载频间隔 200 kHz。

绝对频点号和频道标称中心频率的关系为:

$$f_u(n) = 890 + 0.2n \quad \text{(MHz)} \quad \text{上行频段}$$
$$f_d(n) = f_u(n) + 45 \quad \text{(MHz)} \quad \text{下行频段}$$

其中 $f_u(n)$ 为上行信道频率,$f_d(n)$ 为下行信道频率,$n=1\sim124$ 为绝对频点号(ARFCN)。GSM900 频段共有 124 个载波频道。

(2) 由于 900 MHz 频带资源有限,可容纳的用户数也受限,所以 GSM 系统又发展到 1800 MHz 频段,称为 DCS1800 系统。DCS1800 工作的无线频率分配为:

DCS1800:1710-1785 MHz   上行频段
              1805-1880 MHz   下行频段

双工间隔为 95 MHz,工作带宽为 75 MHz,载频间隔为 200 kHz。

绝对频点号和频道标称中心频率的关系为：

$f_u(n) = 1710.2 \text{ MHz} + (n-512) \times 0.2$ （MHz） 上行频段

$f_d(n) = f_u(n) + 95 \text{ MHz}$ （MHz） 下行频段

$n = 512 \sim 885$，频道 DCS1800 频段共有 374 个载波频道。

（3）我国 GSM 网络的工作频段。我国陆地公用蜂窝数字移动通信网 GSM 通信系统采用 GSM900 和 DCS1800。起初我国 GSM900 使用的频率范围为：

905～915 MHz 上行频段

950～960 MHz 下行频段

工作带宽为 10 MHz，在我国这 10 MHz 带宽分别由中国移动公司和中国联通公司两家 GSM 运营商使用。中国移动占用前 4 MHz 带宽；中国联通占用后 6 MHz 带宽。另外，由于早期中国移动拥有模拟 A 和 B 网的频段，随着 GSM 网络的发展，各地移动分公司都不同程度地挪用部分模拟网的频段用作 GSM900 网络，当国家将模拟网关闭后，模拟网的频段都归中国移动。

同时 DCS1800 系统占用频段情况为：中国移动占用 1710～1720 MHz(上行)，1805～1815 MHz(下行)。国家只分配了 10 MHz，部分地方使用了 15 MHz(即 1710～1725 MHz/1805～1820 MHz)。中国联通占用 1745～1755 MHz(上行)，1840～1850 MHz(下行)。

2. GSM 多址方式

GSM 系统采用时分多址 TDMA 和频分多址 FDMA 相结合的多址方式。以 GSM900 系统为例，将工作带宽 25 MHz 以 200 kHz 为间隔划分为 124 个载波频道，实现 FDMA。每个 200 kHz 的载频上再按时间分为 8 个时隙(TS：Time Slot)，时隙长度为 0.577 ms，实现 TDMA。一个载频上连续 8 个时隙组成一个 TDMA 帧，TDMA 帧长度为 4.615 ms。每个时隙或时频隙称为一个物理信道。即 GSM 一个载频上可提供 8 个物理信道，承载 8 个用户。如图 7-4 所示。

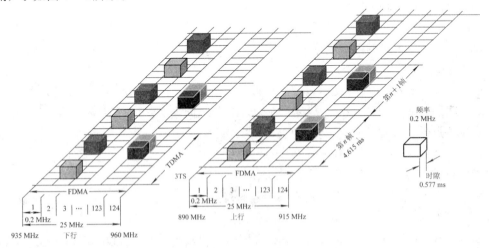

图 7-4 GSM 系统多址方式示意图

3. GSM 帧结构

在 GSM 中，每一个载频被定义为一个 TDMA 帧，相当于 FDMA 系统中的一个频道。每帧包括 8 个时隙($TS_0 \sim TS_7$)并要有一个帧号，这是因为在计算加密序列的 A_5 算法中是以 TDMA 帧号为一个输入参数。当有了 TDMA 帧号后，移动台就可以判断控制信道 TS_0 上传送的为哪一类逻辑信道了。

TDMA 的帧号是以 3 小时 28 分钟 53 秒 760 毫秒（2 715 648 个 TDMA 帧）为周期循环编号的。每 2 715 648 个 TDMA 帧为一个超高帧；每一个超高帧又由 2048 个超帧组成，一个超帧的持续时间为 6.12 s；而每个超帧又是由 51 个 26 复帧或 26 个 51 复帧组成。这两种复帧是为满足不同速率的信息传输而设定的，区别是：

(1) 26 帧的复帧：包含 26 个 TDMA 帧，时间间隔为 120 ms，它主要用于 TCH（SACCH/T）和 FACCH 等业务信道。

(2) 51 帧的复帧：包含 51 个 TDMA 帧，时间间隔为 235 ms，它主要用于 BCCH、CCCH、SDCCH 等控制信道。

TDMA 帧结构如图 7-5 所示。

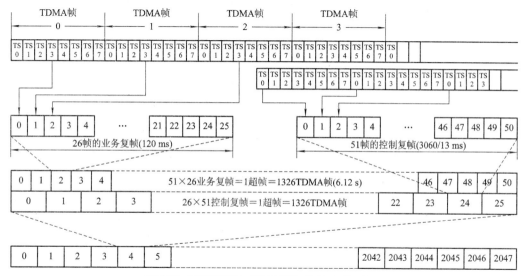

图 7-5 GSM 系统帧及时隙格式

4. GSM 信道

1) 物理信道和逻辑信道

物理信道是支持信息传输的媒质，在 GSM 系统中它是由相应的载频及时隙所决定。前面已经提到 GSM 中单个载频可以支持 8 个移动用户同时通话。它是这样分配的：载频使用的时间被分成了多个时间段，每个时间段称为一个"时隙"，时隙按顺序排列，并编号为 0 到 7。每 8 个这样的时隙序列称为一个"TDMA 帧"。

每个载频在时间上周期出现的同一时隙就构成了一个物理信道，提供给每个移动台传输语音、信令或数据信息，直到传输结束或切换发生。与移动台之间收发信号的定时对于系统正常工作非常关键。移动台和基站都必须在适当的时间发射和接收信号，否则就会错过它应该所在的时隙。

根据物理信道上传输的信息内容的不同，可将物理信道区分为不同的逻辑信道，即逻辑信道是将物理信道按功能来划分。另外，一个时隙中的消息格式被称为突发脉冲

(Burst)。因此,在 GSM 系统中,将时隙或时频隙称为物理信道,根据物理信道中传输的信息的不同,可将物理信道区分出不同的逻辑信道,而信息是以突发脉冲的形式在物理信道上传送。

2) 逻辑信道的分类

逻辑信道又分为两大类,业务信道和控制信道。业务信道(TCH)用于传送编码后的语音或客户数据,在上行和下行信道上,点对点(BTS 对一个 MS,或反之)方式传播;控制信道用于传送信令或同步数据。根据所完成的功能这两类信道又可以进一步划分,如图 7-6 所示。

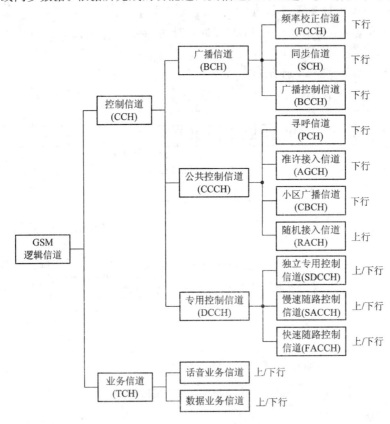

图 7-6　GSM 逻辑信道分类

(1) 业务信道(TCH)可分为语音业务信道和数据业务信道。

语音业务信道分为全速率语音业务信道(TCH/FS)和半速率语音业务信道(TCH/HS),两者的总速率分别为 13 kb/s 和 5.6 kb/s。

数据业务信道在全速率或半速率信道上,通过不同的速率适配、信道编码和交织,支撑着直至 9.6 kb/s 的透明和非透明数据业务。用于不同用户数据速率的业务信道具体包括:9.6 kb/s 全速率数据业务信道(TCH/F9.6);4.8 kb/s 全速率数据业务信道(TCH/F4.8);4.8 kb/s 半速率数据业务信道(TCH/H4.8);小于等于 2.4 kb/s 全速率数据业务信道(TCH/F2.4)和小于等于 2.4 kb/s 半速率数据业务信道(TCH/H2.4)。

(2) 控制信道可分为广播信道、公共控制信道和专用控制信道。

广播信道(BCH)仅用在下行链路上,由 BTS 至 MS。它们用在每个小区的 TS_0 上作为标频,在一些特殊的情况下,也可用在 TS_2、TS_4 或 TS_6 上。这些信道包括 FCCH、SCH

和 BCCH。

频率校正信道(FCCH)：FCCH 信道携带用于校正 MS 频率的消息，它的作用是使 MS 可以定位并解调出同一小区的其他信息。

同步信道(SCH)：在 FCCH 解码后，MS 接着要解出 SCH 信道消息，解码所得的信息给出了 MS 需要同步的所有消息及该小区的 TDMA 帧号(22 bit)和基站识别码 BSIC(6 bit)。

广播控制信道(BCCH)：MS 在空闲模式下为了有效的工作需要大量的网络信息，而这些信息都将在 BCCH 信道上来广播。信息包括小区的所有频点、邻小区的 BCCH 频点、LAI(LAC+MNC+MCC)、CCCH 和 CBCH 信道的管理、控制和选择参数及小区的一些选项。所有这些消息被称为系统消息(SI)在 BCCH 信道上广播，在 BCCH 上系统消息有八种类型，分别为：系统消息类型 1、系统消息类型 2、系统消息类型 2 bis、系统消息类型 2ter、系统消息类型 3、系统消息类型 4、系统消息类型 7、系统消息类型 8。

公共控制信道包括 PCH、AGCH、CBCH 和 RACH，这些信道不是供一个 MS 专用的，而是面向这个小区内所有的移动台的。在下行方向上，由 PCH、AGCH 和 CBCH 来广播寻呼请求、专用信道的指配和短消息。在上行方向上由 RACH 信道来传送专用信道的请求消息。

① 寻呼信道(PCH)。当网络想与某一 MS 建立通信时，它就会根据 MS 所登记的 LAC 号向所有具有该 LAC 号的小区进行寻呼，寻呼 MS 的标示为 TMSI 或 IMSI，属下行信道，点对多点传播方式。

② 准许接入信道(AGCH)。当网络收到处于空闲模式下的 MS 发出的信道请求后，就根据该请求需要分配一专用信道，AGCH 通过根据该指配的描述(所分信道的描述和接入的参数)向所有的移动台进行广播，属下行信道，点对点传播。

③ 小区广播控制信道(CBCH)。它用于广播短消息和该小区一些公共的消息(如天气和交通情况)，它通常占用 SDCCH/8 的第三个子信道，属于下行信道，点对多点传播。

④ 随机接入信道(RACH)。当 MS 想与网络建立连接时，它会通过 RACH 信道来发起接入请求，在 PHASE1 标准中，请求消息包括 3 个比特的建立的原因(如呼叫请求、响应寻呼、位置更新请求及短消息请求等等)和 5 个比特的用来区别不同 MS 请求的参考随机数，属上行信道，点对点传播方式。

专用控制信道包括 SDCCH、SACCH、FACCH，这些信道被用于某一个具体的 MS 上。

① 独立专用控制信道(SDCCH)。SDCCH 是一种双向的专用信道，它主要用于传送建立连接的信令消息、位置更新消息、短消息、用户鉴权消息、加密命令及应答和各种附加业务。

② 慢速随路控制信道(SACCH)。SACCH 是一种伴随着 TCH 和 SDCCH 的专用信令信道。在上行链路上它主要传递无线测量报告和第一层报头消息(包括 TA 值和功率控制级别)；在下行链路上它主要传递系统消息 type5、5bis、5ter、6 及第一层报头消息。这些消息主要包括通信质量、LAI 号、CELLID、邻小区的 BCCH 频点信号强度、NCC 的限制、小区选项、TA 值、功率控制级别等。

③ 快速随路控制信道(FACCH)。FACCH 信道与业务信道 TCH 相关。FACCH 在语

音传输过程中如果突然需要以比慢速随路控制信道 SACCH 所能处理的高的多的速度传送信令消息,则需借用 20 ms 的语音突发脉冲来传送信令,这种情况被称为偷帧,如在系统执行越区切换时。由于语音译码器会重复最后 20 ms 的语音,所以这种中断不会被用户察觉的。

5. GSM 突发脉冲

TDMA 信道上的一个时隙中的消息格式被称为突发脉冲,也就是说每个突发脉冲被发送在 TDMA 帧的其中一个时隙上。因为在特定突发脉冲上发送的信息内容不同,也就决定了它们格式的不同。GSM 系统中定义了 5 种突发脉冲。

(1) 常规突发脉冲（Normal Burst,NB),用于携带 TCH、FACCH、SACCH、SDCCH、BCCH、PCH 和 AGCH 信道的消息,其格式如图 7-7 所示。

尾比特	数据		训练序列		数据	尾比特	保护间隔
3 bit	57个加密比特	1	26 bit	1	57个加密比特	3 bit	8.25 bit
			156.25 bit(0.577 ms)				

图 7-7 常规突发脉冲格式

其中：有 2 个 58 比特的分组用于消息字段,具体的说有两个 57 比特用于消息字段来发送用户数据或语音,再加上 2 个偷帧标志位,它用于表述所传的是业务消息还是信令消息,如用来区分 TCH 和 FACCH。当 TCH 信道需用做 FACCH 信道来传送信令时,它所使用的 8 个半突发脉冲相应的偷帧标志须置 1,在 TCH 以外的信道上没有什么用处但可被认为是训练序列的扩展,总是置为 1 的。两个 3 比特的尾位,它总是 0,帮助均衡器来判断起始位和终止位以避免失步。8.25 比特的保护间隔是一个空白空间,由于每个载频最多同时承载 8 个用户,因此必须保证各自的时隙发射时不相互重叠,尽管使用了后面会讲到的定时提前技术,但来自不同移动台的突发脉冲仍会有小的滑动,因而就采用了保护间隔。26 比特的训练序列是一串已知序列,用于供均衡器产生信道模型(一种消除色散的方法)。训练序列是发送端和接收端所共知的序列,它可以用来确认同一突发脉冲其他比特的确定位置,它对于当接收端收到该序列时来近似地估算发送信道的干扰情况能起到很重要的作用。在常规突发脉冲中有 8 种训练序列,如表 7-1 所示,它们分别和不同的基站色码(BCC,3 个比特)相对应,目的是用来区分使用同一频点的两个小区。

表 7-1 8 种训练序列

序数	十进制	八进制	十六进制	二进制
1	9898135	45604227	970897	00100101110000100010010111
2	12023991	55674267	B778B7	00101101110111100010110111
3	17754382	103564416	10EE90E	01000011101110100100001110
4	18796830	107550436	11ED11E	01000111011010001000011110
5	7049323	32710153	6B906B	00110101110010000001101011
6	20627770	116540472	13AC13A	01001110101100000100111010
7	43999903	247661237	29F629F	10100111110110010010011111
8	62671804	357045674	3BC4BBC	11101111000100101110111100

(2) 接入突发脉冲(Access Burst，AB)，用于携带 RACH 信道的消息，其格式如图 7-8 所示。

尾比特	训练序列	数据	尾比特	保护间隔
8 bit	41个同步比特	36个加密比特	3 bit	68.25 bit
156.25 bit(0.577 ms)				

图 7-8 接入突发脉冲格式

接入突发脉冲是基站在上行方向上解调所需的第一个突发脉冲。它包括 41 bit 的训练序列、36 bit 的信息位，它的保护间隔是 68.25 比特。对于接入突发脉冲只规定了一种固定的训练序列，由于干扰的可能性很小，因此不值得增加多种训练序列使网络更加复杂。它的训练序列和保护间隔都要比常规脉冲长，这是为了适应移动台首次接入基站(或切换到另一个 BTS)后不知道时间提前量而设定的。

(3) 频率校正突发脉冲(Frequency correction Burst，FB)，用于携带 FCCH 信道的消息，其格式如图 7-9 所示。

尾比特	数据	尾比特	保护间隔
3 bit	142个固定比特	3 bit	8.25 bit
156.25 bit(0.577 ms)			

图 7-9 频率校正突发脉冲格式

频率校正突发脉冲的序列有 142 固定比特用于频率同步，它的结构十分简单，固定比特全部为 0。当使用调制技术后，其结果是一个纯正弦波。它应用在 FCCH 信道上来帮助移动台找到并且解调出同一小区内的同步突发脉冲。MS 通过该突发脉冲知道该小区的频率后，才能在此标频上读出在同一物理信道上的随后的突发脉冲的信息(如 SCH 及 BCCH)。保护间隔和尾比特同常规突发脉冲。

(4) 同步突发脉冲(Synchronization Burst，SB)，用于携带 SCH 信道的消息，其格式如图 7-10 所示。

尾比特	数据		数据	尾比特	保护间隔
3 bit	39个加密比特	64个同步序列比特	39个加密比特	3 bit	8.25 bit
156.25 bit(0.577 ms)					

图 7-10 同步突发脉冲格式

同步突发脉冲的训练序列为 64 比特，2 个 39 比特的信息字段，它用于 SCH 信道，属下行方向。因为它是第一个需被移动台解调的突发脉冲，因而它的训练序列较长，较容易被检测到。它的突发脉冲只有一种，而且只能有一种，因为如果定义了几种序列，移动台无法知道基站使用的是哪个序列。该突发脉冲的信息位中有 19 比特描述 TDMA 的帧号(用于 MS 与网络的同步和加密过程)，有 6 比特来描述基站识别号 BSIC(NCC+BCC)，经过信道卷积后就得到了 2 个 39 比特。它的保护间隔和尾比特同常规突发脉冲。

(5) 空闲突发脉冲(Dummy Burst，DB)，此突发脉冲在某些情况下由 BTS 发出，不携带任何信息，它的格式与常规突发脉冲相同，如图 7-11 所示。其中加密比特改为具有一定比特模型的混合比特。

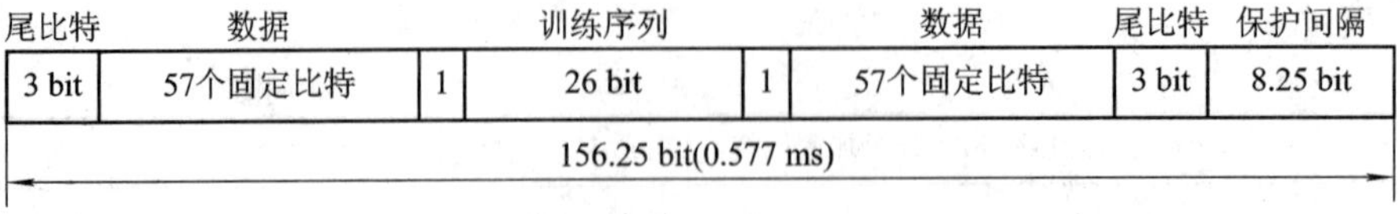

尾比特	数据		训练序列		数据	尾比特	保护间隔
3 bit	57个固定比特	1	26 bit	1	57个固定比特	3 bit	8.25 bit

156.25 bit(0.577 ms)

图 7-11 空闲突发脉冲格式

6. 信道组合方式

前面已经介绍了帧结构,时隙是构成帧结构的基本单位,GSM 系统中,时隙也被称为物理信道,将物理信道按功能划分便形成了各种逻辑信道。那么,逻辑信道和帧结构之间有什么关系?或者说逻辑信道如何映射到帧结构上去的?这便是信道组合方式要解决的。当某个小区超过一个载频时,则该小区主载频 C_0 上的时隙 TS_0 就映射广播和公共控制信道,可使用 MAIN BCCH 的组合。而当某个小区仅使用一个载频时,则该载频上的 TS_0 既映射广播和公共控制信道又映射专用控制信道,可采用 MAIN BCCH COMBINED 的信道组合。这里我们仅介绍 MAIN BCCH 的组合方式。

1) 控制信道的映射

从帧的分级结构知道,51 个 TDMA 帧构成控制复帧,对于下行链路,小区中主载频 C_0 上的时隙 TS_0 用于映射广播和公共控制信道(FCCH、SCH、BCCH、CCCH),该时隙不间断地向该小区的所有用户发送同步信息、系统消息、寻呼消息和指配消息。即使没有寻呼和接入请求,BTS 也总在 C_0 上发射空闲突发脉冲。BCCH 和 CCCH 在 C_0 上的 TS_0 的映射如图 7-12 所示。

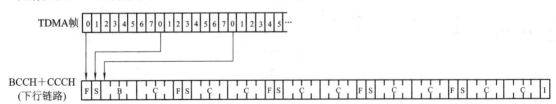

F(FCCH)—MS依此校正频率,它的突发脉冲为FB;
S(SCH)—MS依此读TDMA帧号和BSIC码,它的突发脉冲为SB;
B(BCCH)—MS依此读有关此小区的通用信息,它的突发脉冲为NB;
I(IDEL)—空闲帧,不包括任何消息,它的突发脉冲为DB;
C(CCCH)—MS依此接收寻呼和接入,它的突发脉冲为NB

图 7-12 BCH 和 CCCH(下行)在 TS_0 上的映射

对于上行链路而言,C_0 上的 TS_0 只用于移动台的接入,即 51 个 TDMA 帧均用于随机接入信道(RACH),其映射关系如图 7-13 所示。

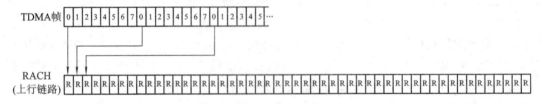

图 7-13 RACH(上行)在 TS_0 上的映射

下行链路 C_0 上的 TS_1 用于映射专用控制信道,它可使用 SDCCH 的信道组合形式。它是 102 个 TDMA 帧重复一次,如图 7-14 所示。

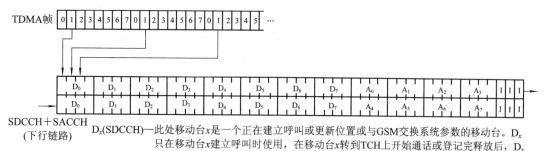

D_x(SDCCH)——此处移动台 x 是一个正在建立呼叫或更新位置或与 GSM 交换系统参数的移动台。D_x 只在移动台 x 建立呼叫时使用,在移动台 x 转到 TCH 上开始通话或登记完释放后,D_x 可用于其他 MS;

A_x(SACCH)——在传输建立阶段(也可以是切换时)必须交换控制信令,如功率调整等信息,移动台 x 的此类信令就是在该信道上传送。

图 7-14 SDCCH 和 SACCH(下行)在 TS_1 上的映射

由于是专用信道,所以上行链路 C_0 上的 TS_1 也具有同样的结构,这就意味着对一个移动台同时可双向连接,但在时间上会有一个偏移。如图 7-15 所示。

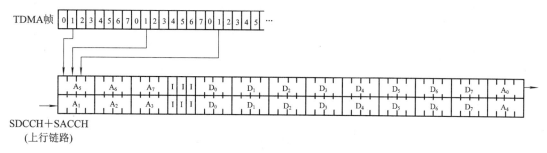

图 7-15 SDCCH 和 SACCH(上行)在 TS_1 上的映射

2) 业务信道的映射

小区中携带有 BCCH 的主载频的 TS_0 和 TS_1 按上述映射安排控制逻辑信道,TS_2 至 TS_7 以及其他载频的 TS_0 至 TS_7 均可安排业务信道。

除映射控制信道外的时隙均映射在业务信道 TCH 上。用于携带 TCH/F 的复帧是 26 复帧的,因此它有 26 个帧的 TS_n。第 26 个 TS_n 是空闲时隙,空闲时隙之后,序列从 0 开始。

上行链路的结构与下行的是一样的,一个接通的 GSM 移动信道业务信息在每一帧分配的 TS 中以突发脉冲的形式发送,唯一的不同是有一个时间偏移,这个时间偏移为 3 个时隙。

TCH 信道用于传送语音和数据,SACCH 信道用于传送随路控制信息,IDLE 信道不含任何信息。它有两个作用,一方面是针对全速率 TCH 信道,在呼叫接续的状态下为了预同步它的相邻小区,移动台可利用 IDLE 时隙所在的第 26 个空闲帧所提供的这一段时间的间隔,去读取其邻小区的基站识别码 BSIC;另一方面是针对半速率 TCH 信道,在此时该时隙用于传输另一个 TCH/H 业务信道的 SACCH。全速率 TCH 的 26 复帧如图 7-16 所示。

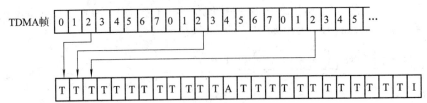

T(TCH)——编码语音或数据，用于通话，它的突发脉冲为NB；
A(SACCH)——控制信号。用于移动台接收命令改变输出功率、了解应监视哪些BTS的BCCH、向系统报告从周围BTS接收到的信号强度等，它的突发脉冲为NB；
I(IDEL)——空闲帧，不包括任何消息，主要用于配合测量，它的突发脉冲为DB。

图7-16 业务信道的的映射

携带TCH的复帧相对携带控制信道的复帧要加一个滑动，因为携带TCH的复帧是26个TDMA帧重复一次，而携带控制信道的复帧要51个TDMA帧重复一次，所以空闲帧在51复帧所有不同的控制信道上均有一个滑动。

7．移动台和基站的时间调整

移动台收发信号要求有3个时隙的间隔，如图7-17所示。从基站的角度上来看，上行链路的编排方式可由下行链路的编排方式延迟3个时隙获得。这3个时隙的延时对于整个GSM网络是个常数。3个时隙的偏移在GSM网络中主要有两个作用，一是由于移动台是利用同一个频率合成器来进行发射和接收的，因而在接收和发送信号之间应有一定的间隔；二是用于时间调整。

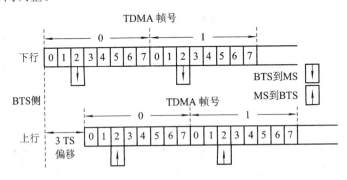

图7-17 上、下行3时隙偏移

在通信过程中，如果移动台在呼叫期间向远离基站的方向上移动，则从基站发出的信息将越来越迟地到达移动台。与此同时，移动台的应答信息也会越来越迟地到达基站。而另一方面，GSM系统在空中接口采用了TDMA技术，即要求移动台必须在指配给它的时隙内发送信息，而在其余时间又必须保持寂静，或者说要求移动台发出的信息必须在指定的时刻到达指定的时隙。针对这一矛盾，如果不采取措施，时延过长会导致这样一种情况：基站收到移动台在本时隙上发送的信息与基站在其下一个时隙收到的另一个呼叫信息重叠起来，而引起干扰。因此，在呼叫期间，移动台发送给基站的测量报告的报头上携带着移动台测量的时延值，而基站必须监视呼叫到达的时间，并在下行的SACCH的系统消息上以每两秒一次的频率向移动台发出指令，随着移动台离开基站的距离的变化，逐步指示移动台应提前一个时间量发送。即通过时间提前量(Timing Advance，TA)完成时间的调整。

例如，当手机处于空闲模式时，它可以接收和解调基站来的BCH信号。在BCH信号中有一个SCH的同步信号,可以用来调整手机内部的时序,当手机接收到一个SCH信号后,它并不知道它离基站有多远。如果手机和基站相距30 km的话,那么手机的时序将比基站慢100 μs。当手机发出它的第一个RACH信号时,就已经晚了100 μs,再经过100 μs的传播时延,到达基站时就有了200 μs的总时延,很可能和基站附近的相邻时隙的脉冲发生冲突。因此,在这个例子中,手机就需要提前200 μs发送信号。

时间提前量值可以由0至233 μs,该值会影响到小区的无线覆盖。GSM小区的无线覆盖半径最大可达到35 km,这个限制值是由于GSM的时间提前量编码是在0~63之间。在空中接口,信号速率为270 kb/s,则每比特时间为3.7微秒,基站最大覆盖半径为

$$3.7 \ \mu s/bit \times 63 \ bit \times (3 \times 10^8) m/s \div 2 \approx 35 \ km \tag{7.1}$$

其中,3.7 μs/bit为每个比特的时长;63 bit为时间调整的最大比特数;3×10^8 m/s为电磁波速率。

但在某些情况下,客观需要基站能覆盖更远的地方,比如在沿海地区,如需用来覆盖较大范围的一些海域或岛屿。这种覆盖在GSM中是能实现的,代价是须减少每载频所容纳的信道数,办法是仅使用TS为偶数的信道(因为TS_0必须用做BCCH),空出奇数的TS,来获得较大的保持时间。这被称为扩展小区技术,这一技术有专门的接收处理。这样定时提前的编码将会增大一个突发脉冲的时长。即基站的最大覆盖半径为

$$3.7 \ \mu s/bit \times (63 + 156.25) bit \times (3 \times 10^8) m/s \div 2 \approx 120 \ km \tag{7.2}$$

根据以上所述,1 bit对应的距离是554 m,距离在0~554 m时,TA=0;距离在554~1108 m时,TA=1,依此类推。

7.1.4 GSM 主要技术

为了学习GSM系统主要技术,我们不妨先了解一下GSM系统对语音传输的实现过程,如图7-18所示。

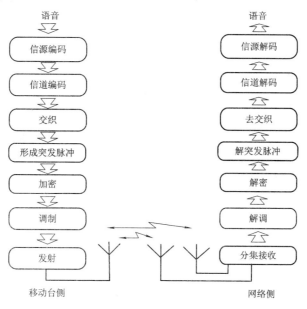

图7-18 语音传输的实现过程

1. 语音编码

语音编码的目的是在不增加误码的情况下，以较小的速率优化频谱占用，达到与固定电话尽量相接近的语音质量。GSM 系统中采用的语音编码方案为规则脉冲激励长期预测（RPE-LTP），编码器为每一个 20 ms 长的语音块提供 260 个比特，因此产生的比特速率为 13 kb/s。

2. 信道编码

信道编码的作用是进行差错控制，用于改善传输质量。GSM 系统中的信道编码方式包括：奇偶码、卷积码、纠错循环码（FIRE CODE）。其中奇偶码和卷积码用于 TCH、SCH、RACH 信道编码，FIRE 码和卷积码用于 BCCH、PCH、AGCH、SDCCH、FACCH、SACCH 信道编码。

以全速率 TCH 信道编码为例，首先将语音编码形成的 260 个比特流分成三类，分别为 50 个最重要的比特，132 个重要比特以及 78 个不重要的比特。然后对上述 50 个比特添加上 3 个奇偶校验比特（分组编码），这 53 个比特连同 132 个重要比特与 4 个尾比特一起被卷积编码，速率为 1∶2，因而得到 378 个比特，另外 78 个比特不予保护。于是最后将得到 456 比特。

3. 交织

交织是将一条消息的相继比特以非相继的方式发送，使突发差错信道变为离散信道。通过交织可将突发的、成串的差错变为独立的、随机的差错，再用信道编解码的纠错功能来纠正差错，恢复原来的消息。

在 GSM 系统中，在信道编码后进行交织，交织分为两次，第一次交织为块内交织，第二次交织为块间交织。

前面我们提到了，通过语音编码和信道编码将每一 20 ms 的语音块数字化并编码，最后形成了 456 比特。我们首先将它进行内部交织，将 456 比特按(0, 8, …, 448)、(1, 9, …, 449)、…、(7, 15, …, 455)的排列方法，分为 8 组，每组 57 个比特，通过这一手段，可使在一组内的消息相继较远。

但是如果将同一 20 ms 语音块的 2 组 57 比特插入到同一常规突发脉冲中，那么，该突发脉冲丢失则会使该 20 ms 的语音损失 25% 的比特，显然信道编码难以恢复这么多丢失的比特，因此必须在两个语音帧间再进行一次交织，即块间交织。

进行完内部交织后，将一语音块 B 的 456 比特分为八组，再将它的前四组（B0、B1、B2、B3）与上一个语音块的 A 的后四组（A4、A5、A6、A7）进行块间交织，最后由 (B0, A4)、(B1, A5)、(B2, A6)、(B3, A7) 形成了 4 个突发脉冲，为了打破相连比特的相邻关系，使块 A 的比特占用突发脉冲的偶数位置，块 B 的比特占用奇数位置，即 A4 占偶数位，B0 占奇数位，同理，将 B 的后四组同它的下一语音块 C 的前四组来进行块间交织。

这样，一个 20 ms 的语音帧经过二次交织后分别插入了 8 个不同的常规突发脉冲中。然后一个个地进行发送，这样即使在传输过程中丢掉了一个脉冲串，也只影响每一个语音比特数的 12.5%，而且它们不互相关联，这能就通过信道编码进行校正。语音信道交织如图 7-19 所示。

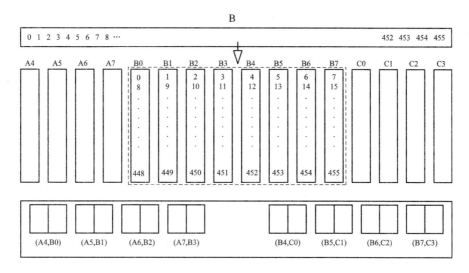

图 7-19 语音信道交织

4. 鉴权和加密

由于空中接口的开放性,经由空中接口传送的信息极易受到侵犯,因此 GSM 系统通过鉴权和加密措施保障网络的安全性。鉴权是为了防止未授权的非法用户接入网络,而加密是为了防止空中接口遭非法用户窃听。

1) 鉴权

鉴权的计算如图 7-20 所示。其中 RAND 是网络侧对用户的提问,只有合法的用户才能够给出正确的回答 SRES。

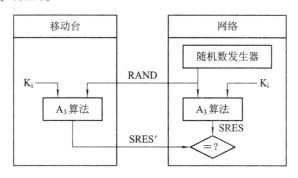

图 7-20 鉴权计算

RAND 是由网络侧 AUC 的随机数发生器产生的,长度为 128 比特,它的值随机地在 $0\sim2^{128}-1$(成千上万亿)范围内抽取。SRES 称为符号响应,通过用户唯一的密码参数(K_i)的计算获取,长度为 32 比特。K_i 以相当保密的方式存储于 SIM 卡和 AUC 中,用户也不了解自己的 K_i,K_i 可以是任意格式和长度的。A_3 算法为鉴权算法,由运营者决定,该算法是保密的。A_3 算法的唯一限制是输入参数的长度(RAND 是 128 比特)和输出参数尺寸(SRES 必须是 32 比特)。

2) 加密

加密和解密是对 114 个无线突发脉冲编码比特与 A_5 算法产生的 114 个加密序列比特

进行异或运算完成的。上行链路和下行链路上使用两个不同的序列：对每一个突发，一个序列用于移动台内的加密，并作为 BTS 中的解密序列；而另一个序列用于 BTS 的加密，并作为移动台的解密序列，如图 7-21 所示。图中帧号编码成一连串的三个值，总共加起来 22 比特。用户在通信过程中，突发脉冲的帧号在不断变化，因此每个突发脉冲会使用不同的加密序列。密钥 K_c 是在 GSM 鉴权期间通过 A_8 算法产生的，如图 7-22 所示。A_8 算法的两个输入是 RAND（与用于鉴权的相同）和 K_i。计算出的 K_c 将同时存贮于移动台侧的 SIM 卡内和网络侧的 MSC/VLR 中，以备加密开始时使用。

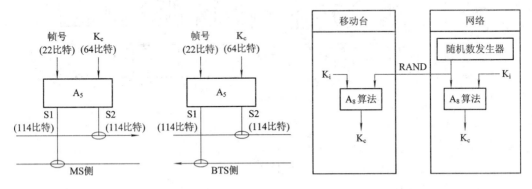

图 7-21　A_5 算法（加密和解密）　　　　图 7-22　A_8 算法（K_c 计算）

5. 调制

GSM 所使用的调制是 $BT=0.3$ 的 GMSK 技术，$BT=0.3$ 表示了高斯滤波器的 3 dB 带宽和比特周期的乘积。GMSK 是一种特殊的数字调频方式，它通过在载波频率上增加或者减少 67.708 kHz 来表示 0 或 1，利用两个不同的频率来表示 0 和 1 的调制方法称为 FSK。在 GSM 中，数据的比特率为 270.833 kb/s，正好是频偏的 4 倍，这可以减小频谱的扩散，增加信道容量，比特率为频偏 4 倍的 FSK，称为 MSK（最小频移键控）。通过高斯预调制滤波器，可以进一步压缩调制频谱。高斯滤波器降低了频率变化的速度，防止信号能量扩散到邻近信道频谱。

6. 跳频技术

跳频是将原信号随机地用不同载波传输发送。跳频所使用的频率往往跨越很宽的带宽，所以跳频也是一种扩频系统。跳频可起到频率分集和干扰源分集的作用。跳频可分为快跳频和慢跳频，两者之间的区别在于频率跳变速率是否大于信息传输速率，对于慢跳频，每跳可连续传输若干个信息比特。GSM 系统中每个帧的相应时隙跳变一次，即跳频速率为 217 跳/秒，而空中接口上信息速率约为 270 kb/s，属于慢跳频。

7.2　CDMA 技术的基础

7.2.1　扩频通信的基本概念

移动通信中第二代的 IS-95 CDMA 与第三代中 cdma2000 与 WCDMA 均采用 CDMA 技术，而 CDMA 是通过扩频通信实现的，扩频通信是 CDMA 技术的理论基础。

1. 扩频通信的定义

扩频通信即扩展频谱(Spread Spectrum, SS)通信,是将基带信号(即信息)的频谱扩展至很宽的频带上,然后再进行传输的一种通信方式。它与传统的窄带通信系统不同,其主要特征是扩频前信源的码元带宽(或速率)远远小于扩频后进入信道的扩频信号中码片(chip)的带宽(或速率)。扩频通信采用宽带传输可获得众多优势。

2. 扩频通信的特点

1) 抗干扰能力强

在扩频通信技术中,在发送端信号被扩展到很宽的频带上发送,在接收端扩频信号带宽被压缩,恢复成窄带信号。干扰信号与扩频伪随机码不相关,被扩展到很宽的频带上后,进入与有用信号同频带内的干扰功率大大降低,从而增加了输出信干比(SIR),因此具有很强的抗干扰能力。抗干扰能力与频带的扩展倍数成正比,频谱扩展得越宽,抗干扰的能力越强。

2) 安全保密性好

扩频发送端对要传输的信息进行了频谱扩展,其频谱分量的能量被扩散,使信号功率密度降低,近似于噪声。扩频系统可在信噪比低于$-15\sim-20$ dB的情况下进行通信,从而使信号具有低幅度,隐蔽性好的优点。

此外,扩频通信电台地址码采用伪随机序列编码,可以进行数字加密,在接收端如果不掌握发送端信号随机序列码的规律,是接收不到信号的,而收到的只是一片噪声,即便是知道了地址码,解出了加密的发射信息信号,如果不了解密钥,不采取相应的解密措施,仍然也解不出信息,具有很好的安全性。

3) 可实现多址通信

把扩频技术与正交编码方式结合起来,可以构成码分多址通信,为了区分不同的用户,使用不同的正交地址码,在同一载频、同一时间内,容许多部电台同时工作。这样,虽然扩频系统占有很宽的带宽,但它的频谱利用率却很高,甚至比单路单载波系统的频谱利用率还高。这种多址方式组网灵活、入网迅速,适合于机动灵活的战术通信和移动通信。

4) 抗衰落

由于扩频信号的频带很宽,当遇到衰落,如频率选择性衰落,它只影响到扩频信号的一小部分,因而对整个信号的频谱影响不大。

5) 抗多径

多径问题是通信中,特别是移动通信中必须面对的,但又难以解决的问题,而扩频技术本身具有很强的抗多径的能力,只要满足一定的条件(由于直扩系统要用伪随机码的相关接收,只要多径时延大于一个伪随机码片宽度,这种多径不会对直扩系统形成干扰),就可达到抗干扰甚至可以利用多径能量来提高系统性能的目的。而这个条件在一般的扩频系统中是很容易满足的。

3. 扩频系统的理论基础

扩频通信的基本思想和理论依据是香农(Shannon)公式,即

$$C = B \times \text{lb}\left(1 + \frac{S}{N}\right) \tag{7.3}$$

式中,C为信道容量,单位 b/s;B为信号频带宽度,单位 Hz;S为信号平均功率,单位

W；N 为噪声平均功率，单位 W。

这个公式指出：如果信道容量 C 不变，则信号带宽 B 和信噪比 S/N 是可以互换的。只要增加信号带宽，就可以在较低的信噪比的情况下，以相同的信息速率来可靠地传输信息。甚至在信号被噪声淹没的情况下，只要相应地增加信号带宽，仍然能保持可靠的通信。也就是说，可以用扩频方法以宽带传输信息来换取信噪比上的好处。

4. 扩频通信的主要性能指标

处理增益和抗干扰容限是扩频通信系统的两个重要性能指标。

1）处理增益

处理增益是衡量扩频系统性能的一个重要参数，其定义为接收机相关处理器的输出信噪比与输入信噪比的比值，即

$$G_P = \frac{(S/N)_{out}}{(S/N)_{in}} \tag{7.4}$$

处理增益表示经过扩频接收机处理后，使信号增强的同时抑制落入接收机的干扰信号的能力的大小。处理增益 G_P 越大，则系统的抗干扰能力越强。理论分析表明，各种扩频系统的抗干扰能力大体上都与扩频信号带宽 B 和信息带宽 B_m 之比成正比，工程上常以分贝（dB）表示，即

$$G_P = 10\lg \frac{B}{B_m} \tag{7.5}$$

仅仅知道了扩频通信系统的处理增益，还不能充分说明系统在干扰环境下的工作性能。因为系统的正常工作还需要在扣除系统其他一些损耗之后，保证输出端有一定的信噪比，因此引入抗干扰容限。

2）抗干扰容限

抗干扰容限是指在保证系统正常工作的条件下，接收机能够承受的干扰信号比有用信号高出的分贝数，其定义为

$$M_j = G_P - \left[L_s + \left(\frac{S}{N} \right)_{out} \right] \tag{7.6}$$

式中，L_s 为系统内部损耗（包括射频滤波器的损耗、相关处理器的混频损耗、放大器的信噪比损耗等）；$(S/N)_{out}$ 为系统正常工作时要求的最小输出信噪比，即相关器的输出信噪比或解调器的输入信噪比；G_P 为系统的处理增益。干扰容限直接反映了扩频系统接收机可能抵抗的极限干扰强度，即只有当干扰机的干扰功率超过干扰容限后，才能对扩频系统形成干扰。

5. 扩频系统的分类

扩频系统主要包括以下四类：

（1）直接序列系统（Direct Sequence）（简称 DS）：用高速伪随机序列与信息数据相乘（或模 2 加），由于伪随机序列的带宽远远大于信息数据的带宽，从而扩展了发射信号的频谱。

（2）跳频系统（Frequency Hopping）（简称 FH）：在一伪随机序列的控制下，发射频率在一组预先指定的频率上按照所规定的顺序离散地跳变，扩展了发射信号的频谱。

（3）跳时扩频系统（Time Hopping）（简称 TH）：这种系统与跳频系统类似，区别在于一个控制频率，一个控制时间。即跳时系统是用一伪随机序列控制发射时间和发射时间的长短。

（4）线性调频（Chirp Modulation）：系统的载频在一给定的脉冲间隔内线性地扫过一

个宽的频带，扩展发射信号的频谱。

此外，还有这些扩频方式的组合方式，如 FH/DS、TH/DS、FH/TH 等。在民用上，应用最广泛的是直接序列扩频和跳频两种。CDMA 系统便采用直接序列扩频方式。

7.2.2 直接序列扩频基本原理

1. 直扩系统的组成

直接序列扩频系统是将要发送的信息用伪随机(Pseudo-Noise, PN)序列扩展到一个很宽的频带上去，在接收端，用与发送端相同的伪随机序列对接收到的扩频信号进行相关处理，恢复出原来的信息。干扰信号由于与伪随机序列不相关，在接收端被扩展，使落入信号频带内的干扰信号功率大大降低，从而提高了系统的输出信噪(干)比，达到抗干扰的目的。其组成原理如图 7-23 所示。

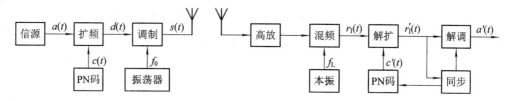

图 7-23 直扩系统的组成原理图

由信源输出的信号 $a(t)$ 是码元持续时间为 T_a 的数据流，伪随机码产生器产生的伪随机码为 $c(t)$，每一伪随机码码元宽度或 chip 宽度为 T_c。将信码 $a(t)$ 与伪随机码为 $c(t)$ 进行模 2 加，产生一速率与伪随机码速率相同的扩频序列，然后再用扩频序列去调制载波，这样就得到已扩频调制的射频信号。

在接收端，接收到的扩频信号经高放和混频后，用与发端同步的伪随机序列对中频的扩频调制信号进行相关解扩，将信号的频带恢复为信息序列 $a(t)$ 的频带，即为中频调制信号。然后再进行解调，恢复出所传输的信息 $a(t)$，从而完成信息的传输。对于干扰信号和噪声而言，由于与伪随机序列不相关，在相关解扩器的作用下，相当于进行了一次扩频。干扰信号和噪声频谱被扩展后，其频谱密度降低，这样就大大降低了进入信号通频带内的干扰功率，使解调器的输入信噪比和信干比提高，从而提高了系统的抗干扰能力。

2. 直扩系统的信号分析

信号源产生的信号 $a(t)$ 为信息流，码元速率 R_a，码元宽度 $T_a(T_a=1/R_a)$，则 $a(t)$ 为

$$a(t) = \sum_{n=0}^{\infty} a_n g_a(t - nT_a) \tag{7.7}$$

式中：a_n 为信息码，以概率 P 取 $+1$ 和以概率 $1-P$ 取 -1，即

$$a_n = \begin{cases} +1, & \text{以概率 } P \\ -1, & \text{以概率 } 1-P \end{cases} \tag{7.8}$$

$g_a(t)$ 为门函数，定义为

$$g_a(t) = \begin{cases} 1, & 0 \leqslant t \leqslant T_a \\ 0, & \text{其他} \end{cases} \tag{7.9}$$

伪随机序列产生器产生的伪随机序列 $c(t)$，速率为 R_c，码片(chip)宽度 $T_c(T_c=1/R_c)$，

则 $c(t)$ 为

$$c(t) = \sum_{n=0}^{N-1} c_n g_c(t - nT_c) \quad (7.10)$$

式中：c_n 为伪随机码码片取 $+1$ 或 -1；$g_c(t)$ 为门函数，定义与式(7.9)类似。

扩频过程实质上是信息流 $a(t)$ 与伪随机序列 $c(t)$ 的模 2 加或相乘的过程。伪随机码片速率 R_c 比信息码元速率 R_a 大得多，一般 R_c/R_a 的比值为整数，且 $R_c/R_a \gg 1$，所以扩展后的序列的速率仍为伪随机码片速率 R_c。扩展的序列 $d(t)$ 为

$$d(t) = a(t) \cdot c(t) = \sum_{n=0}^{\infty} d_n g_c(t - nT_c) \quad (7.11)$$

式中，

$$d_n = \begin{cases} +1, & a_n = c_n \\ -1, & a_n \neq c_n \end{cases}, \quad (n-1)T_c \leqslant t \leqslant nT_c \quad (7.12)$$

用此扩展后的序列去调制载波，将信号搬移到载频上去。用于直扩系统的调制，原则上讲，大多数数字调制方式均可，但应视具体情况，根据系统的性能要求来确定，用的较多的调制方式有 BPSK、MSK、QPSK 等。这里分析采用 PSK 调制，用一般的平衡调制器就可完成 PSK 调制。调制后得到的信号 $s(t)$ 为

$$s(t) = d(t)\cos\omega_0 t = a(t)c(t)\cos\omega_0 t \quad (7.13)$$

式中，ω_0 为载波频率。

接收端天线上感应的信号经高放的选择放大和混频后，得到包括以下几部分的信号：有用信号 $s_I(t)$、信道噪声 $n_I(t)$、干扰信号 $J_I(t)$ 和其他网的扩频信号 $s_J(t)$ 等，即收到的信号(经混频后)为

$$r_I(t) = s_I(t) + n_I(t) + J_I(t) + s_J(t) \quad (7.14)$$

接收端的伪随机码产生器产生的伪随机序列与发端产生的伪随机序列相同，但起始时间或初相位可能不同，为 $c'(t)$。解扩的过程与扩频过程相同，用本地的伪随机序列 $c'(t)$ 与接收到的信号相乘，即

$$\begin{aligned} r_I'(t) &= r_I(t)c'(t) = s_I(t)c'(t) + n_I(t)c'(t) + J_I(t)c'(t) + s_J(t)c'(t) \\ &= s_I'(t) + n_I'(t) + J_I'(t) + s_J'(t) \end{aligned} \quad (7.15)$$

下面分别对式(7.15)四个分量进行分析。首先看信号分量 $s_I'(t)$，则

$$s_I'(t) = s_I(t)c'(t) = a(t)c(t)c'(t)\cos\omega_1 t \quad (7.16)$$

若本地产生的伪随机序列 $c'(t)$ 与发端产生的伪随机序列 $c(t)$ 同步，即 $c(t) = c'(t)$，则 $c(t) \cdot c'(t) = 1$，这样，信号分量 $s_I'(t)$ 为

$$s_I'(t) = a(t)\cos\omega_1 t \quad (7.17)$$

后面所接滤波器的频带正好能让信号通过，因此可以进入解调器进行解调，将有用信号解调出来。

对噪声分量 $n_I(t)$、干扰分量 $J_I(t)$ 和不同网干扰 $s_J(t)$，经解扩处理后，被大大削弱。$n_I(t)$ 分量一般为高斯白噪声，因而用 $c'(t)$ 处理后，谱密度基本不变(略有降低)，但相对带宽改变，因而噪声功率降低。$J_I(t)$ 分量是人为干扰引起的，由于与扩频码不相关，因此，相乘过程相当于频谱扩展过程，即将干扰信号功率分散到一个很宽的频带上，频谱密度降低，相乘后接的滤波器的频带只能让有用信号通过，这样，能够进入到解调器输入端的干

扰功率只能是与信号频带相同的那一部分。解扩前后的频带相差甚大,因而解扩后的干扰功率大大降低,提高了解调器输入端的信干比,从而提高了系统的抗干扰能力。至于不同网的信号 $s_j(t)$,由于不同网所用的扩频序列也不相同,这样对于不同网的扩频信号而言,相当于再次扩展,从而降低了不同网信号的干扰。图 7-24 为扩频系统波形及频谱示意图。

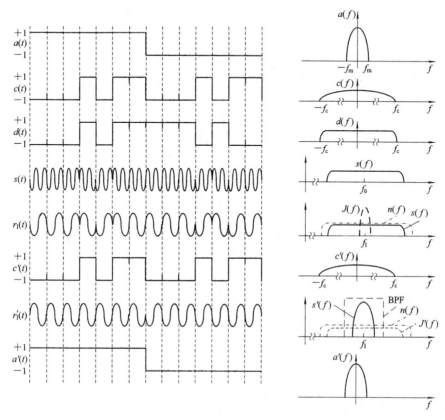

图 7-24 扩频系统波形及频谱示意图

7.2.3 CDMA 中的地址码

1. 地址码的特性要求

在 CDMA 数字蜂窝移动通信系统中,扩频码和地址码的选择至关重要。它关系到系统的抗多径干扰、抗多址干扰的能力,关系到信息数据的保密和隐蔽,关系到捕获和同步系统的实现。理想的地址码和扩频码应具有如下特性:

(1) 有足够多的地址码码组。
(2) 有尖锐的自相关特性。
(3) 有处处为零的互相关特性。
(4) 不同码元数平衡相等。
(5) 尽可能大的复杂度。

然而,没有一种编码体制能同时满足这些特性要求,在实际应用中,会根据具体应用对这些特性进行合理取舍,从而确定合适的码序列。上述特性中,相关性是最重要的特性,其包括自相关和互相关两方面。

1) 自相关函数

一般情况下，在数学上是用自相关函数来表示信号与它自身相移后的相似性。对于采用二进制的码序列时，周期长度为 N 码序列 $\{x\}$ 的自相关函数 $R_x(j)$ 定义为：

$$R_x(j) = \sum_{i=0}^{N-1} x_i x_{i+j} \quad (7.18)$$

式中 x_i 为周期长度为 N 的某一码序列，x_{i+j} 是 x_i 移位 j 后的码序列。由于 $\{x\}$ 为周期性序列，故有 $x_{N+i} = x_i$。

有时将相关函数的归一化，称为自相关系数 $\rho_x = (j)$，其定义为：

$$\rho_x(j) = \frac{1}{N} \sum_{i=0}^{N-1} x_i x_{i+j} \quad (7.19)$$

最理想的自相关是 $\rho_x(j) = \delta(j)$，当自相关系数为德尔塔函数时，可有效消除由多径传播引起的码间干扰（ISI）的影响。

2) 互相关函数

自相关函数表征一个信号与自身延迟 j 位后的相似性，而两个不同信号的相似性比较则是通过互相关函数来定义的。对于二进制码序列，周期均为 N 的两个码序列 $\{x\}$ 和 $\{y\}$，其互相关函数定义为

$$R_{xy}(j) = \sum_{i=0}^{N-1} x_i y_{i+j} \quad (7.20)$$

互相关系数定义为

$$\rho_{xy}(j) = \frac{1}{N} \sum_{i=0}^{N-1} x_i y_{i+j} \quad (7.21)$$

最理想的互相关是 $\rho_{xy}(j) = 0$，$x \neq y$，若互相关系数为零，称为正交，可有效抑制多址干扰（MAI）的影响。

2. 地址码的分类与设计

在 CDMA 中地址码主要可以划分为三类：用于区分不同移动用户的用户地址码；用于区分不同的基站小区（或扇区）的基站地址码；以及用于区分每个小区（或扇区）内的不同信道的信道地址码。信道地址码又可分为：单业务、单速率信道地址码，主要用于第二代移动通信 IS - 95 CDMA；多业务、多速率的信道地址码，主要用于第三代移动通信 WCDMA 与 cdma2000。

1) 用户地址码

主要用于上行（反向）信道，用户地址码由移动台产生，便于区分不同的用户，下行信道中由基站产生的扰码主要用于数据加扰。随着移动用户数日益递增，用户地址码数量是主要矛盾，但亦必须满足各用户间的正交（准正交）性能，以减少用户之间的干扰。为了保证足够的地址码数量，目前在 CDMA 中采用的方法是利用局部相关特性代替伪码的周期性自相关、互相关特性。即利用一个超长的 m 序列或超长的 Gold 序列，选取有限的一段序列作为区分大量用户的地址码。

在 IS - 95 CDMA 系统中采用一个超长序列的 m 序列伪码，它由 42 节移位寄存器产生，周期为 $2^{42} - 1$，速率为 1.2288 Mc/s。整个 CDMA 系统中用到的长码序列只有一个。不同移动台用户随机分配一个与做掩码用的移动台 ESN 一一对应的延迟初相，长码的各

个子码(地址码)是用一个42位的掩码和序列产生器的42位状态矢量模2加产生的,如图7-25所示。只要改变掩码,产生 PN 码的相位将随之改变。因为每个用户特定的掩码对应一个特定的 PN 码相位,每一个长码相位偏移就是一个确认的地址。掩码的格式随信道类型的不同而异,IS-95 中分别定义了接入信道、业务信道和寻呼信道三种信道的掩码格式。

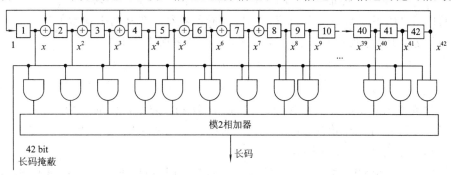

图 7-25 长码发生器

接入信道的掩码格式如图 7-26(a)所示。$M_{41} \sim M_{33}$ 要置成"110001111",$M_{32} \sim M_{28}$ 要置成选用的接入信道号码,$M_{27} \sim M_{25}$ 要置成对应的寻呼信道号码(范围是 1~7),$M_{24} \sim M_9$ 要置成当前的基站标志,$M_8 \sim M_0$ 要置成当前的 CDMA 信道的引导偏置。

在业务信道中,移动台可使用公用掩码或专用掩码。公用掩码格式如图 7-26(b)所示,$M_{41} \sim M_{32}$ 要置成"1100011000",$M_{31} \sim M_0$ 要置成移动台的电子序号(ESN)。ESN 是制造厂家给移动台的设备序号。由于电子序号(ESN)是顺序编码,为了减少同一地区移动台的 ESN 带来的掩码间的高相关性,在掩码格式中的 ESN 是要经过置换的。所谓置换就是对出厂的 32 位的 ESN 重新排列,其置换规则为:出厂的序列 ESN=(E_{31},E_{30},E_{29},…,E_3,E_2,E_1,E_0);置换后的序列 ESN=(E_0,E_{31},E_{22},E_{13},E_4,E_{26},E_{17},E_8,E_{30},E_{21},E_{12},E_3,E_{25},E_{16},E_7,E_{29},E_{20},E_{11},E_2,E_{24},E_{15},E_6,E_{28},E_{19},E_{10},E_1,E_{23},E_{14},E_5,E_{27},E_{18},E_9)。专用掩码是用于用户的保密通信,其格式由 TIA 规定。

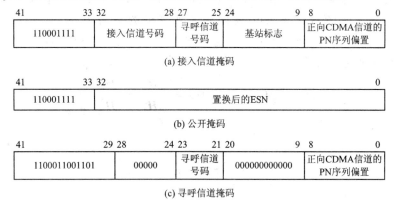

图 7-26 掩码格式

在 WCDMA 中的地址码为了绕过 IS-95 以 m 序列为基础产生扰码的知识产权争论,采用了 Gold 码。Gold 码是由两个本原 m 序列相加而构成的伪随机序列,它与 m 序列一样具有产生简单、自相关性能优良、且数量较多的优点。

2) 基站地址码

基站地址码在数量上也有一定要求,而没有用户地址码数量要求多,但是在质量上要求各基站之间正交(准正交),以减少基站间的干扰。

在 IS-95 中,基站地址码采用 15 位移位寄存器产生的 m 序列,该序列称为引导 PN 序列,其作用是给不同基站发出的信号赋以不同的特征。在基站中通常使用两个引导 PN 序列,即 I 支路 PN 序列和 Q 支路 PN 序列,其特征多项式分别为

$$P_I(x) = x^{15} + x^{13} + x^9 + x^8 + x^7 + x^5 + 1 \quad (7.22)$$

$$P_Q(x) = x^{15} + x^{12} + x^{11} + x^{10} + x^6 + x^5 + x^4 + x^3 + 1 \quad (7.23)$$

按此生成多项式生成的是长为 $(2^{15}-1)$ 的 m 序列。为了得到周期为 2^{15} 的 I 序列和 Q 序列,当生成的 m 序列中出现 14 个"0"时,从中再插入一个"0",产生一个全"0"状态,从而使序列周期变为 $2^{15} = 32\ 768$ chips。

不同的基站使用相同的引导 PN 序列,但各自却采用不同的时间(相位)偏置(即不同的移位)。为了有效防止多径干扰,每个基站间至少相差 64 位,因此共计可产生的基站数为

$$n = \frac{2^{15}}{64} = \frac{32\ 768}{64} = 512 \quad (7.24)$$

这样,不同的时间偏置就可以用不同的偏置系数表示,偏置系数共有 512 个 (0~511)。

WCDMA 系统的基站地址码主要用于区分小区(基站或扇区),为了绕过 IS-95 的知识产权,也采用了 Gold 码。WCDMA 基站地址扰码是采用两个 18 阶移位寄存器产生的 Gold 序列为基础,共计可产生 $2^{18}-1 = 262\ 143$ 个扰码,但是实际上仅采用前面 8192 个。扰码长度取一帧 10 ms 的 38 400 个码片。

3) 信道地址码

CDMA 是干扰受限系统,且实际用户之间的干扰主要取决于信道间的隔离度,因此,信道地址码的选取直接决定用户的数量和质量。一般要求各信道之间正交、互不干扰。

IS-95 中,在同步情况下,采用完全正交的 64 位 Walsh 码作为前向信道地址码,它由基站产生并在下行中实现。Walsh 函数有多种等价的构造方法,而最常用的是采用 Hadamard 编号法,IS-95 所采用的就是这一方法。一般地,哈达码(Hadamard)矩阵为一方阵,并具有下列递推关系

$$\boldsymbol{H}_{2^0} = \boldsymbol{H}_1 = 1, \quad \boldsymbol{H}_{2^r} = \begin{bmatrix} \boldsymbol{H}_{2^{r-1}} & \boldsymbol{H}_{2^{r-1}} \\ \boldsymbol{H}_{2^{r-1}} & \overline{\boldsymbol{H}}_{2^{r-1}} \end{bmatrix} \quad (7.25)$$

其中 $r = 1, 2, \cdots$。

当 $r=1$ 时,

$$\boldsymbol{H}_{2^1} = \boldsymbol{H}_2 = \begin{bmatrix} \boldsymbol{H}_1 & \boldsymbol{H}_1 \\ \boldsymbol{H}_1 & \overline{\boldsymbol{H}}_1 \end{bmatrix} = \begin{bmatrix} 1 & 1 \\ 1 & 0 \end{bmatrix} \quad (7.26)$$

当 $r=2$ 时,

$$\boldsymbol{H}_{2^2} = \boldsymbol{H}_4 = \begin{bmatrix} \boldsymbol{H}_2 & \boldsymbol{H}_2 \\ \boldsymbol{H}_2 & \overline{\boldsymbol{H}}_2 \end{bmatrix} = \begin{bmatrix} 1 & 1 & 1 & 1 \\ 1 & 0 & 1 & 0 \\ 1 & 1 & 0 & 0 \\ 1 & 0 & 0 & 1 \end{bmatrix} \quad (7.27)$$

可依此类推。

WCDMA 系统为了支持多速率、多业务的，只有通过可变扩频比才能达到同一要求的信道速率。在同一小区中，多个移动用户可以在相同频段同时发送不同的多媒体业务(速率不一样)，为了防止多用户业务信道之间的干扰，必须设计一类适合于多速率业务和不同扩频比的正交信道地址码，即正交可变扩频因子(Orthogonal Variable Spreading Factor，OVSF)。

显然，OVSF 码是一组长短不一样的码，低速率的扩频比大，码组长，而高速率的扩频比小，码组短。在 WCDMA 中，最短的码组为 4 位，最长的码组为 256 位。但是不管码组长短是否一致，各长、短码组间仍然要保持正交性，以免不同速率业务信道之间产生相互干扰。

OVSF 码构造具有类似 Huffman 码的树形结构与生成规律，其具体产生结构如图 7-27 所示。当选定某一组码为扩频码后，则以其为根点的码就不能再被选用做扩频码，这一点与 Huffman 码的非延长特性是完全一样的。例如，若选中 C_2^0 为短扩频码，则以 C_2^0 为根节点的所有较长的扩频码 C_4^0、C_4^1 以及 $C_8^0 \sim C_8^3$ 均不能选作扩频码。进一步再选 C_4^3 为扩频码，则其后的分支 C_8^6、C_8^7 亦不能再用；最后若再选 C_8^5 为长扩频码，则 C_8^5 之后的分支也不能再选。且可以验证，C_2^0、C_4^3 和 C_8^5 之间是满足两两正交特性的。

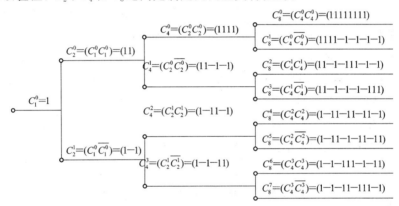

图 7-27 OVSF 码的码树结构图

7.3 IS-95 CDMA 系统

7.3.1 系统概述

1. IS-95 CDMA 的发展

CDMA 蜂窝系统最早由美国高通(Qualcomm)公司成功开发的，Qualcomm 公司于 1990 年 7 月公布了最早的 CDMA 标准，经过许多移动通信运营商和制造厂家的协商讨论，于 1990 年 9 月发布了建议标准的修订版本，并于 1990 年 10 月公布了暂行规定，1993 年 7 月，美国 TIA 再次征集各方面的建议，经会议讨论后正式将其确定为 IS-95 标准(Interim Standard，暂定标准)，即"双模式宽带扩频蜂窝系统的移动台-基站兼容标准"。这也是第一个 CDMA 空中接口标准。随着技术的不断发展，在随后几年中，该标准经过不断的修改，又逐渐形成了 IS-95A、TSB-74、STD-008、IS-95B 等一系列标准。

IS-95是系列标准中最先发布的标准,而IS-95A是第一个商用化的标准,它是IS-95的改进版本。TSB-74是在IS-95A基础上将其中支持8 kb/s的语音升级为能支持13 kb/s语音。STD-008是为了将IS-95A从800 MHz频段扩展至1.9 GHz的PCS系统而发布的标准。为了能支持较高速率的数据通信,TIA于1997年又制定了IS-95B标准,可将IS-95A的低速率8 kb/s提高到8×8 kb/s=64 kb/s(或8×9.6 kb/s=76.8 kb/s,8×14.4 kb/s=115.2 kb/s)。

人们将基于IS-95系列标准(包括IS-95、IS-95A、TSB-74、STD-008、IS-95B)的CDMA系统称为cdmaOne系统,cdmaOne也是CDG(CDMA Development Group,CDMA发展小组)的一个品牌名称。cdmaOne系统有时也被称为IS-95 CDMA系统。为了与3G宽带蜂窝移动通信系统区分,IS-95 CDMA系统又被称为N-CDMA(Narrow-band CDMA,窄带CDMA)系统。

1995年,全球第一个CDMA商用网络在香港地区开通。1996年CDMA系统在韩国开始大规模商用。1999年CDMA在日本和美国形成增长的高峰期,全球的增长率高达250%,用户达2000万。

1997年底,我国首先在北京、上海、西安、广州4个城市开通了CDMA商用实验网。该网被称作长城网。2001年1月,长城网经过资产清算后,正式移交中国联通。2001年2月,联通CDMA网络建设的具体筹划工作正式展开。2002年1月中国联通CDMA网开通,后来升级到2.5G,即CDMA2000 1x阶段。2008年5月中国电信业重组后,中国电信接管了原中国联通CDMA网络,随后升级到了3G,即CDMA2000 1x/EV-DO阶段。

2. IS-95标准

IS-95是TIA定义的空中接口标准,其主要包括下列几部分。

1) 频段

正向:869~894 MHz(基站发射,移动台接收,即下行链路);

反向:824~849 MHz(移动台发射,基站接收,即上行链路)。

2) 信道数

64(码分信道)/每一载频;

每一小区可分为3个扇形区,可共用一个载频。

3) 射频带宽

第一频道:2×1.77 MHz;

其他频道:2×1.23 MHz。

4) 调制方式

基站:QPSK;

移动台:OQPSK。

5) 扩频方式

DS(直接序列扩频)。

6) 语音编码

可变速率CELP,最大速率为8 kb/s,最大数据速率为9.6 kb/s。每帧时间为20 ms。

7) 信道编码

卷积编码：正向　码率 $R=1/2$，约束长度 $K=9$；
　　　　　反向　码率 $R=1/3$，约束长度 $K=9$。

交织编码：交织间距 20 ms。

8) PN 码

码片的速率都为 1.2288 Mc/s；

基站识别码为 m 序列，周期为 $2^{15}-1$；

64 个正交 Walsh 函数组成 64 个码分信道。

9) 导频、同步信道

供移动台作载频和时间同步时使用。

10) 多径利用

采用 RAKE 接收方式，移动台为 3 个，基站为 4 个。

3. 网络结构

IS-95 CDMA 的网络结构与设备实体的命名都与 GSM 系统相同。它也包含四个子系统：移动台(MS)、基站子系统(BSS)、网络交换子系统(NSS)和操作与维护子系统(OMS)。

1) 移动台

移动台是用户终端设备，通过空中无线接口 Um，给用户提供接入网络业务的能力。移动台由二部分组成：移动设备(Mobile Equipment, ME)和用户识别模块(User Identity Module, UIM)。

早期 CDMA 的移动台(MS)是机卡一体化的，即移动设备(ME)和用户识别模块(UIM)一体化。但这种移动台在进行网络管理时，存在一些不便，如：用户更换移动台。中国联通实现时，把两部分功能分开，一部分是移动设备(ME)，一部分是用户识别模块(UIM)。

早期在美国等国家中，由于 CDMA 与 AMPS(模拟网络)使用的是同一个频段，移动设备(ME)同时支持两种网络，被称为双模手机。

用户识别模块(UIM)用于识别唯一的移动台使用者。它是有微处理器的智能卡，由 CPU、RAM、ROM、数据存储器(EPROM 或 EEPROM)及串行通信单元五个部分组成。这五个模块集成在一块集成电路中，以防止非法存取和盗用。

2) 基站子系统

基站子系统包括基站收发信台(BTS)和基站控制器(BSC)两种设备。基站收发信台(BTS)是一个逻辑的概念，由配置在同一位置的一个或多个收发信设备组成。BTS 可以和 BSC 放置在一起，也可以单独放置。基站控制器也是一个逻辑概念，它由配置在同一位置的一个或多个基站控制设备组成。BSC 负责提供对 BSS 的控制。BSC 是对一个或多个 BTS 进行控制和管理的系统。BSC 具有一个数字交换矩阵，BSC 利用此数字交换矩阵将空中接口无线信道与来自移动交换中心(MSC)的陆地链路相连。BSC 数字交换矩阵也使 BSC 在其所控制的各个 BTS 的无线信道间进行切换，而不必通过移动交换中心(MSC)。

3) 网络交换子系统

网络交换子系统的功能包括：信道的管理和分配；呼叫的处理和控制；越区切换和漫

游的控制；用户位置信息的登记与管理；用户号码和移动设备号码的登记和管理；服务类型的控制；对用户实施鉴权；互连功能；计费功能。

网络交换系统(NSS)由移动交换中心(MSC)、归属位置寄存器(HLR)、访问位置寄存器(VLR)、设备识别寄存器(EIR)、鉴权中心(AC)、互通功能(IWU)和回声消除器(EC)等功能设备组成。其中以移动交换中心(MSC)为核心。

(1) 移动交换中心(MSC)用于呼叫交换和计费，它的用途与其他电话交换机相同。但是，由于CDMA蜂窝系统在控制和保密方面的工作更为复杂，并且提供用户的设备范围更广，因而执行更多的附加功能。

(2) 归属位置寄存器(HLR)是一种用来存储本地用户位置信息的数据库。归属位置寄存器中存放的信息有：用户ID，包括国际移动用户识别码(IMSI)和移动电话簿号码(MDN)；当前用户访问位置寄存器(VLR)，即用户当前位置；预定的附加业务；附加的业务信息(如：当前转移号码)；移动台状态(已登记/已取消登记)；鉴权键和鉴权中心(AC)功能；移动用户临时本地电话号码(TLDN)。

(3) 访问位置寄存(VLR)是一种用于存储来访用户位置信息的数据库。访问位置寄存器存放以下信息：移动台状态(如：已登记/已取消登记)；区域识别码(REG ZONE)；临时移动用户识别码(TMSI)；移动用户临时本地电话号码(TLDN)。

(4) 设备识别寄存器(EIR)是存储移动台设备参数的数据库，用于对移动设备的鉴别和监视，并拒绝非法移动台入网。设备识别寄存器(EIR)数据库由如下几个ESN表组成。

① 白名单：保存那些已知分配给有效设备的电子序号(ESN)；
② 黑名单：保存已挂失或由于某种原因而被拒绝提供业务的移动台的ESN；
③ 灰名单：保存出现问题(例如软件故障)的移动台的电子序号(ESN)，但这些问题还没有严重到使这些ESN进入黑名单的程度。

(5) 鉴权中心(AC)的作用是可靠地识别用户的身份，只允许有权用户接入网络并获得服务。由于要求鉴权中心(AC)必须连续访问和更新系统用户记录，因此，鉴权中心(AC)一般与归属位置寄存器(HLR)处于同一位置。鉴权中心(AC)和归属位置寄存器(HLR)既可与移动交换中心(MSC)在同一位置，也可远离移动交换中心(MSC)。

4) 操作与维护子系统

操作与维护子系统提供远程管理和维护CDMA网络的能力。它由两部分组成：网络管理中心(NMC)和操作维护中心(OMC)。

网络管理中心(NMC)从整体上管理CDMA网络。网络管理中心(NMC)处于体系结构的最高层，它提供全局性网络管理。

操作维护中心(OMC)是一个集中式设备。它既为长期性网络工程与规划提供数据库，也为CDMA网络提供日常管理。一个操作维护中心(OMC)管理CDMA网络的一个特定区域，从而提供区域性网络管理。根据ITS-TS协议，操作维护中心(OMC)应支持如下功能：事件/告警管理；故障管理；性能管理；配置管理；安全管理。

7.3.2 IS-95 CDMA系统的无线链路

1. 正向链路

IS-95 CDMA系统的正向信道可分为控制信道和业务信道，其中控制信道包括：导频信道、同步信道和寻呼信道组成,如图 7-28 所示。一个 CDMA 频道划分为 64 个码分逻辑信道,包含 1 个导频信道、1 个同步信道、7 个寻呼信道和 55 个正向业务信道。正向信道的码分信道配置并不是固定的,其中导频信道一定要有,其余的码分信道可根据实际情况配置。必要时,同步信道和寻呼信道可逐个改为业务信道,使得正向业务信道最多时可达到 63 个。

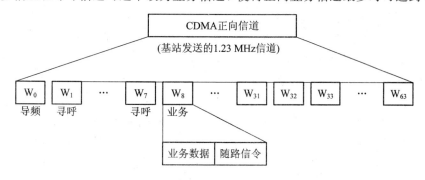

图 7-28 IS-95 系统正向信道的组成

上述各类信道都在同一个 1.23 MHz 的 CDMA 载波上。正向信道用 Walsh 函数码作为信道地址码,即每个码分信道都要经一个 Walsh 码函数进行扩频,移动台能够根据分配给每个信道唯一的 Walsh 码来区分逻辑信道类型,然后各种信号需要由 1.2288 Mc/s 速率的伪随机序列进行扩频调制。各基站使用一对正交伪随机码(引导 PN 序列)进行四相调制,所有基站的引导 PN 序列有相同的产生结构,不同基站的引导 PN 序列具有不同的相位偏移量。移动台以不同的相位偏移量来区分由不同基站或扇区发出的信号。

1) 导频信道(Pilot Channel)

导频信道被分配一个固定的 Walsh 函数码 W_0,它发送的是一个不含数据信息的无调制的扩频信号,但包含引导 PN 序列相位偏移量和频率基准信息。导频信道一直连续发送,并且其发送电平高于其他信号。在基站覆盖区中的移动台容易获取同步,同步后的导频信道用于接收机解调的相干载波。当移动台利用最强的导频信号完成与最近的基站同步后,就可以知道引导 PN 序列相位偏移量与导频信号强度的关系,由此可以建立周围基站的这种对应关系表,从而为移动台的越区切换提供依据。导频信号也是移动台开环功率控制以及是否需要越区切换的依据。

导频 PN 序列的相位偏置量表示特定基站的 CDMA 频道。在 IS-95 系统中,频率分配已转变为导频 PN 序列偏置规划问题。导频信道用偏置指数(0~511)来区别,在 512 个偏置指数中重复配置,相邻偏置指数相距 $2^{15}/512$ 码片。

2) 同步信道(Synchronous Channel)

同步信道被分配一个固定的 Walsh 函数码 W_{32},当移动台经过导频与引导 PN 序列同步后,可以认为移动台与同步信道也已达到同步,移动台开始解调同步信道的信息数据。同步信道的信息数据主要包括系统时间和导频偏置,使移动台确知正在接入的是哪一个基站。此外,公布寻呼信道的速率是 9600 b/s 还是 4800 b/s、长伪随机码(周期为 $2^{42}-1$)的状态等。

同步信道数据速率为 1200 b/s。经码率为 1/2,约束长度为 9 的卷积编码后,得到速率为 2400 ks/s 的调制码元,码元在交织前要进行一次码元重复,使码元速率变为 4800 ks/s。同步信道所用的交织跨度等于 26.6 ms,相当于码元速率为 4800 s/s 时的 128 个调制码元宽度。交织器组成的阵列是 16×8（即 128 个码元）。然后用子码速率为 1.2288 Mc/s 的 Walsh 函数码（W_{32}）对交织后的调制码元进行正交调制，使该信道正交于其他信道。最后，使用 I 和 Q 两支路引导 PN 序列进行四相扩频调制，加入基站特征，信号经基带滤波器后，按 QPSK 相位关系进行四相调制，获得 QPSK 信号。

3）寻呼信道（Paging Channel）

每个基站有一个或几个寻呼信道，当呼叫时，在移动台没有转入业务信道之前，基站通过寻呼信道传送控制信息给移动台。另外，基站也通过寻呼信道定时发送系统信息，使移动台能收到入网参数，为入网做准备。

寻呼信道帧长 20 ms，分成若干寻呼信道时隙，每个时隙长 80 ms，数据速率为 9600 b/s 和 4800 b/s 两种。经卷积、码元重复，由交织器输出速率为 19.2 ks/s 的调制码元，寻呼信道所用的交织跨度等于 20 ms，相当于码元速率为 19.2 ks/s 时的 384 个调制码元宽度。交织器组成的阵列是 24×16（即 384 个码元）。寻呼信道所传输的数据要经过与用户号码相对应的长 PN 码序列的变换序列进行模 2 加（数据掩蔽）后再传输，这一过程也称为数据扰码，目的是为通信提供保密。长 PN 序列时钟为 1.2288 MHz，周期为 $2^{42}-1$，每一调制码元长度等于 $1.2288×10^6/19200=64$ 个 PN 子码宽度。长码经分频后，其速率变为 19.2 ks/s，因而送入模 2 加法器进行数据扰乱的是每 64 个子码中第一个子码在起作用。寻呼信道数据使用长码掩码进行数据扰乱。寻呼信道的信号经过 Walsh 函数码（$W_1 \sim W_7$）正交扩频，并利用当前基站的引导 PN 序列进行四相扩频调制后发射。

4）正向业务信道（Traffic Channel）

在业务信道传输的是用户语音编码或其他业务数据。为使通信保密，所传输的业务数据经过与用户号码对应的长伪随机码的变换序列调制后再传输。此外，业务信道中包含了一个功率控制子信道，用于传输功率控制信息来控制移动台的发射功率。另外，业务信道还传输如越区切换等控制信息。

业务信道中传输的用户数据速率是 8600 b/s、4000 b/s、2000 b/s、800 b/s。不同速率的选取是根据用户讲话速度的不同。当用户不讲话时，速率最低，移动台的发射功率也最小；当用户讲话时，数据速率立即提高，发射功率也相应地增大。速率调整的目的是减少用户间的相互干扰，增大系统容量。选择数据速率按帧（20 ms）进行，即数据速率按帧改变，但通过码元重复使调制符号速率固定不变，即 19.2 ks/s。较低数据速率的调制符号使用较低的发送符号能量，同一帧中的符号按相同能量发送。

正向业务信道的数据在每帧（20 ms）末尾含有 8 bit，称为编码器尾比特，其作用是把卷积编码器置于规定的状态，与寻呼信道相同，正向业务信道所用的交织跨度等于 20 ms，相当于码元速率为 19200 s/s 时的 384 个调制码元宽度。交织器组成的阵列是 24×16（即 384 个码元）。此外，在 9600 b/s 和 4800 b/s 的数据帧（20 ms）中，分别含有帧质量指示比特（即 CRC 循环校验位）12 bit 和 8 bit。由于是多种传输速率的信源，在不同数据速率情况下，对输入码元进行不同次数的重复，以保证交织前的码元速率为 19.2 ks/s。与寻呼信道信号传输相同，正向业务信道的数据在经交织器输出后，通过与按用户编址的 PN 序列进行模 2 加，即进行数据掩蔽，为通信提供保密。扰乱用的长码掩码与反向业务信道相同。

值得注意的是，上述各种信号在进行 Walsh 函数码正交扩展后，都要采用引导 PN 序列（基站地址码）进行四相扩展。引导 PN 序列的作用是给不同的基站发出的信号赋以不同的特征,便于移动台识别所需的基站。信号经过基带滤波器之后,再进行四相调制。

图 7-29 给出了上面介绍的 IS-95CDMA 系统正向链路各逻辑信道的结构图。

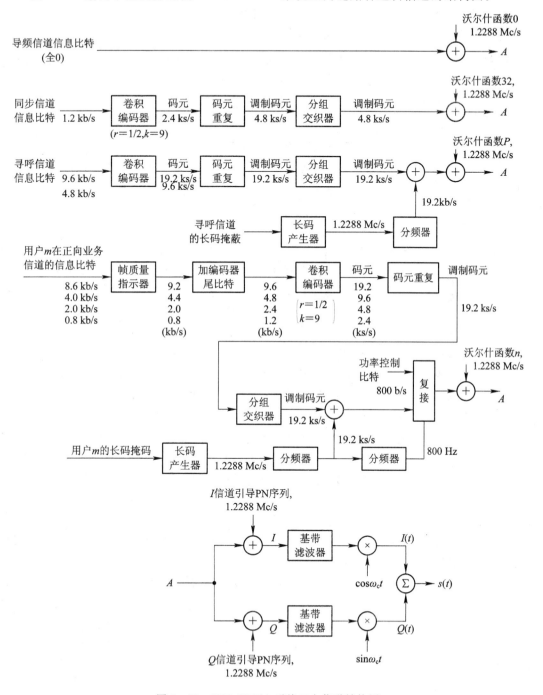

图 7-29 IS95 CDMA 系统正向信道结构图

2. 反向链路

在 IS-95CDMA 系统中,反向信道由接入信道和业务信道组成。反向信道利用具有不同相位偏移量的长码序列($2^{42}-1$)作为用户地址码,多个用户共享 CDMA 频道。图 7-30

是 IS-95 系统反向信道的组成。在一个 CDMA 频道中，接入信道最多 32 个，最少 0 个；业务信道最多 64 个，最少 32 个。长码相位偏移量代表连接地址，而这个偏移量是由代表信道或用户特征的掩码所决定的。每个接入信道由不同的接入信道长码相位偏移量识别。进入业务信道后，不同用户的长码相位偏移量由用户特征决定。每一个长码($2^{42}-1$)相位偏移量代表一个确定的地址，在 1.23 MHz 的频道内可以建立足够多的逻辑信道。

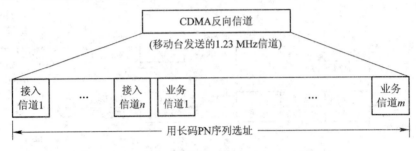

图 7-30 IS-95 系统反向信道的组成

1) 接入信道(Access Channel)

反向信道中，每个接入信道对应正向信道中的一个寻呼信道，但是每个寻呼信道可以对应多个接入信道。移动台通过接入信道向基站进行登记、发起呼叫、响应基站发来的呼叫等。当呼叫时，在移动台没有转入业务信道前，移动台通过接入信道向基站传送控制信息。

接入信道采用 4800 b/s 的固定数据速率，接入信道信号帧长为 20 ms。移动台占领接入信道时，首先发送 96 个全 0 组成的接入信道前缀（帧），以帮助基站捕获移动台接入信息。不过，接入信道是一种分时隙的随机接入信道，允许多个用户同时企图占用同一接入信道。

移动台以 4800 b/s（原数据速率为 4400 b/s）的固定信息速率在接入信道上工作。接入信道信号帧长为 20 ms，仅当系统时间为 20 ms 的整数倍时，信号帧才开始。移动台占领接入信道时，首先发送接入信道前缀，它是一个由 96 个全 0 组成的帧，目的是帮助基站捕获移动台接入信息。接入信号经码率为 1/3、约束长度为 9 的卷积编码后，得到速率为 14.4 ks/s 的码元，码元在进入交织器前进行码元重复，使码元速率变为 27.8 ks/s。所有码元重复之后都要进行分组交织。分组交织的跨度为 20 ms。交织器组成的阵列是 32×18（即 576 个单元）。输入码元（包括重复单元）按顺序逐列从左到右写入交织器，输出码元则按行从上到下从交织器读出，然后利用 64 阶 Walsh 函数码进行正交调制（即 64 进制正交调制）。

64 进制正交调制的实现过程为：每 6 个码交织器输出的码元作为一组，用 $2^6=64$ 进制的 Walsh 函数码之一（称为调制码元）进行传输，刚好能使 2^6 个码元组与 64 个 Walsh 函数码建立一一对应关系。这种扩频调制使码元速率降低为原来的 1/6，扩频增益相应增大 6 倍，增强了反向信道的抗干扰能力。

调制码元的传输速率为 28800/6=4800 s/s，调制码元时间宽度为 1/4800=207.333 μs。每一调制码元含 64 个子码，因此 Walsh 码的子码速率为 64×4800=307.2 kc/s，相应的子码宽度为 3.25 μs。将 64 个 Walsh 函数码编成号码为 0，1，…，63，则可按式(7.28)计算调制码元的号码，以选用不同的 Walsh 码。调制码元的号码为

第 7 章 2G 移动通信系统

$$i = C_0 + 2C_1 + 4C_2 + 8C_3 + 16C_4 + 32C_5 \tag{7.28}$$

式中，C_0、C_1、C_2、C_3、C_4、C_5 表示一组输入码元的取值(每位均可取"0"或"1")，C_0 是最早的码元，C_5 是最新的码元。

例如，有一组码元为 001101，则可计算出调制码元号码为 $i=1+0+4+8+0+0=13$。就是说，码元组 001101 选择号码为 13 的 Walsh 函数码完成 64 进制正交调制。Walsh 函数码中的 64 个码片按顺序发送。

在反向信道中，Walsh 函数码由发射信息确定，接收端可以利用 Walsh 函数码的正交性判定它所携带的信息比特，从而提供高质量的信号传输。反向信道不可能像正向 CDMA 信道那样提供共享的导频信道，因而在衰落信道难以提供相干参考导频的场合采用 64 进制正交调制是很必要的。

反向接入信道中的数据经正交调制后还要用长码进行直接序列扩频调制(模 2 加)，之后，反向信道数据将进行四相扩频。用于四相扩频的是正向 CDMA 信道上使用的 I 和 Q 正交引导 PN 序列，即正交 PN 序列对。必须说明的是，反向接入信道和业务信道的四相扩频使用的是固定零偏置 PN 序列对(偏置总是为零)。为了获得 2^{15} 的周期，在 14 个连"0"输出之后要插入一个"0"。正交导频序列中存在 15 个连"0"。

经 PN 序列对扩频生成的正交信道序列进行 OQPSK(Offset-QPSK)调制。Q 支路的序列延迟 $T_c/2=406.901$ ns 之后，I 和 Q 序列送到基带滤波器限带预滤波，再进行正交调制，获得 OQPSK 信号。

反向链路采用的 OQPSK 调制与正向信道的 QPSK 调制相比，OQPSK 信号的相位点跳变小，避免了相邻码元之间的 π 相位突跳；另外，限带 OQPSK 的峰值/平均功率比小，包络陷落小。为提高电源效率，移动台发射功率放大器总是设计在非线性工作状态，限带 OQPSK 通过非线性功率放大后将有较大的输出功率，且由此引起的功率谱扩展小，系统频谱效率也较高。

2) 反向业务信道(Traffic Channel)

反向业务信道用于在呼叫建立阶段传输用户业务和信令信息，其特点和作用与正向业务信道基本相同。

用户数据速率包括：8600 b/s、4000 b/s、2000 b/s 和 800 b/s。加编码器尾比特(每 20 ms 中加 8 bit，用于把卷积编码器复位到规定的状态)及对前面两种速率的数据加帧质量指示(CRC 校验比特)后，速率变为 9600 b/s、4800 b/s、2400 b/s、1200 b/s 四种。业务信道帧长 20 ms，数据是以一帧为基础实现可变速率传输的。业务信道速率可以随着语音激活的程度逐帧改变，目的是减小系统中的干扰，提高系统容量，并可延长移动台电源的使用时间。当系统时间为 20 ms 的整数倍时，零偏置业务信道帧开始。帧偏置(Frame-offset)是相对于零偏置帧的时间偏离。滞后帧将在对零偏置帧晚 $1.25\times$(Frame-offset)(ms)时开始，移动台业务信道帧的帧偏置由寻呼信道的帧偏置信息确定。为了使基站迅速捕获反向业务信道，在业务信道初始化期间，移动台发送业务信道前缀，采用 192 个 0 组成的帧，以 9600 b/s 传输。

在接入信道中，重复码元都要发送，以增加接入传输的可靠性。但是反向业务信道数据在码元重复后，重复的码元不是重复发送多次，而是除去发送其中的一个码元外，其余重复的码元均被删除，这一过程常称为数据猝发随机化，目的是减少移动台的功耗和减少对其他移动台的干扰。方法是：对交织器输出的码元，用一个时间滤波器进行选通，只允许所需码元输出而删除其余重复码元。传输的占空比随传输速率而定：当数据速率为 9600 b/s 时，选通门允许交织器输出的所有码元进行传输；当数据速率为 4800 b/s 时，选通门只允许交织器输出码元的 1/2 进行传输；依此类推。在选通过程中，把 20 ms 的帧分成 16 个 1.25 ms 的功率控制段，编号为 0～15，数据猝发随机化器随机地决定某些功率控制段中的码元被发送，而另一些功率控制段被断开，从而保证进入交织器的重复码元只发送其中的一个。

反向业务信道的其他数据处理过程如卷积编码、交织、64 进制正交调制、长码扩频、四相扩频等，与反向接入信道情况相同。

图 7-31 给出了上面介绍的 IS-95CDMA 系统反向链路各逻辑信道的结构图。

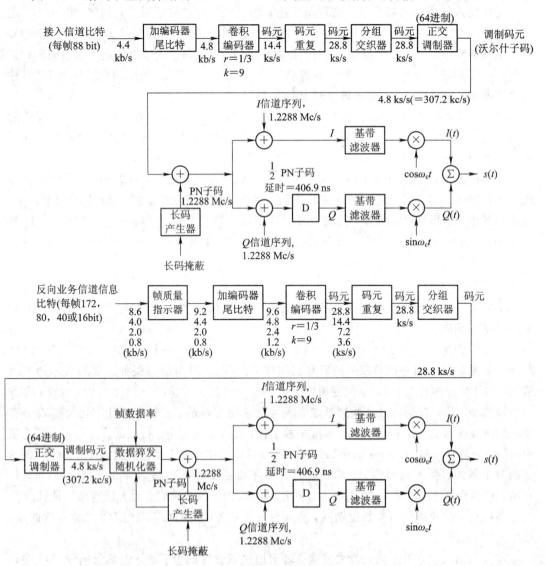

图 7-31　IS95 CDMA 系统正向信道结构图

7.3.3 IS-95 CDMA 中的切换和功率控制

1. 切换

与 FDMA 蜂窝系统和 TDMA 蜂窝系统一样，CDMA 系统也存在移动用户越区的切换。所不同的是，在 CDMA 系统中，除了硬切换外还有软切换。

1) 硬切换

硬切换是指移动台在不同频道之间的切换，如同一 MSC 或不同的 MSC 之间的不同频道之间的切换、CDMA 系统到模拟系统的切换等。这些切换需要移动台变更收发频率，即先切断原来的收发频率，再搜索、使用新的频道。硬切换会造成通话短暂中断，当切换时间较长时（大于 200 ms），将影响用户通话。

在硬切换过程中，移动台在不同系统的基站之间、不同的 CDMA 频道或不同的帧偏移量之间进行切换。帧偏移量是指业务信道中数据帧相对于系统时间滑动的时长，为 1.25 ms 的整数倍。系统规定业务信道的数据帧长为 20 ms，则最大的帧偏移量为 18.75 ms。移动台无法在具有不同帧偏移量的业务信道之间提供分集接收，因此在帧偏移量不同的业务信道之间的切换也属于硬切换。与 FDMA、TDMA 系统的越区切换相同，在 CDMA 系统硬切换过程中，无线链路是瞬间中断的。

CDMA 系统的双模式移动台能够由 CDMA 系统切换到模拟系统中的信道，在切换过程中，移动台可能被命令（或手动）从一个 CDMA 系统的前向业务信道切换到模拟系统中的信道。和 CDMA 系统到 CDMA 系统的硬切换相同，在 CDMA 系统到模拟系统的切换过程中，无线链路不具备连续性。

2) 软切换

软切换是指相同 CDMA 频道中的切换，不需要变换收发频率，只需对引导 PN 码的相位做一调整。软切换包括不同基站的小区之间、不同基站的两个扇区之间、不同基站的小区和扇区三方之间的切换。图 7-32(a) 为不同基站的小区之间软切换示意图。软切换时，CDMA 系统移动台利用 Rake 接收机的多个单路径接收支路，开始与新的基站建立业务链路，但同时不中断与原来服务基站的业务链路，直到移动台接收到原基站的信号低于一个门限值时才切断与原基站的联系。

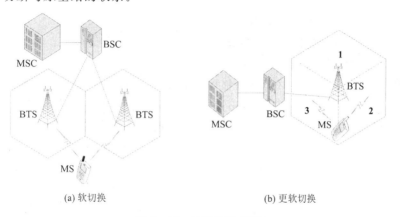

(a) 软切换　　　　　　　　　　　(b) 更软切换

图 7-32　软切换示意图

当移动台由同一基站的一个扇区进入另一个具有同一载频的扇区时,所发生的软切换称为更软切换,如图 7-32(b)所示。此时,基站的 Rake 接收机可将来自两个扇区分集式天线的语音帧中最好的帧合并为一个业务帧,更软切换由基站控制完成。

3) 软切换过程实现过程

在 CDMA 软切换过程中,移动台需要搜索导频信号并测量其强度,设置切换定时器,测量导频信号中的 PN 序列偏移,并通过移动台与基站的信息交换完成切换。

实现软切换的前提条件是移动台应能不断地测量原基站与相邻基站导频信道的信号强度,并将测量结果通知基站。图 7-33(a)示出了移动台由 A 小区到 B 小区的越区软切换的信号电平与判决门限。因为来自 C 小区基站的导频信号强度低于下门限(降阈),所以该导频信号不介入切换。软切换具体过程包括三个阶段。

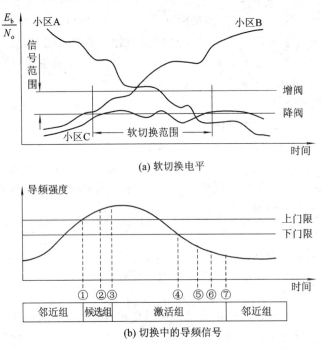

图 7-33 软切换过程

第一阶段:当移动台测量到来自相邻小区基站的导频信号大于上门限(增阈)时,移动台将所有高于上门限的导频信号的强度信息报告给基站和移动交换中心(MSC),并将这些导频信号作为候选者。这时,移动台进入软切换区。

第二阶段:MSC 通过原小区基站向移动台发送一个切换导向消息,移动台据此跟踪新的目标小区(一个或多个)的导频信号,并将这些导频信号作为有效者(激活者)。同时,移动台在反向信道上向所有激活者的基站发送一个切换完成的消息。这时,移动台除与原基站保持联系外,与新基站也建立了链路。因此,在此阶段移动台的通信是多信道并行的。

第三阶段:当原小区基站的导频信号低于下门限(降阈)时,移动台的切换定时器开始计时。计时期满,移动台向基站发送导频信号强度的测量消息,基站向移动台发送一个切换导向消息,移动台据此拆除了与原小区的链路,保持新小区的链路,并向基站发送切换完成的消息。这时,原小区的导频信号由激活者变为邻近者。这时,就完成了软切换的全过程。

对于某一个小区基站的导频信号而言,在切换过程中其导频信号是处在不同的状态:相邻、候选、激活。由于处在这三种状态的导频信号不止一个,所以将它们称为组,如图7-33(b)所示。图中:① 表示进入软切换过程的时刻;② 表示基站向移动台发送切换导向消息的时刻;③ 表示导频信号由候选变为激活状态的时刻;④ 表示移动台启动切换定时器的时刻;⑤ 表示定时器计时中止的时刻;⑥ 表示移动台向基站发送切换导向消息的时刻;⑦ 表示软切换过程结束的时刻。

4) 软切换的优势

从上述软切换的过程可以看出,软切换是由移动台辅助完成的无缝、无中断、无切换区"乒乓效应"的切换,掉话率低。切换移动台可通过分集接收提高传输质量,减少发射功率,从而增加系统容量。

在下行业务信道中,软切换为实现分集接收提供了条件。当移动台处于两个(或三个)小区的交界处进行软切换时,会有两个(或三个)基站同时向它发送相同的信息,移动台采用 Rake 接收机和路径分集技术进行分集合并,即起到了多基站宏分集的作用,从而能增强下行业务信道的抗衰落性能,提高语音质量。

同样,在上行业务信道中,当移动台处于两个(或三个)小区的交界处进行软切换时,会有两个(或三个)基站同时收到一个移动台发出的信号,这些基站对所收信号进行解调并做质量估计,然后送往基站控制器(BSC)和移动交换中心(MSC)。这些来自不同基站而内容相同的信息由 BSC 和 MSC 采用选择式合并方式,逐帧挑选质量最好的,从而实现了上行业务信道的分集接收,提高了上行业务信道的抗衰落性能。

在硬切换中,如果找不到空闲信道或切换指令的传输发生错误,则切换失败,通信中断。此外,当移动台靠近两个小区的交界处需要切换的时候,两个小区的基站在该处的信号电平都较弱而且有起伏变化,这会导致移动台在两个基站间反复要求切换(乒乓效应),从而重复地往返传送切换消息,使系统控制的负荷加重,或引起过载,并增加中断通信的可能性。

CDMA 采用同频复用和先通后断的软切换技术,克服了硬切换的缺点,提高了切换的可靠性,其功能和优点都是硬切换所不具有的。

2. 功率控制

CDMA 系统是一种干扰受限系统,由于系统中所有移动台工作在相同的频段,因此系统内部的干扰在决定系统容量和通信质量方面起到关键作用。功率控制(Power Control,PC)是在对接收信号的能量或 E_b/N_0 进行评估的基础上,动态地调整发射机的发射功率。功率控制技术不仅能适时补偿无线信道的衰落,而且能有效地克服"远近效应"和抑制多址干扰,是 CDMA 走向实用化的核心技术之一。

CDMA 系统的功率控制的最基本原则是在满足系统规定的 E_b/N_0 的前提下,发射功率必须尽可能低并足以维持所需的误帧率(Frame Error Rate,FER),以降低系统内干扰,从而提高系统容量。图 7-34 为功率控制图。IS-95 CDMA 系统采用了正向功率控制和反向功率控制,正向功率控制在系统中是非重点,它可以采用较简单的慢速功率控制。反向功率控制又包括开环和闭环两种基本方式。

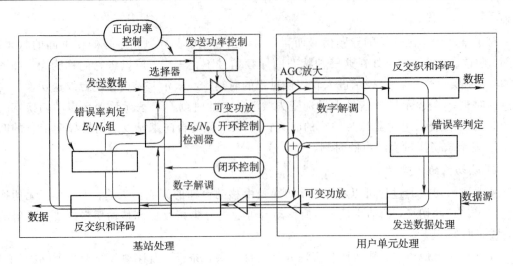

图 7-34 CDMA 系统中的功率控制示意图

1) 正向信道功率控制

正向信道功率控制是基站根据移动台提供的测试结果调整各用户链路信号的正向信道功率。各移动台监测正向业务信道数据帧的质量，周期性地向基站报告帧质量计算结果。基站周期性地降低发向移动台的功率，同时不断地将移动台发来的计算结果与一预定的阈值相比较，从而确定分配给该信道的功率应增加还是继续减少。正向功率控制的目的是对路径衰落小的移动台分配较小的正向链路功率，而对那些远离基站和误码率高的移动台分配较大的正向链路功率。

由于测量了误帧率(FER)而不是 E_b/N_0，所以该过程是语音质量的直接反映。然而，这是一个比较慢的过程。正向信道功率控制的调节量很小，通常约为 0.5 dB，调节的动态范围限制在标称功率±6 dB 之内，调节的速率低于反向信道功率控制的速率，逢每个声码器输出帧调节一次，或按 15~20 ms 变更一次。因为在正向信道中用 Walsh 码区分信道，信道干扰不太严重，所以慢速测量不会使系统的性能降低很多。

2) 反向信道开环功率控制

反向信道开环功率控制是移动台根据接收功率的变化，估算由基站到移动台的传输损耗，迅速调整其发射功率，目的是使所有移动台发出的信号到达基站时都有相同的功率。开环功率控制具有约 85 dB 的动态范围，响应时间只有几个微秒。

为防止移动台一开始就使用过大的功率，增加不必要的干扰，同时为了保证可靠通信，移动台在接入状态开始向基站发信息时，使用"接入尝试"程序，它实质上是一种功率逐步增大的过程。所谓一次接入尝试，是指移动台传送一信息直到收到该信息的认可的整个过程，一次接入尝试包括多次"接入探测"，如图 7-35 所示。一次接入尝试的多次接入探测都传送同一信息。把一次接入尝试包括多次探测分成一个或多个"接入探测序列"，同一个接入探测序列所含多个探测都在同一接入信道中发送(此接入信道是在与当前所用寻呼信道对应的全部接入信道中随机选择的)。各接入探测序列的第一个接入探测根据额定开环功率所规定的电平(IP)进行发送，其后每个接入探测所用的功率均比前一接入探测提高一个规定量(PI)。

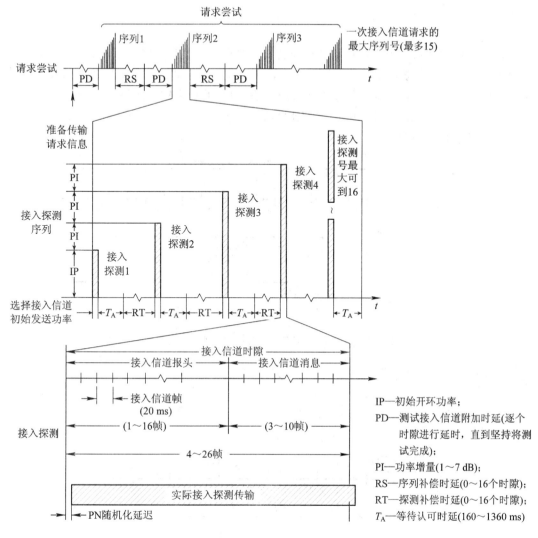

图 7-35 开环功率控制接入尝试示意图

接入探测和接入探测序列都是分时隙发送的，每次传输接入探测序列之前，移动台都要产生一个随机数 R，并把接入探测序列的传输时间延迟 R 个时隙(RS)，如果接入尝试属于接入信道请求，还要增加一附加时延(PD)，供移动台测试接入信道的时隙，只有测试通过了，探测序列的第一个接入探测才在那个时隙开始传输，否则要延迟到下一个时隙后进行测试再定。

在传输一个接入探测之后，移动台要从时隙末端开始等候一个规定的时间 T_A，接收基站发来的认可信息。若接收到认可信息则尝试结束，若收不到认可信息，则下一个接入探测在延迟一定时间 RT 后被发送。

移动台在接入尝试期间发送多个接入探测序列(最多 15 个)。每个接入探测序列又是由功率逐渐增加的多个接入探测(最多 16 个)所组成，每个接入探测中传送的消息相同。在发送每个接入探测之间，移动台要关闭其发射机。

接入尝试结束有两个判断准则，一是接入探测序列的次数达到最大；二是移动台收到基站发来的对接入消息的响应。

3）反向信道闭环功率控制

反向信道闭环功率控制是移动台根据基站的要求来调整其发射功率的，是对开环功率控制的补充手段。根据基站的功率调节命令，移动台按预定量（约 0.5 dB）增加或降低发射功率。功率调节命令是以 800 次每秒（1.25 ms 发 1 bit 的功率控制比特）的速率插入正向业务信道中传输的，如图 7-36 所示。"0" 比特表示移动台要增大其平均功率，"1" 比特表示移动台要减小其平均功率。

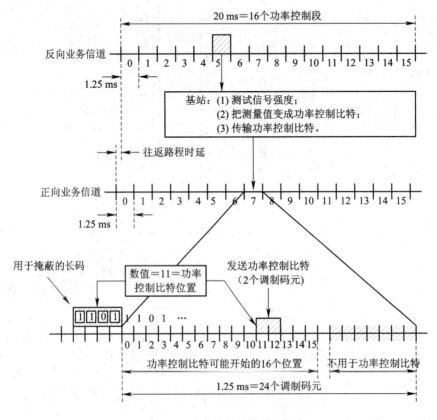

图 7-36 功率控制子信道的构成

在正向业务数据扰码以后，功率控制比特插入到业务数据流中。在图中，把 20 ms 帧分成 16 个功率控制段，每段 1.25 ms，相当于 24 个调制码元宽度。规定一个功率控制比特的宽度严格地等于两个调制码元的宽度。将功率控制比特插入正向业务信道的功率控制段，即构成功率控制子信道。由图可见，每 1.25 ms 时间段内，功率控制比特可以有 24 个开始位置，但只利用前面的 16 个中的一个作为开始位置，编号由 1 到 15，具体位置受掩码长码控制。掩码长码经 64 次分频后，在 1.25 ms 内有 24 个长码比特，编号由 0 到 23。用最后 4 位（即 23、22、21、20）的取值确定功率控制比特的开始位置。如它们的取值依次为 1011，相当于十进制数值 11，于是功率控制比特的位置编号为 11。

当基站测定反向信道信号强度后，在相应正向业务信道的第二个功率控制段中发送功率控制比特。图中，信号在编号为 5 的功率控制段中从反向业务信道上被收到，基站将在编号为 5+2=7 的功率控制段中，由正向业务信道传输功率控制比特。

习题与思考题

1. 简述 GSM 系统中的帧结构。
2. GSM 系统中，鉴权、加密三参数组是什么？GSM 中，跳频的作用是什么？跳频速率是多少？
3. GSM 系统中定义了几种突发脉冲？画出常规突发脉冲的结构并说明结构中各比特段的作用。
4. 设分配给某运营商 GSM 系统的射频频段上行为 906～915 MHz，下行为 951～960 MHz，问从 GSM 系统多址方式考虑可划分出多少物理信道？
5. 试分析 GSM 系统在安全保密方面采取了哪些措施？
6. 采用 CDMA 技术，带来了什么好处？
7. IS-95 CDMA 系统使用了几种 PN 序列？它们的作用分别是什么？
8. CDMA 系统的前向业务信道和反向业务信道在信道结构上有哪些不同之处？
9. CDMA 系统为什么要采用精确功率控制？精确功率控制是如何实现的？
10. 为什么说 CDMA 系统能实现软切换？这种切换方式有何好处？它是如何实现的？

第 8 章 3G 移动通信系统

8.1 概　　述

　　国际电信联盟(ITU)早在 1985 年就提出了第三代移动通信(3rd Generation,3G)的概念,同时建立了专门的组织机构 TG8/1 进行研究,当时称为未来陆地移动通信系统(Future Public Land Mobile Telecommunication System,FPLMTS),随着研究的深入,ITU 于 1996 年将其正式更名为 IMT－2000(International Mobile Telecommunication System－2000)。ITU 明确提出了 3G 系统的主要目标,即实现 IT 网络全球化、业务综合化和通信个人化。具体包括:

　　(1) 全球漫游。用户能够以低成本的多模式终端在整个系统和全球漫游。

　　(2) 适应于多种环境。IMT－2000 应该适应于多层小区结构,如微微小区、微小区、宏小区等,同时将地面移动通信系统和卫星移动通信系统结合在一起。

　　(3) 提供多种业务,如高质量语音、可变速率的数据、高分辨率的图像和多媒体业务等。

　　(4) 具有较高的频谱利用率和较大的系统容量。为此,系统需要拥有强大的多种用户管理能力、高保密性能和良好的服务质量。

　　(5) 在全球范围内,系统设计必须保持高度一致。在 IMT－2000 家族内部,以及 IMT－2000 与固定通信网络之间的业务要相互兼容。

　　(6) 具有较好的经济性能。即网络投资费用,包括网络建设费、系统设备费和用户终端费要尽可能地低。并且终端设备应体积小、耗电省,满足通信个人化的要求。

　　为了实现上述目标,IMT－2000 对无线传输技术(Radio Transmission Technology,RTT)提出了较高的要求。为支持高速率数据和多媒体业务,要求在室内环境、室外步行环境和室外车载运动环境下的最小速率分别为 2 Mb/s、384 kb/s 和 114 kb/s。并且要求上、下行链路适应于传输不对称业务以及传输速率能够按需分配。

　　实际上,无线传输技术(RTT)是 IMT－2000 的技术选取中最关键的部分,RTT 主要包括多址技术、调制解调技术、信道编解码与交织、双工技术、信道结构和复用、帧结构、RF 信道参数等。ITU 于 1997 年 4 月面向世界范围征求 RTT 建议,截止到 1998 年 6 月 30 日,共收到 16 项建议,经过技术评估、协调和融合,ITU 于 1999 年 11 月 5 日最终确定了 CDMA 和 TDMA 两大类共五种第三代移动通信 RTT 技术标准,其中主流的标准有三个,包括:美国提出的 cdma2000 标准、欧洲和日本提出的 WCDMA(Wideband CDMA)标准以及我国提出的 TD－SCDMA(Time Division Duplex－Synchronous Code Division Multiple Access)标准。这三种标准的主要技术性能比较见表 8－1 所示。

表 8-1 三种主流 3G 标准主要技术性能的比较

	WCDMA	TD-SCDMA	cdma2000
载波间隔	5 MHz	1.6 MHz	1.25 MHz
码片速率	3.84 Mc/s	1.28 Mc/s	1.2288 Mc/s
帧长	10 ms	10 ms(分为两个子帧)	20 ms
基站同步	不需要	需要	需要典型方法是 GPS
功率控制	快速功控：上、下行 1500 Hz	0-200 Hz	反向：800 Hz 前向：慢速、快速功控
下行发射分集	支持	支持	支持
频率间切换	支持，可用压缩模式进行测量	支持，可用空闲时隙进行测量	支持
检测方式	相干解调	联合检测	相干解调
信道估计	公共导频	DwPCH, UpPCH, Midamble	前向、反向导频
编码方式	卷积码，Turbo 码	卷积码，Turbo 码	卷积码，Turbo 码

值得注意的是，2007 年 10 月，国际电信联盟在日内瓦举行的无线通信全体会议（World Radio Communication Conferences）上，经过多数国家投票通过，Wimax（Worldwide Interoperability for Microwave Access）正式被批准成为 3G 标准家族的新成员。

虽然 ITU 对 3G 标准的发展起着积极的推动作用，但 ITU 的建议并不是完整的规范。WCDMA、TD-SCDMA 和 cdma2000 三种标准的技术细节，主要是由 3GPP 和 3GPP2 两大标准组织根据 ITU 的建议来进一步完成的。3GPP（Third Generation Partnership Project）成立于 1998 年 12 月，由 ETSI、ARIB、TTC、TTA、CCSA 和 ATIS 等标准化组织构成，负责 3G UTRA 和 GSM 系统标准化，包括 WCDMA 和 TD-SCDMA 及其增强型系统的标准制定。3GPP2 则成立于 1999 年 1 月，由 ARIB、CCSA、TTC、TTA、和 TIA 等标准化组织构成，负责 cdma2000 系统标准化。

8.2 cdma2000 系统

8.2.1 cdma2000 的演进

cdma2000 向后兼容，可从 IS-95A/B 演进，cdma2000 1x 是 3GPP2 制定的第一个 3G 标准，从 IS-95A/B 演进到 cdma2000 1x，主要增加了高速分组数据业务，原有的电路交换部分基本保持不变。在原有的 IS-95A/B 的基站中需要增加分组控制功能模块（Packet Control Function，PCF）来完成与分组数据有关的无线资源的控制功能，在核心网部分增加分组数据服务节点（Packet Data Serving Node，PDSN）和鉴权/认证/计费（Authentication, Authorization and Accounting，AAA）系统，其中 PDSN 完成用户接入分组网络的管理和控制功能，AAA 完成与分组数据有关的用户管理工作。cdma2000-1x Rel. 0 和 Rel. A 版本所提供的数据速率分别为 153 kb/s 和 307.2 kb/s，因此有些观点认为其属于 2.5G 技术，3GPP2 版本的演进如图 8-1 所示。

为了支持更高速的数据传输，3GPP2 于 2000 年 10 月完成了 cdma2000 1x 的增强型技术标准——1x EV-DO。1x EV-DO 又称为 HRPD(High Rate Packet Data)，"1x"表示它与 cdma2000 1x 系统所采用的射频带宽和码片速率完全相同，具有良好的后向兼容性；"EV"(Evolution)表示它是 cdma2000 1x 的演进版本；"DO"最初的含义是"Data Only"，即只支持分组数据业务，后来重新解释为"Data Optimization"，表示它是专门针对分组数据业务而经过优化了的技术。1x EV-DO 系统的基本设计思想是将高速分组数据业务与低速语音及数据业务分离开来，利用单独载波提供高速分组数据业务，而传统的语音业务和中低速分组数据业务由 cdma2000 1x 系统提供，这样可以获得更高的频谱利用效率，网络设计也比较灵活。

1x EV-DO Rel.0 可提供 2.4 Mb/s 的峰值速率，已完全满足了 3G 的速率要求。其后进一步演进是 1x EV-DO Rel. A 标准，主要对上行链路进行增强，但对于下行链路性能也有进一步的提升，并且引入了多播业务模式。在 1x EV-DO Rel. B 可以将最多 16 个 1.25 MHz 的载波聚合使用，这样总的信号带宽可以达到 20 MHz，下行峰值数据速率可以提高到 73.5 Mb/s。进一步演进标准是 1x EV-DO Rel. C，也就是 3GPP2 推出的超移动宽带 (Ultra Mobile Broadband，UMB)标准。UMB 协议采用了 OFDM 技术，信道带宽可以为 5/10/20MHz，该标准对应于 3GPP 的 LTE 标准，不再与以前的 cdma2000 系列标准保持兼容。

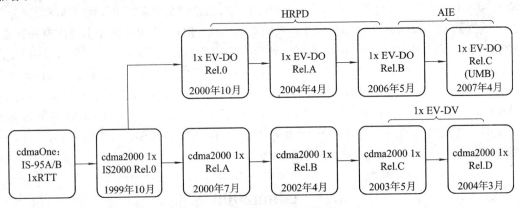

图 8-1 3GPP2 协议版本

8.2.2 EV-DO 网络结构

EV-DO 网络结构如图 8-2 所示，它由无线接入网(Radio Access Network，RAN)和核心网(Core Network，CN)组成。无线接入网(RAN)主要包含接入网(Access Network，AN)、分组控制功能(Packet Control Function，PCF)和接入网鉴权/认证/计费 服务器 (AN-Authentication, Authorization and Accounting，AN-AAA)等功能实体。RAN 主要负责无线信道的建立、维护及释放，进行无线资源管理和移动性管理，提供 PCN 与接入终端(Access Terminal，AT)之间的无线承载，传送用户数据和非接入层面的信令消息，AT 通过这些信令消息与 PCN 进行业务信息的交互。

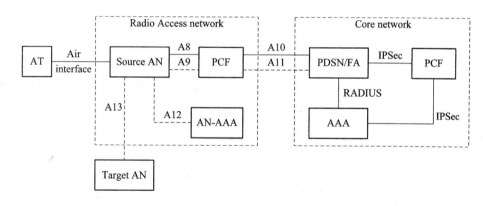

图 8-2 EV-DO 网络结构

核心网构成与 EV-DO 接入因特网的方式有关。在简单 IP 情况下，核心网主要包含 PDSN 及其鉴权/认证/计费（AAA）服务器等功能实体。PDSN 完成分组数据会话的建立、管理和释放功能。AAA 负责与用户有关的登记、鉴权和计费工作。

在移动 IP 情况下，核心网还包括功能实体外部代理（Foreign Agent，FA）和归属代理（Home Agent，HA）。其中，FA 作为移动 IP 技术中的外部代理，负责登记、计费和转发用户数据等工作，可以与 PDSN 合设。HA 是 IPSec 安全隧道的起点，用于提供用户漫游（Roaming）时的 IP 地址分配、路由（Routing）选择和数据加密等功能。

不同功能实体之间通过互操作（Inter-Operation Specification，IOS）协议接口进行通信。EV-DO IOS 接口包括 A8/A9、A10/A11、A12 和 A13。A8/A9 是 AN 与 PCF 之间的内部接口，A8 承载业务数据，A9 提供信令承载。A10/A11 是 PCF 与 PDSN 之间的接口，也称为 R-P 接口，A10 承载数据，A11 承载信令。A12 是 AN 与 AN-AAA 之间的接口，用于承载用户接入鉴权（Access Authentication）的消息。A13 接口是源（Source）AN 与目标（Target）AN 之间的接口，在会话切换时，源 AN 和目标 AN 通过 A13 传递原有会话的配置信息。

各网络实体功能如下：

1. 接入终端（AT）

AT 是为用户提供数据连接的设备。它可以与计算设备（如个人电脑）连接，或自身为一个独立的数据设备（如手机）。接入终端包括移动设备（Mobile Equipment，ME）和用户识别模块（User Identity Module，UIM）两部分，ME 由终端设备 2（Terminal Equipment 2，TE2）和移动终端 2（Mobile Terminal 2，MT2）组成。

2. 接入网（AN）

AN 是在分组网（主要为因特网）和接入终端之间提供数据连接的网络设备，完成基站收发、呼叫控制及移动性管理功能。

AN 类似于 cdma2000 1x 系统中的基站，可以由基站控制器（Base Station Controller，BSC）和基站收发器（Base Transceiver Station，BTS）组成。通常，BTS 完成 Um 接口物理层协议功能；BSC 完成 Um 接口其他协议层功能、呼叫控制及移动性管理功能。A8/A9、A12、A13 接口在 AN 的附着点是 BSC；BSC 与 BTS 之间通过 Abis 接口相连。Abis 接口是非标准接口，在 cdma2000 相关规范中未规定其协议层结构。

3. AN-AAA

AN-AAA 是接入网执行接入鉴权和对用户进行授权的逻辑实体。它通过 A12 接口与 AN 交换接入鉴权的参数及结果。

在空中接口 PPP-LCP 协商阶段,可以协商进行 CHAP 鉴权。在 AT 与 AN 之间完成 CHAP 查询-响应(Challenge-Response)信令交互后,AN 向 AN-AAA 发送 A12 接入请求消息,请求 AN-AAA 对该消息所指示的用户进行鉴权。AN-AAA 根据所收到的鉴权参数和保存的鉴权算法,计算鉴权结果,并返回鉴权成功或失败指示。若鉴权成功,则同时返回用户标识 MNID(或 IMSI),用作建立 R-P 会话时的用户标识。

AN-AAA 可以与分组核心网的 AAA 合设,此时需要在 AN 与 AAA 之间增设 A12 接口。接入鉴权功能是可选的,可以选择不实现 AN-AAA。

4. PCF

PCF 与 AN 配合完成与分组数据业务有关的无线信道控制功能。在具体实现时,PCF 可以与 AN 合设,此时 A8/A9 接口变成 AN/PCF 的内部接口。PCF 通过 A10/A11 接口与 PDSN 进行通信。1x EV-DO 的 PCF 与 cdma2000 1x 的 PCF 的功能相同。

8.2.3 EV-DO 技术特征

EV-DO 和 cdma2000 1x 是 cdma2000 技术发展的不同阶段,虽然侧重点不同,但两者的技术基础具有广泛的一致性。表 8-2 给出了两者的技术比较。

表 8-2 cdma2000 1x 与 1x EV-DO 特性比较

	cdma2000 1x	1x EV-DO Rel 0	1x EV-DO Rel A
多址方式	前反向均为码分多址	前向时分+码分 HARQ,反向码分	前向时分+码分 HARQ,反向码分 HARQ
业务特点	语音+数据业务	仅支持分组数据业务	仅支持分组数据业务
前向最高速率	153.6 kb/s(RC3)	2.4576 Mb/s	3.072 Mb/s
反向最高速率	153.6 kb/s(RC3)	153.6 kb/s	1.8 Mb/s
码片速率/载频	1.2288 Mc/s/1.25MHz	1.2288 Mc/s/1.25 MHz	1.2288 Mc/s/1.25 MHz
编码方式	卷积编码、Turbo 编码	Turbo 编码	Turbo 编码
调制方式	前向 QPSK,反向 HPSK	前向 QPSK、8PSK、16QAM,反向 BPSK	前向 QPSK、8PSK、16QAM,反向 BPSK、QPSK、8PSK
帧长	5 ms、20 ms、40 ms、80 ms	26.667 ms	26.667 ms
切换	前反向均支持软切换、更软切换、硬切换	前向支持虚拟(更)软切换、反向支持软切换、更软切换、硬切换	前向支持虚拟(更)软切换、反向支持软切换、更软切换、硬切换,增加 DSC 信道
功控	前向快速功控,反向开环、闭环功控	前向无功控,以最大功率发射,反向开环、闭环功控	前向无功控,以最大功率发射,反向开环、闭环功控,增加 T2P

第 8 章 3G 移动通信系统

从网络结构设计上看，EV-DO 与 cdma2000 1x 的差异主要体现在空中接口设计上。EV-DO 网络只提供分组业务，空中接口的设计相对比较简单，其中采用了按功能分层的思想，将空中接口分为七个协议层，各协议层功能可以独立完成，也可以根据需要决定是否全部实现。

从无线链路的设计上看，当初设计 EV-DO 系统的目的在于提供非对称的高速分组数据业务，系统设计优化的重点在于前向链路。为了解决前向链路的高速分组在无线链路的可靠性传送问题，并实现系统吞吐量的最大化，EV-DO 系统前向采用了时分复用、多用户调度、链路自适应、HARQ 和速率控制等多种关键技术。

1. 时分复用

针对分组业务的突发性特点，前向链路采用时分复用方式，避免了码分导致的同扇区多用户干扰和高低速用户分享系统功率导致的资源利用率下降。

EV-DO 前向链路的时分复用体现在两个方面：

（1）不同的前向信道分时共享每个时隙（Slot），每种信道满功率发射。

（2）不同用户分享系统的时隙资源，在每个时隙内，系统只为特定的用户服务，多用户调度准则的选择取决于前向链路的优化目标。

2. 多用户调度

时隙资源是 EV-DO 前向链路最宝贵的资源，为了提高时隙资源的利用率，EV-DO 系统将前向链路时隙在多用户之间进行分配，在每个时隙内，在保证多用户服务公平性的前提下，选择链路质量最好的用户进行服务，利用这种多用户调度技术，可以获得较高的多用户分集增益，提高系统容量。

3. 链路自适应

无线链路条件是动态变化的，为了避免无线资源的分配与链路质量失配，EV-DO 系统前向采用了链路自适应技术，主要体现在两方面：

（1）前向链路传送速率选择的自适应性。在每个时隙内，终端测量前向链路的质量，由此预测下一个时隙内前向链路所能支持的最大传送速率，并将所请求的速率反馈给系统。

（2）前向业务信道调制编码方式选择的自适应性。系统收到用户的请求速率后，选择与之匹配的前向链路调制编码方式。

由于 EV-DO 前向链路是基于时隙调度的，每时隙长度为 1.67ms，EV-DO 前向链路调制编码方式的选择和调整速度快。

4. HARQ

HARQ 机制的原理是：EV-DO 前向链路采用 Turbo 编码，数据分组（原始码流）编码后，同时输出原始码流及其校验码流。在多时隙传送情况下（系统根据速率等级决定所分配的时隙数），系统先发送原始码流，若终端正确译码，则提前中止传送后续码流，剩余时隙可以分配给其他用户使用；若终端未能正确译码，则返回否定应答信息（NAK），请求系统重传后续码流；系统收到 NAK 应答后，在分配的下一个时隙传送后续码流；终端收到后将其与之前收到的对应码流进行组合译码，根据译码结果判断是中止传送还是请求重传。重复上述步骤，直到系统传完全部分配的时隙或终端正确译码为止。

EV-DO 系统采用 HARQ 机制主要基于以下两方面原因。一方面，为了解决分组业务在无线链路中的可靠性传送问题，EV-DO 引入物理层重传机制，以减轻无线链路协议（Radio Link Protocol，RLP）数据分组重传的比率及由此所引发的过量传送延迟。另一方面，EV-DO 前向链路速率估计通常比较保守，会造成部分无线资源的浪费。HARQ 结合增量冗余（Incremental Redundancy）和提前中止（Early Termination）技术，在多时隙传送和链路质量比较好时，终端不需要等到基站传完所有分配的时隙，即可实现正确接收，从而使得实际的传送速率高于所请求的速率，部分克服了因为速率估计比较保守而导致的无线资源浪费问题。

5. 速率控制

EV-DO 前向链路优化的目标是使系统吞吐量最大化，在前向链路采用时分复用和多用户调度技术，而分组传送速率是多用户调度的一个关键参数，所以如何根据无线链路质量和系统资源状况，调整分组传送速率，就成为系统吞吐量性能改善所面临的重要问题。EV-DO 反向链路优化的目标是使得当前服务扇区内所有用户的平均分组缓存队列长度尽量小，根据系统负载和终端缓存队列长度等因素，采用速率控制有助于提高反向链路无线资源的利用率。同时考虑到 EV-DO 的反向链路是码分多址的，需要采用功率控制以限制基站处多用户的干扰水平。

EV-DO 反向链路速率控制结合功率控制机制，可以更好地保证多用户接入和系统吞吐量等方面的要求。

EV-DO 前向链路速率控制的原理是：在每个时隙内，终端测量前向导频的信干噪比（SINR），估计下一个时隙内前向链路所能支持的最大传送速率，然后以速率请求的形式反馈给系统，系统按照该终端的请求速率来分配无线资源。EV-DO 前向链路以时隙为单位进行速率控制。

EV-DO 反向链路速率控制的原理是：在每帧内，基站测量反向链路的 ROT（Rise Over Thermal），根据 ROT 计算出系统的当前负载水平（忙或非忙），并通知本小区所有终端；终端收到活跃集中所有基站的负载信息后，进行组合判决系统是忙或是非忙，并结合其反向业务信道的当前传送速率及其速率转移概率、终端发送缓冲区的数据量大小和速率上限等共同决定下一帧的传送速率。EV-DO 反向链路以帧为单位进行速率控制，反向链路速率由终端基于前向约束自主决定。

8.3 WCDMA 系统

8.3.1 演进路线及技术特点

GSM/GPRS 向 WCDMA 的技术演进路线如图 8-3 所示。一般地，GSM/GPRS 无线接入网和核心网作为一个整体向前发展；GSM/GPRS 可以先向 EDGE 演进，然后从 EDGE 演进到 WCDMA；也可以直接从 GSM/GPRS 演进到 WCDMA。3GPP 发布了 WCDMA 的 R99、R4、R5、R6、R7 等多个版本。

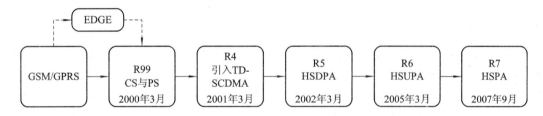

图 8-3　GSM 向 WCDMA 演进路线

R99 是 WCDMA 的第一个版本，R99 的无线接入网奠定了 WCDMA 技术的基础，其技术标准在演进到 R4 时变化不大，只是对无线技术作了少许改进。例如增加 Node B 同步选项，以降低对 TDD 系统的干扰及便于实施网管；规定直放站的使用，扩大特定区域的覆盖；增加无线接入承载的 QoS 协商，以提高无线资源管理的效率。此外，在 R4 无线接入网中正式引入了我国提出的 TD-SCDMA 技术。

在核心网分组域，R4 分组域较 R99 变化不大，主要增加了与 QoS 相关的协议。在核心网电路域，R4 引入了软交换的思想，将 R99 的 MSC 由 MSC Server 和媒体网关（Media GateWay，MGW）分开实现，MSC Server 完成 MSC 的呼叫控制与移动性管理等功能；MGW 完成语音承载及其格式转换功能。对于承载网而言，R99 采用 TDM 组网，而 R4 可以采用 TDM/ATM/IP 组网。对于信令网而言，R99 基于窄带 SS7 信令和 TDM 承载，而 R4 可以选用 IP 或 TDM 承载语音、数据及 MAP/CAP 信令等，从而为核心网向全 IP 网的演进迈出了重要的一步。从组网模式来看，R99 的网络架构决定了其组网模式必然是分级组网，而 R4 如果采用 IP 组网，可以组建结构更为简化的信令网和平面化的承载网。

R5 版本的目标是构造全 IP 网络，在研究过程中分化为 R5 和 R6 两个版本。R5 主要定义了全 IP 网络的架构，R6 侧重于业务增强及与其他网络的互通。

R5 对无线接入网和核心网进行了重大改进。在无线接入网，引入了高速下行分组接入（HSDPA）技术，使下行速率可以达到 8～10 Mb/s，大大提高了空中接口的传输带宽及频谱利用率；Iu、Iur 及 Iub 接口增加了基于 IP 的可选传输方式，实现了无线接入网的 IP 化。在核心网，在 R4 核心网基础上增加了 IP 多媒体子系统（IMS），以提供多媒体业务，并可以实现与电路域的互操作，在分组域提供增强型语音业务，实现语音业务从窄带向宽带的迁移。IMS 可以实现与 R5 电路域之间的互通，以保护运营商在 R99 上的投资。

R5 之后 WCDMA 的核心网主架构基本稳定，这样，在网络架构方面，R6 与 R5 相比没有太大的变化，主要是增加了一些新的功能特性以及对现有功能特性增强。增加的功能部分有：MBMS 功能；高速上行分组接入（HSUPA）标准的制定；网络共享，多个移动运营商有各自独立的核心网或业务网，但共享接入网；Push 业务，网络主动向用户 Push 内容，根据网络和用户的能力推出多种实现方案。增强的功能有：IMS 的完善，到达 IMS 的第二阶段；HSDPA 的完善；RAN 的增强；端到端 QoS 动态策略控制增强；安全、计费等其他功能增强。R7 版本主要继续 R6 未完成的标准和业务制定工作，如多天线技术。将考虑支持通过 CS 域承载 IMS 语音、通过 PS/IMS 域提供紧急服务、提供基于 WLAN 的 IMS 语音与 GSM 网络的 CS 域的互通、提供 xDSL（数字用户线路）和有线调制器等固定接入方式。同时引入 OFDM，完善 HSDPA 和 HSUPA 标准。

8.3.2 系统结构

采用 WCDMA 空中接口技术的第三代移动通信系统通常称为 UMTS(Universal Mobile Telecommunications System)。UMTS 系统具有与第二代移动通信系统类似的结构。包括：用户终端(User Equipment，UE)、陆地无线接入网(UMTS Terrestrial Radio Access Network，UTRAN)和核心网(Core Network，CN)。其中 UTRAN 处理所有与无线有关的功能，而 CN 处理 UMTS 系统内所有的语音呼叫和数据连接并实现与外部网络的交换和路由功能。CN 从逻辑上分为电路交换域(Circuit Switched Domain，CS)和分组交换域(Packet Switched Domain，PS)。图 8-4 给出了 R4 版本的 UMTS 系统结构图，各网元的功能分别如下介绍。

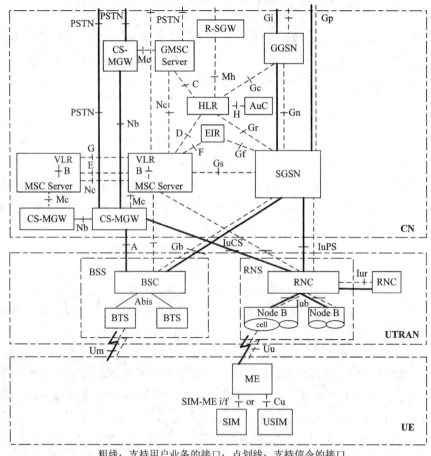

粗线：支持用户业务的接口；点划线：支持信令的接口

图 8-4 R4 的网络结构图

1. UE

UE 是用户终端，由提供用户身份识别的 USIM(The UMTS Subscriber Module)和提供应用及服务的 ME(The Mobile Equipment)两部分构成。ME 主要包括射频处理单元、基带处理单元、协议栈模块以及应用层软件模块等。UE 通过 Uu 接口与网络设备进行数据交互，为用户提供电路域和分组域内的各种业务功能，包括普通语音、数据通信、移动多媒体、Internet 应用(如 E-mail、WWW 浏览、FTP 等)。

2. UTRAN

UTRAN 包含一个或几个无线网络子系统(Radio Network Sub-system,RNS)。若考虑到 2G/3G 兼容,也可包含基站子系统(Base Station Sub-system,BSS)。一个 RNS 由一个无线网络控制器(Radio Network Controller,RNC)和一个或多个基站(Node B)组成。

Node B 是 WCDMA 系统的基站(即无线收发信机),主要由 RF 收发放大、射频收发系统(TRX)、基带部分(BB)、传输接口单元和基站控制部分几个逻辑功能模块构成。Node B 通过标准的 Iub 接口和 RNC 互连,主要完成 Uu 接口物理层协议的处理。它的主要功能是扩频、调制、信道编码及解扩、解调、信道解码,还包括基带信号和射频信号的相互转换等功能。

RNC 是无线网络控制器,主要完成连接建立和断开、切换、宏分集合并、无线资源管理控制等功能。具体包括:执行系统信息广播与系统接入控制功能;切换和 RNC 迁移等移动性管理功能;宏分集合并、功率控制、无线承载分配等无线资源管理和控制功能。

3. CN

核心网(CN)从逻辑上可划分为电路域(CS 域)和分组域(PS 域)。CS 域设备是指为用户提供"电路型业务",或提供相关信令连接的实体。CS 域特有的实体包括:MSC、GMSC、VLR、IWF。PS 域为用户提供"分组型数据业务",PS 域特有的实体包括:SGSN 和 GGSN。其他设备如 HLR(或 HSS)、AuC、EIR 等为 CS 域与 PS 域共用。

在 WCMDA 系统中,不同协议版本的核心网(CN)设备有所区别。从总体上来说,R99 和 R4 版本的 CN 都包括 CS 域和 PS 域两部分,所不同的是,在 R4 版本中,将 R99 版本中的 CS 域中的 MSC 的功能改由两个独立的实体:MSC Server 和 MGW 来实现。R5 版本的 CN 相对 R4 来说增加了一个 IP 多媒体域,其他的与 R4 基本一样。

1) 移动交换中心(MSC)

在 R99 版本中,MSC 为电路域特有的设备,用于连接无线系统(包括 BSS、RNS)和固定网。MSC 完成电路型呼叫所有功能,如控制呼叫接续,管理 MS 在本网络内或与其他网络(如 PSTN/ISDN/PSPDN、其他移动网等)的通信业务,并提供计费信息。

在 R4 版本中,为了支持全 IP 网发展需要,MSC 分成两个不同的实体:MSC 服务器(MSC Server,仅用于处理信令)和电路交换媒体网关(CS-MGW,用于处理用户数据),MSC Server 和 CS-MGW 共同完成 MSC 功能。对应的 GMSC 也分成 GMSC Server 和 CS-MGW。

(1) MSC 服务器(MSC Server)。MSC Server 主要由 MSC 的呼叫控制和移动控制组成,负责完成 CS 域的呼叫处理等功能。MSC Server 终接用户-网络信令,并将其转换成网络-网络信令。MSC Server 也可包含 VLR 以处理移动用户的业务数据和 CAMEL 相关数据。MSC Server 可通过接口控制 CS-MGW 中媒体通道的关于连接控制的部分呼叫状态。

(2) 电路交换媒体网关(CS-MGW)。CS-MGW 是 PSTN/PLMN 的传输终接点,并且通过 Iu 接口连接 CN 和 UTRAN。CS-MGW 可以是从电路交换网络来的承载通道的终接点,也可是分组网来的媒体流(例如,IP 网中的 RTP 流)的终接点。在 Iu 接口上,CS-MGW 可支持媒体转换、承载控制和有效载荷处理(例如,多媒体数字信号编解码器、回音消除器、会议桥等），可支持 CS 业务的不同 Iu 选项（基于 AAL2/ATM，或基于 RTP/UDP/IP）。

(3) GMSC 服务器(GMSC Server)。GMSC Server 主要由 GMSC 的呼叫控制和移动控制组成。

2) 访问位置寄存器(VLR)

VLR 为 CS 域特有的设备，存储着进入该控制区域内已登记用户的相关信息，为移动用户提供呼叫接续的必要数据。当 MS 漫游到一个新的 VLR 区域后，该 VLR 向 HLR 发起位置登记，并获取必要的用户数据；当 MS 漫游出控制范围后，需要删除该用户数据，因此 VLR 可看作为一个动态数据库。

3) 归属位置寄存器(HLR)

HLR 为 CS 域和 PS 域共用设备，是一个负责管理移动用户的数据库系统。PLMN 可以包含一个或多个 HLR，具体配置方式由用户数、系统容量、以及网络结构所决定。HLR 存储着本归属区的所有移动用户数据，如识别标志、位置信息、签约业务等。

当用户漫游时，HLR 接收新位置信息，并要求前 VLR 删除用户所有数据。当用户被叫时，HLR 提供路由信息。

4) 鉴权中心(AuC)

AuC 为 CS 域和 PS 域共用设备，是存储用户鉴权算法和加密密钥的实体。AuC 将鉴权和加密数据通过 HLR 发往 VLR、MSC 以及 SGSN，以保证通信的合法和安全。每个 AuC 和对应的 HLR 关联，只通过该 HLR 和外界通信。通常 AuC 和 HLR 结合在同一物理实体中。

5) 设备识别寄存器(EIR)

EIR 为 CS 域和 PS 域共用设备，存储着系统中使用的移动设备的国际移动设备识别码(IMEI)。其中，移动设备被划分"白"、"灰"、"黑"三个等级，并分别存储在相应的表格中。目前中国没有用到该设备。

6) 漫游信令网关(R-SGW)

在基于 No.7 信令的 R4 之前的网络，和基于 IP 传输信令的 R99 之后网络之间，R-SGW 完成传输层信令的双向转换(Sigtran SCTP/IP 对 No.7 MTP)。R-SGW 不对 MAP/CAP 消息进行翻译，但对 SCCP 层之下消息进行翻译，以保证信令能够正确传送。

为支持 R4 版本之前的 CS 终端，R-SGW 实现不同版本网络中 MAP-E 和 MAP-G 消息的正确互通。也就是，保证 R4 网络实体中基于 IP 传输的 MAP 消息，与 MSC/VLR(R4 版本前)中基于 No.7 传输的 MAP 消息能够互通。

7) 服务 GPRS 支持节点(SGSN)

SGSN 为 PS 域特有的设备，SGSN 提供核心网与无线接入系统 BSS、RNS 的连接，在核心网内，SGSN 与 GGSN/GMSC/HLR/EIR/SCP 等均有接口。SGSN 完成分组型数据业务的移动性管理、会话管理等功能，管理 MS 在移动网络内的移动和通信业务，并提供计费信息。

8) 网关 GPRS 支持节点(GGSN)

GGSN 也是分组域特有的设备。GGSN 作为移动通信系统与其他公用数据网之间的接口，同时还具有查询位置信息的功能。如 MS 被呼时，数据先到 GGSN，再由 GGSN 向 HLR 查询用户的当前位置信息，然后将呼叫转接到目前登记的 SGSN 中。GGSN 也提供计费接口。

8.3.3 WCDMA 无线接口技术

WCDMA 系统的主要技术参数见表 8-3 所示。在 WCDMA 系统中，移动用户终端 UE 通过无线接口上的无线信道与系统固定网络相连，该无线接口称为 Uu 接口，是 WCDMA 系统中是最重要的接口之一。无线接口技术是 WCDMA 系统中的核心技术，各种 3G 移动通信体制的核心技术与主要区别也主要存在于无线接口上。

表 8-3 WCDMA 系统的主要技术参数

频谱分配	FDD：上行 1850~1910 MHz；下行 2110~2170 MHz TDD：1900M 频段
载波带宽	FDD：5/10/20MHz；200 MHz 的整数倍；TDD：5 MHz
多址方式	FDD：DS-CDMA；TDD：TD-CDMA
TDMA 超帧、帧与时隙	FDD：72F/SF；10 ms/F；15TS/F；TS 长为 2560chip，0.667us TDD：24F/SF；10 ms/F；16TS/F；TS 长为 2560chip；0.625us(上下行隙分配可对称，也可不对称)
码片速率	FDD：3.84 Mc/s TDD：4.096 Mc/s
正交码扩频因子	FDD：扩频因子上行 4~256；下行 4~512 TDD：固定扩频(16)多码传输或可变扩频(1~16)的单码传输
数据速率	FDD：乡村室外 144 kb/s；市和郊区室外 384 kb/s；低速 2 Mb/s TDD：双向传输速率至少 384 kb/s；非双向速率至少 2 Mb/s
编码方式	FDD：卷积编码；Turbo 编码 TDD：卷积编码+速率适配的截短码
功率控制	FDD：快速闭环、开环、外环；1500 次/s；步长为 0.25~4 dB

1. 无线接口的协议结构

一个简化的 UTRAN 无线接口协议模型如图 8-5 所示，从协议结构上看，WCDMA 无线接口由层 1、层 2、层 3 组成，分别称作物理(Physical，PHY)层、媒体接入控制 (Medium Access Control，MAC)层、无线资源控制(Radio Resource Control，RRC)层。从协议层次的角度看，WCDMA 无线接口上存在三种信道，物理信道、传输信道、逻辑信道。其中 MAC 层完成逻辑信道到传输信道的映射，PHY 层完成传输信道到物理信道的映射。

物理层通过传输信道向 MAC 层提供业务，而传输数据本身的属性决定了什么种类的传输信道和如何传输；MAC 层通过逻辑信道向 RRC 层提供业务，而发送数据本身的属性决定了逻辑信道的种类。在 MAC 层中，逻辑信道被映射为传输信道。MAC 层负责根据逻辑信道的瞬间源速率为每个传输信道选择适当的传输格式(TF)。传输格式的选择和每个连接的传输格式组合集(由接纳控制定义)紧密相关。

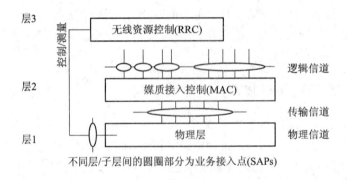

图8-5 无线接口的物理结构

RRC层也通过业务接入点(SAP)向高层(非接入层)提供业务。业务接入点在UE侧和UTRAN侧分别由高层协议和IU接口的RANAP协议使用。所有的高层信令(包括移动性管理、呼叫控制、会话管理)都首先被压缩成RRC消息,然后在无线接口发送。

在发射端,来自MAC和高层的数据流在无线接口进行发射,要经过复用和信道编码、传输信道到物理信道的映射以及物理信道的扩频和调制,形成无线接口的数据流在无线接口进行传输,如图8-6所示。在接收端,则是一个逆向过程。

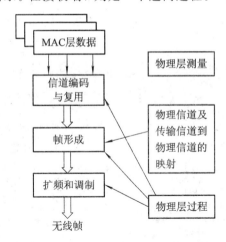

图8-6 数据处理过程示意图

2. UTRAN的信道

UTRAN的信道可分为:逻辑信道、传输信道和物理信道。

1) 逻辑信道

直接承载用户业务,根据承载的是控制平面业务还是用户平面业务分为两大类,即控制信道和业务信道。控制信道只用于控制平面信息的传送,包括:广播控制信道(BCCH)、寻呼控制信道(PCCH)、公共控制信道(CCCH)、专用控制信道(DCCH)。业务信道只用于用户平面信息的传送,包括:专用业务信道DTCH和公共业务信道(CTCH)。

2) 传输信道

无线接口层2和物理层的接口,物理层是通过传输信道向MAC层提供服务的,传输信道的特性通过传输格式或传输格式集来表征,它指定了物理层对传输信道所做的处理,比如卷积信道编码，交织，速率匹配等。根据传输的是针对一个用户的专用信息还是针对所有用户的公共信息而分为专用信道和公共信道两大类，如图 8-7 所示。

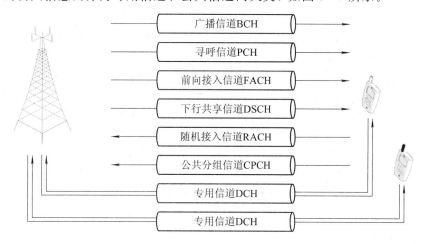

图 8-7 传输信道

专用传输信道仅存在一种，即专用信道 DCH。DCH 用于发送特定用户物理层以上的所有信息，其中包括实际业务的数据以及高层控制信息。

公共传输信道共有六种：BCH，FACH，PCH，RACH，CPCH 和 DSCH。与 2G 系统不同的是，可以在公共信道和下行链路共享信道中传输分组数据。同时，公共信道不支持软切换，但一部分公共信道可以支持快速功率控制。

(1) 广播信道(BCH)是下行传输信道，用来发送 UTRA 网络或某一给定小区的特定信息。每个网络所需的最典型数据有：小区内可用的随机接入码和接入时隙或该小区中其他信道使用的发射分集方式。

(2) 前向接入信道(FACH)是下行传输信道，用于向终端发送控制信息的下行链路传输信道。也就是说，该信道用于基站接收到随机接入消息之后。系统可以在 FACH 中向终端发送分组数据。

一个小区中可以有多个 FACH，但其中必须有一个具有较低的比特速率，以使该小区范围内的所有终端都能接收到，其他 FACH 也可以具有较高的数据速率。

(3) 寻呼信道(PCH)是用于发送与寻呼过程相关数据的下行链路传输信道，用于网络与终端进行初始化。最简单的一个例子是向终端发起语音呼叫，网络使用终端所在区域内的小区的寻呼信道，向终端发送寻呼消息。寻呼消息可以在单个小区发送，也可以在几百个小区内发送，取决于系统配置。

(4) 随机接入信道(RACH)是用来发送来自终端的控制信息(如请求建立连接)的上行链路传输信道。它同样也可以用来发送终端到网络的少量分组数据。

(5) 公共分组信道(CPCH)是 RACH 信道的扩展，用来在上行链路方向发送基于分组的用户数据。

(6) 下行共享信道(DSCH)是用来发送专用用户数据和/或控制信息的传输信道，它可以由几个用户共享。

3) 物理信道

物理信道是各种信息在无线接口传输时的最终体现形式，每一种使用特定的载波频率、码(扩频码和扰码)以及载波相对相位(0 或 π/2)的信道都可以理解为一类特定的信道。物理信道按传输方向可分为上行物理信道与下行物理信道。

(1) 上行物理信道分为上行专用物理信道和上行公共物理信道,如图 8-8 所示。

图 8-8 上行物理信道

上行专用物理信道分为上行专用物理数据信道(上行 DPDCH)和上行专用物理控制信道(上行 DPCCH)。DPDCH 和 DPCCH 在每个无线帧内是 I/Q 码复用。

上行 DPDCH 用于传输专用传输信道(DCH)。在每个无线链路中可以有 0 个、1 个或者几个上行 DPDCH。

上行 DPCCH 用于传输 L_1 产生的控制信息。L_1 的控制信息包括支持信道估计以进行相干检测的已知导频比特、发射功率控制指令 TPC、反馈信息 FBI 以及一个可选的传输格式组合指示 TFCI。TFCI 将复用在上行 DPDCH 上的不同传输信道的瞬时参数通知给接收机,并与同一帧中要发射的数据相对应。在每个层 1 连接中有且仅有一个上行 DPCCH。

图 8-9 为上行专用物理信道的帧结构。每个帧长 10 ms,分成 15 个时隙,每个时隙长度为 $T_{slot}=2560$ chips,对应一个功率控制周期,即一个功率控制周期为 10/15 ms。

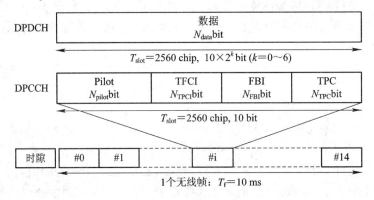

图 8-9 上行专用物理信道帧结构

图 8-9 中的参数 k 决定每个上行 DPDCH/DPCCH 时隙的比特数。它与物理信道的扩频因子 SF 有关,$SF=256/2^k$。DPDCH 的扩频因子的变化范围为 256、128、64、32、16 和 4,上行 DPCCH 的扩频因子固定为 256,即每个上行 DPCCH 时隙有 10 个比特。

上行 DPDCH 确切的比特数和上行 DPCCH 各个字段(N_{pilot}、N_{TFCI}、N_{FBI} 和 N_{TPC})的比特数由高层按照业务类型不同配置不同时隙格式。

FBI 比特用于支持在 UE 和 UTRAN 接入点之间(即小区收发信机)需要反馈的技术,它包括闭环模式发射分集和地点选择分集(SSDT)。FBI 由 S 字段和 D 字段组成,其中 S 字段用于 SSDT 信令,D 字段用于闭环模式发射分集信令。S 字段由 0、1 和 2 个比特组成。D 字段由 0 或 1 个比特组成。总的 FBI 字段的大小 N_{FBI} 在不同时隙格式情况下不同。

上行公共物理信道包括物理随机接入信道(PRACH)和物理公共分组信道(PCPCH)。其中 PRACH 用于承载 RACH，即用于移动台在发起呼叫等情况下发送接入请求信息；PCPCH 用于承载 CPCH，即它是一条多用户接入信道，用于传送 CPCH 传输信道上的信息。

(2) 下行物理信道有下行专用物理信道、一个共享物理信道和五个公共控制物理信道，如图 8-10 所示。

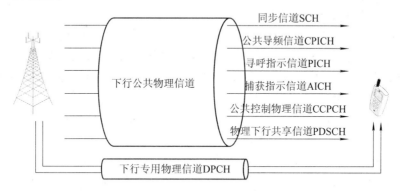

图 8-10 下行物理信道

下行专用物理信道只有一种类型即下行 DPCH。在一个 DPCH 内，专用数据在层 2 或更高层产生，即专用传输信道(DCH)，是与 L_1 产生的控制信息(包括已知的导频比特，TPC 指令和一个可选的 TFCI)以时间分段复用的方式进行传输发射。因此下行 DPCH 可看作是一个下行 DPDCH 和下行 DPCCH 的时间复用。图 8-11 为下行 DPCH 的帧结构。每个长 10 ms 的帧被分成 15 个时隙，每个时隙长为 $T_{slot}=2560$ chips，对应一个功率控制周期。

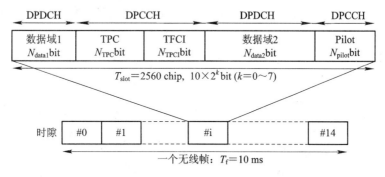

图 8-11 下行 DPCH 的帧结构

图 8-11 中的参数 k 确定了每个下行 DPCH 时隙的总比特数。它与物理信道的扩频因子有关，即 $SF=512/2^k$。因此扩频因子的变化范围为 512 到 4。不同下行 DPCH 的实际比特数(N_{pilot}，N_{TPC}，N_{TFCI}，N_{data1} 和 N_{data2})，由高层配置不同时隙格式确定，支持 17 种不同时隙格式。

有两种类型不同的下行专用物理信道：包括 TFCI(如用于一些同时发生的业务)和那些不包括 TFCI 的(如用于固定速率业务的)。由 UTRAN 决定 TFCI 是否应该被发射，对所有 UEs 而言，必须在下行链路上支持 TFCI 的使用。

下行 DPCCH 的导频比特模式 $N_{pilot}=2$、4、8 和 16。TPC 符号与发射功率控制命令

"0"或"1"的关系对应。

下行链路可以使用多码发射，即一个CCTrCH可以映射到几个并行的使用相同的扩频因子的下行DPCHs上。在这种情况下，L_1的控制信息仅放在第一个下行DPCH上，在对应的时间段内，属于次CCTrCH的其他的下行DPCHs发射DTX比特。当映射到不同的DPCHs的几个CCTrCHs发射给同一个UE时，不同CCTrCH映射的DPCHs可使用不同的扩频因子。在这种情况下，L_1的控制信息仅放在第一个下行DPCH上，在对应的时间段内，属于此CCTrCH的其他下行DPCHs发射DTX比特。

在下行公共物理信道中，包括以下信道。

① 公共导频信道(CPICH)为固定速率的物理信道，用于相位参考。CPICH分两种：主公共导频信道(PCPICH)和辅助公共导频信道(SCPICH)。每个小区仅有一个PCPICH，SCPICH每个小区可以没有，也可以有一个或数个。

② 公共控制物理信道(CCPCH)分为基本公共控制物理信道(P-CCPCH)和辅助公共控制物理信道(S-CCPCH)。P-CCPCH为固定速率的物理信道，用于携带BCH传输信道；S-CCPCH用于携带FACH和PCH传输信道，其扩频因子的取值范围是256~4。

③ 同步信道(SCH)用于小区搜索。它包含两个子信道：主同步信道(PSCH)和辅助同步信道(SSCH)。

④ 物理下行共享信道(PDSCH)用于携带DSCH传输信道。在同一个无线帧内，有着相同扩频因子的多个并行的PDSCH可以分配给同一个UE。在不同的无线帧中，分配给同一个UE的PDSCH可以有不同的扩频因子。

⑤ 捕获指示信道(AICH)为固定速率的物理信道，用于携带捕获指示(AI)。AI对应于PRACH信道的码型。

⑥ 寻呼指示信道(PICH)为固定速率的物理信道，用于携带寻呼指示(PI)。

⑦ CPCH状态指示信道(CSICH)为固定速率的物理信道，用于携带CPCH状态信息。

4) 信道映射

信道映射分为逻辑信道与传输信道之间的映射以及传输信道与物理信道之间的映射。分别如图8-12和图8-13所示。

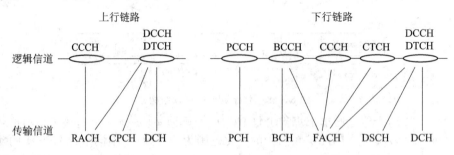

图8-12 逻辑信道与传输信道之间的映射关系

物理信道除了有对应的传输信道之外，还有只与物理层过程有关的信道。同步信道SCH、公共导频信道CPICH和捕获指示信道AICH对高层来说不是直接可见的，但从系统功能的观点来说，这些信道是必需的，每个基站都要发送这些信道。如果使用CPCH，还需要CSICH和CAICH两个信道。

第 8 章　3G 移动通信系统

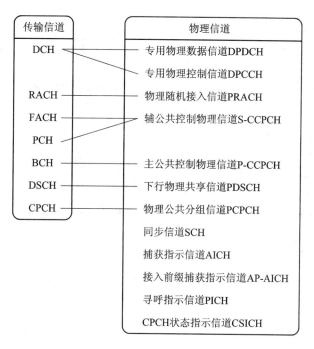

图 8-13　传输信道与物理信道之间的映射关系

3. 信道编码与复用

为了在无线传输链路上提供可靠的数据传输服务，物理层需要对来自 MAC 子层和高层的数据流(传输块)进行编码/复用后发送。图 8-14 为传输信道编码和复用的过程。

到达编码/复用单元的数据以传输块集的形式传递，每个传输时间间隔(TTI)内传递一次，TTI 长度可以取 10 ms、20 ms、40 ms 或 80 ms。

1) 添加 CRC 校验

通过对每个传输块添加 CRC(循环冗余校验)码来得到差错检测。CRC 的大小可以是 24，16，12，8 或 0 bit，由高层决定每个传输信道使用的 CRC 大小(传输格式中的半静态部分)，除非进行链路重配置，否则不会改变。CRC 只具有检错功能，没有纠错功能，用于在接收端检测该 TB 中是否有出错比特，进而用于测量 BLER。CRC 位添加在数据末端，且要进行比特反转，其作用是有利于盲传输格式检测。

2) 传输块的拼接和编码块的分段

传输块拼接是指将一个传输信道中一个 TTI 内的所有加完 CRC 的 TB 进行串行拼接，目的是提高效率。

编码块分段是指当一个 TTI 中的数据大于编码器允许的最大长度时，需要分成几段送入编码器，编码块的最大大小(bit)由使用的编码方式决定：对卷积码，最大长度为 504；对 Turbo 码，最大长度为 5114；对无编码的情况，则没有限制。分成的各段应该长度一样，如果不能均分，在开始位置填充"0"比特。如果 Turbo 编码的码块长度<40，则在开始位置填充"0"比特，使编码长度始终为 40。

3) 信道编码

码块被送到信道编码模块，可根据以下信道编码方案进行编码。卷积编码：规定使

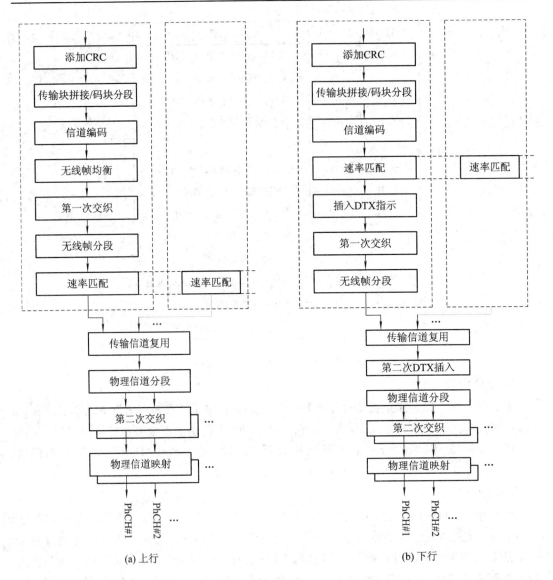

图 8-14 传输信道编码和复用的过程

的编码速率通常为 1/2 和 1/3；Turbo 编码：Turbo 编码器是一种并行级联卷积码编码器，可用于高速、高质量的业务中。

4) 无线帧均衡

无线帧大小均衡的目的是为输入的 bit 序列加上附加码流以确保输出的 bit 序列能够被分成大小一样的数据段（跟速率匹配相关）。无线帧均衡只在上行方向存在。

5) 第一次交织

交织的主要目的是将突发错误变成随机错误以利于译码器进行纠错，抵抗深度快衰落造成的影响。

分为第一次交织和第二次交织，两者均为矩形（矩阵）交织器，遵循行进列出的原则（进行矩阵置换）。

第一次交织又称为帧间交织，其交织深度由当前的 TTI 决定，并分别规定了列输出的顺序,不能出现交织器不满的情况(如果出现不满的情况,则上行通过无线帧均衡来填充比特使其能满,下行通过速率匹配和 DTX 插入能得到保证,同时为后面的无线帧分段作准备)。

第二次交织又称为帧内交织,交织深度为 30(即矩形交织器的列数为 30),交织器可以不满(如果不满,则交织前插入填充比特,交织去掉填充比特)。

6) 无线帧分段

由于信道复用之前都是以 TTI 为单位进行处理的,但信道复用则是以无线帧为单位进行的,所以需要利用无线帧分段的步骤来将一个 TTI 的数据分成均等的 TTI/10ms 个无线帧。

如果传输时间间隔长于 10 ms,那么输入比特序列将分段并映射到连续的无线帧上。下行链路在速率匹配之后,上行链路在无线帧尺寸均衡之后,进行无线帧的分段。

7) 速率匹配

速率匹配的采用是因为复用的情况非常多,而最终物理信道的传输能力是有限的几种,需要通过速率匹配使得复用后的数据量正好与物理信道的能力相适应;此外,速率匹配还提供一种 QoS 保证机制,平衡各业务的质量。

速率匹配采用的手段是对传输信道上的 bit 流进行重复或打孔。高层会为每个传输信道指派一个速率匹配属性。这个特性是准静态的并且只能通过高层来改变。速率匹配特性被用来计算出比特重复或者打孔的数。

8) 传输信道复用

将每个传输信道的一个 10 ms 无线帧拼接起来(若是灵活位置,则还需插入 DTX)便形成 CCTrCH,此处成为传输信道与物理信道的分界点。一个 CCTrCH 只能给一个 UE,但一个 UE 可以有多个下行 CCTrCH。一个 CCTrCH 可以映射到多个 DPCH 中,此即为多码传输。

9) 物理信道分段

当一个 CCTrCH 的数据量超出一个物理信道的传输能力,或当前的码资源提供不了合适的物理信道时,便需采用多码传输,从而需要利用物理信道分段来将一个 CCTrCH 的数据分成均等的几份。

对不同的 CCTrCH,其传输块数、TTI 的值、复用的信道数、多码传输的采用与否等都有规定。从这方面来讲,BCH 最简单,RACH 次之,FACH 和 PCH 再次之,CPCH 再次之,DCH 和 DSCH 最复杂。

一个无线链路中只有一个 DPCCH,因此,一个 DPCCH 可能同时负责几个 DPDCH。

10) 第二次交织

第二次交织是帧内交织,完成一个无线帧内部数据比特的位置变换操作。对于每个 CCTrCH 帧形成的一个或者 P 个块,其每块的大小为 X 比特,将比特流按行输入到一个矩阵中,该矩阵的列数为 $C_2=30$,行数为 $R=X/30$,然后根据列间置换方式进行置换,最后按列读出形成一个比特流。

11) 物理信道映射

所有的比特都将被映射到物理信道上,通过空中接口传输。

12) DTX 比特插入

在下行链路中,利用 DTX 比特填充无线帧。DTX 指示比特的插入位置取决于无线帧中 TrCH 的位置是否固定。在连接时，UTRAN 决定每个编码组合传输信道（CCTrCH）是否使用固定位置。当传输被关闭时，使用 DTX 指示比特，而且这些指示比特不被发送。第一次插入 DTX 比特采用固定位置。第二次 DTX 指示比特的插入为不固定位置。

4. 扩频与调制

物理信道成帧之后，需要进行扩频与调制，如图 8-15 和图 8-16 所示。扩频分两步进行，第一步称为信道化操作：在 WCDMA 系统中用 OVSF 码作为信道化码。以保持不同数据速率和不同扩频因子的信道之间的正交性。第二步是加扰操作：用一个伪随机序列与信道化后的已扩频符号相乘，进行加扰且扰码的码字速率与已扩频符号相同。上行链路的扰码用于区分用户，而下行链路的扰码用于区分小区和信道。WCDMA 系统采用 Gold 码作为扰码。经过扩频之后的信号要进行 QPSK 调制，调制后的码片速率都是 3.84 Mc/s，上下行链路调制相同。

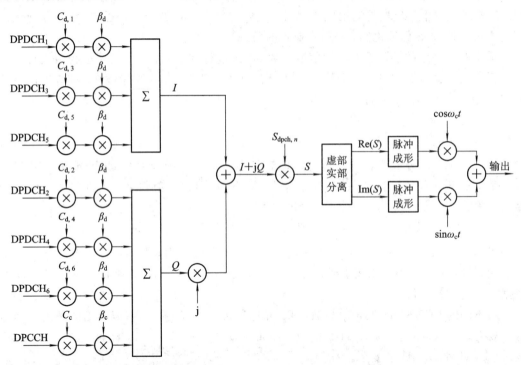

图 8-15 上行 DPDCH/DPCCH 的扩频与调制

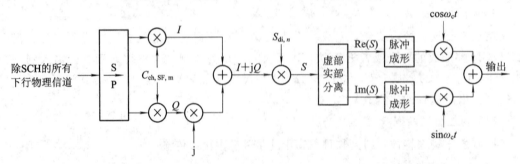

图 8-16 除 SCH 外的下行物理信道的扩频与调制

8.4 TD-SCDMA 系统

TD-SCDMA 标准由中国无线通信标准组织(CWTS)提出,在 3GPP 的 R4 版本中开始被引入,融合到了 3GPP 关于 WCDMA-TDD 的相关规范中。TD-SCDMA 和 WCDMA 具有相同的网络结构和高层指令,两者都可以向后兼容 GSM 系统,支持 GSM/MAP 核心网。TD-SCDMA 系统的物理层主要技术与 WCDMA 也基本类似,两种制式的主要区别在于空中接口部分。TD-SCDMA 采用了 TDD 的时分双工方式,另外运用了一些特色技术,比如上行同步、智能天线、联合检测、接力切换等一系列新技术。

8.4.1 物理信道的帧结构

TD-SCDMA 的物理信道采用四层结构:系统帧号、无线帧、子帧和时隙/码。时隙用于在时域和码域上区分不同用户信号,具有 TDMA 的特性。图 8-17 给出了物理信道的信号格式。

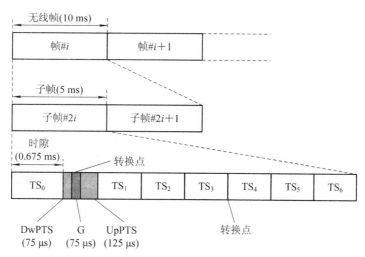

图 8-17 TD-SCDMA 的物理信道信号格式

TDD 模式下的物理信道是将一个突发在所分配的无线帧的特定时隙发射。无线帧的分配可以是连续的,即每一帧的相应时隙都分配给物理信道;也可以是不连续的分配,即将部分无线帧中的相应时隙分配给该物理信道。一个突发由数据部分、midamble 部分和保护间隔组成。突发的持续时间是一个时隙。发射机可以同时发射几个突发,在这种情况下,几个突发的数据部分必须使用不同 OVSF 的信道码,但应使用相同的扰码。midamble 码部分必须使用同一个基本 midamble 码,但可使用不同偏移量(midamble shift)。

突发的数据部分由信道码和扰码共同扩频。信道码是一个 OVSF 码,扩频因子可以取 1,2,4,8 或 16,物理信道的数据速率取决于使用的 OVSF 码所采用的扩频因子。

因此,物理信道是由频率、时隙、信道码和无线帧分配来定义的。小区使用的扰码和基本 midamble 是广播的,而且可以是不变的。建立一个物理信道的同时,也就给出了它的起始帧号。物理信道的持续时间可以无限长,也可以定义资源分配的持续时间。

TD-SCDMA 系统帧结构的设计考虑到对智能天线、上行同步等新技术的支持。一个 TDMA 帧长为 10 ms，分成两个 5 ms 子帧。这两个子帧的结构完全相同。

如图 8-18 所示，每一子帧又分成长度为 675 μs 的 7 个常规时隙和 3 个特殊时隙。这三个特殊时隙分别为 DwPTS(下行导频时隙)、G(保护时隙)和 UpPTS(上行导频时隙)。在 7 个常规时隙中，TS_0 总是分配给下行链路，而 TS_1 总是分配给上行链路。上行时隙和下行时隙之间由转换点分开，在 TD-SCDMA 系统中，每个 5 ms 的子帧有两个转换点（UL 到 DL，和 DL 到 UL）。通过灵活地配置上下行时隙的个数，使 TD-SCDMA 适用于上下行对称及非对称的业务模式。图 8-19 分别给出了对称分配和不对称分配的例子。

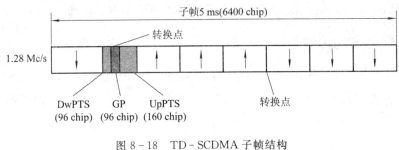

图 8-18 TD-SCDMA 子帧结构

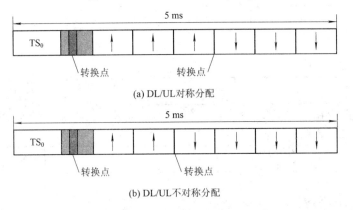

图 8-19 TD-SCDMA 帧结构示图

8.4.2 TD-SCDMA 特色技术

1. 上行同步

在 CDMA 移动通信系统中，下行链路总是同步的。所以一般所说同步 CDMA 都是指上行同步，即要求来自不同距离的不同用户终端的上行信号能同步到达基站。特别是对 TDD 的系统，上行同步能够给系统带来很大的好处。由于移动通信系统是工作在具有严重干扰、多径传播和多普勒效应的实际环境中，要实现理想的同步是几乎不可能的。但是让每个上行信号的主径达到同步，对改善系统性能、简化基站接收机的设计都有明显的好处。另外，需要指出的是，我们这里讨论的同步是指的空中接口的同步，并不包括网络之间的同步。

1) 上行同步的建立

在 UE 开机之后，它首先必须与小区建立下行同步，然后才能够开始建立上行同步。

在用户终端随机接入时，虽然可以接收到基站的 DwPTS 信号，但是并不知道与 Node

B 的距离,导致 UE 的上行发射不能同步到达 Node B。因此,为了减小对常规时隙的干扰,上行信道的首次发送在 UpPTS 这个特殊时隙进行。SYNC_UL 突发的发射时刻可通过对接收到的 DwPTS 和/或 P-CCPCH 的功率估计来确定。Node B 通过在搜索窗内检测到的 SYNC_UL 序列,可估计出接收功率和时间。然后 Node B 向 UE 发送反馈信息,给出 UE 下次发射的功率以及时间调整值,以便建立上行同步。正常情况下,NodeB 将在收到 SYNC_UL 后的 4 个子帧内对 UE 做出应答。如果 UE 在 4 个子帧内没有收到来自 Node B 的应答,则认为同步请求发送失败。UE 将会随机延迟一段时间,然后开始尝试同步发送。

上行同步通常用于系统的随机接入过程,当系统失去上行同步后,重新建立同步的过程也要经过上述步骤。

2) 上行同步的保持

因为 UE 是移动的,它到 Node B 的距离总是在变化的。所以在整个通信过程中,Node B 必须不间断地检测其上行帧中 midamble 码的到达时刻,并对 UE 的发射时刻进行闭环控制,以保持可靠地同步。

上行同步的具体过程为:Node B 可以在同一个时隙通过测量每个 UE 的 midamble 码来估计 UE 的发射功率和发射时间偏移,然后在下一个可用的下行时隙中发射同步偏移(SS)命令和功率控制(PC)命令,以使 UE 可以根据这些命令分别适当调整它的 T_x 时间和功率。从而保证了上行同步的稳定性,可以在一个 TDD 子帧检查一次上行同步。上行同步的调整步长是可配置和再设置的,取值范围为 1/8~1 chip。上行同步的更新有三种可能情况:增加一个步长,减少一个步长,不变。

3) 同步精度的要求

如前所述,在 TD-SCDMA 系统中,同步调整的步长约为码片宽度的 1/8,即大约 100 ns。在实际系统中所要求和可能达到的精度则将由基带信号的处理能力和检测能力来确定,一般可能在 1/8 至 1 个码片的宽度。因为同步检测和控制是每个子帧(5 ms)一次,一般来说,在此时间内 UE 的移动范围不会超过十几厘米,因而,这个同步精度已经足够,并不会限制和影响 UE 的高速移动。

2. 动态信道分配(DCA)

TD-SCDMA 系统的无线资源包括频率、时隙、码字、功率及空间资源,系统中的任何一条物理信道都是通过它的载频/时隙/扩频码的组合来标记的。信道分配实际上就是一种无线资源的分配过程。动态信道分配(Dynamic Channel Allocation)DCA 算法主要具有两方面的特点,一方面是,能够限制干扰、最小化信道重用距离,从而高效率地利用有限的无线资源,提高系统容量;另一方面是,适应 3G 业务的需要,尤其是高速率的上、下行不对称的数据业务和多媒体业务。采用 DCA 是 TDD 系统的优势所在,能够灵活地分配时隙资源,动态地调整上下行时隙的个数,从而可以灵活地支持对称及非对称的业务。

因此,DCA 具有频带利用率高、无需信道预规划、可以自动适应网络中负载和干扰的变化等优点。其缺点在于,DCA 算法相对于 FCA(固定信道分配)来说较为复杂,系统开销也比较大。

在 DCA 技术中,信道并不是固定地分给某个小区,而是被集中在一起进行分配。只要能提供足够的链路质量,任何小区都可以将该信道分给呼叫。在实际运行中,RNC 集中管理一些小区的可用资源,根据各个小区的网络性能参数、系统负荷情况和业务的 QoS 参数,动态地将信道分配给用户。在小区内分配信道的时候,相邻小区的信道使用情况对于 RNC 来说是已知的,不需要再通过小区间的信令交互获得。动态信道分配技术一般包括两个方面:一是把资源分配到小区,也叫做慢速 DCA。二是把资源分配给承载业务,也叫做快速 DCA。

1) 慢速 DCA

慢速 DCA 的主要任务是进行各个小区间的资源分配,在每个小区内分配和调整上下行链路的资源,测量网络端和用户端的干扰,并根据本地干扰情况为信道分配优先级。

使用 DCA 技术,频域内的簇复用不需要再进行频率规划。对于一个运营商来说,如果有多个的载频,也可以采用大于 1 的频率复用系数。

由于 3G 系统支持多种业务,包括上下行业务量不对称的业务,因此对于不同小区,在不同的时间,对上下行容量的需求也是不断变化的。TDD 系统特有的帧结构可以通过动态分配上下行时隙的信道资源来满足业务的 QoS 需要。

干扰的测量能够使系统了解网络内各个小区的负荷情况,通过时隙间信道的调配,缓解临近小区之间由于使用相同的资源造成干扰严重的问题。

基站和移动终端对本地干扰的测量是为信道划分优先级的基础。系统根据网络的负荷信息,将为用户选择优先级最高、干扰最小的信道接入系统,从而改善系统接纳成功率和用户接纳时间。

2) 快速 DCA

快速 DCA 包括信道分配和信道调整两个过程。

信道分配是根据其需要资源单元(Resource Units,RUs)的多少为承载业务分配一条或多条物理信道。一般要根据慢速 DCA 得到的该小区信道优先级列表,在优先级最高的时隙中分配 RU 资源。

信道调整(也就是信道重分配)可以通过 RNC 对小区负荷情况、终端移动情况和信道质量的监测结果,动态地对资源单元(主要是时隙和码道)进行调配和切换。

快速 DCA 算法的效率和复杂度主要取决于移动终端的多时隙(Multislot)和多码道(Multicode)控制能力。

3. 智能天线

智能天线通常被定义为一种安装于移动无线接入系统基站侧的天线阵列,通过一组带有可编程电子相位关系的固定天线单元,获取基站和移动台之间各个链路的方向特性。其原理是将无线电信号导向具体的方向,产生空间定向波束,使天线主波束对准用户信号到达方向(Direction of Arrival,DOA),旁瓣或零陷对准干扰信号到达方向,达到高效利用移动用户信号并消除或抑制干扰信号的目的,如图 8-20 所示。同时,智能天线技术利用各个移动用户间信号空间特征的差异,通过阵列天

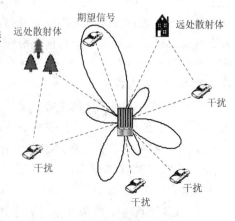

图 8-20 智能天线波达方向示意图

线技术在同一信道上接收和发射多个移动用户信号而不发生相互干扰,使无线电频谱的利用和信号的传输更为有效。

在 TD-SCDMA 系统中智能天线基本思想是:天线以多个高增益窄波束动态地跟踪多个期望用户,接收模式下,来自窄波束之外的信号被抑制,发射模式下,能使期望用户接收的信号功率最大,同时使窄波束照射范围以外的非期望用户受到的干扰最小。智能天线是利用用户空间位置的不同来区分用户,在相同时隙、相同频率或相同地址码的情况下,仍然可以根据信号不同的空间传播路径来区分。

TD-SCDMA 由于上下行无线链路使用同一载频,无线传播特性近似相同,能够很好地支持智能天线技术,智能天线的使用增加了 TD-SCDMA 无线接口的容量。

TD-SCDMA 智能天线主要实现 2 种波束:广播波束和业务波束。广播波束是在广播时隙形成,实现对整个小区的广播,所以要求波束宽度很宽,尽量做到小区无缝隙覆盖。业务波束是在建立具体的通话链路后形成,也就是形成跟踪波束,它会针对每一个用户形成一个很窄的波束,这些波束会紧紧地跟踪用户。由于波束很窄,能量比较集中。在相同功率情况下,智能天线能将有用信号强度增加,同时减小对其他方向用户的干扰,由于智能天线能很好地集中信号,所以发射机可以适当地减小发射功率。

4. 联合检测

在 CDMA 移动通信系统中,由于用户所使用的扩频码集并非严格正交,不同用户之间的非零互相关系数会引起多址干扰(Multiple Access Interference,MAI)的产生,在异步传输或多径传播环境中,这种多址干扰表现得更加严重,成为影响系统性能的主要因素。

消除 MAI 的传统方法是将其看作信道白噪声的一部分,直接采用相关检测的方法。该方法虽然简单,但从信息论角度来看,CDMA 系统是一个多入多出的系统,采用这种单入单出的检测方式,必然不能充分利用用户间的相关信息,从而大大降低系统的容量。即使用户数不是很多,如果个别用户的功率远远高于其他用户,也会淹没其他用户的信号,出现严重的"远近效应"问题。

实际上,多址干扰中包含许多先验的信息,可通过挖掘有关干扰用户的信息来消除多址干扰,进而提高信号检测的性能。这种充分利用造成多址干扰的所有用户信号信息对期望用户进行检测的方法称为多用户检测(Multi-user Detection,MUD)技术。多用户检测能有效地消除多址干扰,并能解决"远近效应"问题,降低系统对功率控制精度的要求。

联合检测(Joint Detection)是 TD-SCDMA 技术中革新的多用户检测方案,接收机综合考虑了接收到的多址干扰和多径干扰,在进行了充分的信道估计的前提下,将有用信号提取出来,达到抗干扰的目的。

考虑到复杂度和与智能天线相结合,在 TD-SCDMA 系统中采用了迫零-分块线性均衡(ZF-BLE)法。

5. 接力切换

接力切换(Baton Handover)是 TD-SCDMA 移动通信系统的核心技术之一。其设计思想是利用智能天线和上行同步等技术,在对 UE 的距离和方位进行定位的基础上,根据 UE 方位和距离信息作为辅助信息来判断目前 UE 是否移动到了可进行切换的相邻基站的临近区域。如果 UE 进入切换区,则 RNC 通知该基站做好切换的准备,从而达到快速、可靠和高效切换的目的。这个过程就像是田径比赛中的接力赛跑传递接力棒一样，因而人们形象地称之为接力切换。

接力切换是介于硬切换和软切换之间的一种新的切换方法。与软切换相比，两者都具有较高的切换成功率、较低的掉话率以及较小的上行干扰等优点。它们的不同之处在于接力切换并不需要同时有多个基站为一个移动台提供服务，因而克服了软切换需要占用的信道资源较多，信令复杂导致系统负荷加重，以及增加下行链路干扰等缺点。与硬切换相比，两者都具有较高的资源利用率，较为简单的算法，以及系统相对较轻的信令负荷等优点。不同之处在于接力切换断开原基站和与目标基站建立通信链路几乎是同时进行的，因而克服了传统硬切换掉话率较高、切换成功率较低的缺点。接力切换的突出优点是切换高成功率和信道高利用率。

实现接力切换的必要条件是：网络要准确获得 UE 的位置信息，包括 UE 的信号到达方向 DOA，和 UE 与基站之间的距离。在 TD-SCDMA 系统中，由于采用了智能天线和上行同步技术，因此，系统可以较为容易获得 UE 的位置信息。具体过程如下。

(1) 利用智能天线和基带数字信号处理技术，可以使天线阵根据每个 UE 的 DOA 为其进行自适应的波束赋形。对每个 UE 来讲，好像始终都有一个高增益的天线在自动地跟踪它。基站根据智能天线的计算结果就能够确定 UE 的 DOA，从而获得 UE 的方向信息。

(2) 在 TD-SCDMA 系统中，有一个专门用于上行同步的时隙 UpPTS。利用上行同步技术，系统可以获得 UE 信号传输的时间偏移，进而可以计算得到 UE 与基站之间的距离。

(3) 在(1)和(2)之后，系统就可准确获得了 UE 的位置信息。

因此，上行同步、智能天线和数字信号处理等先进技术，是 TD-SCDMA 移动通信系统实现接力切换的关键技术基础。

习题与思考题

1. 第三代移动通信系统的主流标准有哪几种？
2. 简述 cdma2000 的演进路线及各版本的特点？
3. 一个可独立运行的最简的 WCDMA 系统应由哪些基本单元组成？
4. 在 WCDMA 系统中，信道可划分为物理信道、传输信道和逻辑信道，它们各自的含义和特点是什么？
5. TD-SCDMA 的物理层与 WCDMA 的物理层有何异同点？
6. 智能天线的应用可以带来哪些好处？智能天线可否用于 GSM 系统？
7. 接力切换与传统的切换有哪些区别？

第9章 B3G/4G 移动通信系统

B3G(Beyond 3G)技术的研究从20世纪末3G技术标准化完成后就开始了。国际电信联盟无线部门(ITU-R)将 B3G 技术正式命名为 IMT-Advanced(International Mobile Telecommunications-Advanced)，并于2008年2月向各国发出通函，征集 IMT-Advanced 技术提案。2008年6月，WP5D 迪拜会议最终确定了 IMT-Advanced 技术的最小技术要求。它是衡量候选技术方案是否能够成为 IMT-Advanced 技术的关键指标，主要包括小区频谱效率、峰值频谱效率、系统带宽、小区边缘频谱效率、时延、移动性和 VoIP 容量等。

2009年10月，WP5D 收到了6项来自不同政府或者标准化组织提交的候选技术方案，并开始了后续评估和标准融合开发工作。2010年10月，WP5D 第9次会议在中国重庆召开，将收到的6个 IMT-Advanced 候选提案融合成两个：LTE-Advanced(Long Term Evolution-Advanced)和 WirelessMAN-Advanced(IEEE 802.16m)。前者主要由 3GPP、ARIB、ATIS、CCSA、ETSI、TTA、TTC 及其伙伴成员支持；后者主要由 IEEE、ARIB、TTA、WiMAX 论坛及其伙伴成员支持。LTE-Advanced 包含 FDD-LTE-Advanced 和 TD-LTE-Advanced 两个技术分支，其中 TD-LTE-Advanced 标准由中国制定并被 ITU 采纳。

9.1 LTE 系统

9.1.1 LTE 概述

在 IMT-Advanced 项目启动之前，国际上对 B3G 技术已经进行了广泛的研究，其中 3GPP 为了在较长时间内(如10年甚至更远的未来)持续保持其相对于其他标准的国际竞争力，2004年年底启动了蜂窝技术在无线接入方面的长期演进，即 LTE(Long Term Evolution)，相应的 LTE 无线接入网又称为演进型 UTRAN(Evolved Universal Terrestrial Radio Access Network，E-UTRAN)。对应核心网的演进是系统架构演进(System Architecture Evolution，SAE)，核心网又称为演进型分组核心网(Evolved Packet Core，EPC)。2008年12月 3GPP 发布了第一个商用 LTE R8 版本规范，随后陆续发布新的版本规范。图9-1为 LTE 和 LTE-Advanced 的发展历程。

在设计 LTE 系统参数时，需要考虑如下要求。

1. 后向兼容性

LTE 在后向兼容性方面并没有设定硬性的要求，LTE 最终改变了基本传输和多址技术，采用了 OFDMA/SC-FDMA 代替 CDMA 技术。OFDMA/SC-FDMA 的具体参数

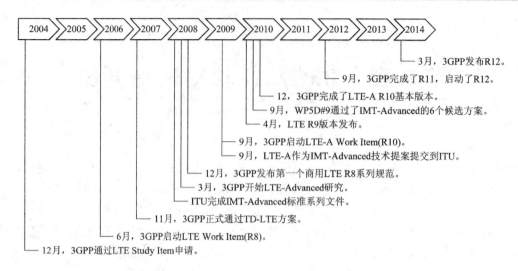

图 9-1 LTE 和 LTE-Advanced 的发展

设计没有可能和 CDMA 系统保持一致，从而不可能在严格意义上保持 E-UTRAN 的后向兼容性。因此，E-UTRAN 所能追求的兼容性只能体现在无线帧(Radio Frame)的长度和码片速率等少数参数上。例如，保持无线帧长度为 10 ms，这样就可以更好地实现 E-UTRA/UTRA 双模设备。

2. 带宽扩展性

LTE 的需求中明确要求系统支持灵活的系统带宽(1.4～20 MHz)。因此，LTE 系统参数要针对 1.4～20 MHz 的各种带宽进行设计，这主要体现在不同系统带宽将使用不同数量的子载波。

3. 无线接入网(RAN)延迟

LTE 对 RAN 用户面的传输延迟提出了很高要求，即最小单向传输延迟要控制在 5 ms 以内。这对系统参数的设计，尤其是最小传输时间间隔(Transmission Time Interval，TTI)长度的选择有重大的影响。只有采用足够小的最小 TTI 长度，才能尽量降低传输延迟。

4. 高数据率

LTE 要求显著提高系统的峰值速率，尤其是要对低速移动场景进行优化。因此，在相关参数设计，如子载波间隔、循环前缀(CP)的选择上，要在满足基本移动性和多径无线信道要求的条件下，尽量提高频谱效率。

5. 多普勒频移和相位噪声

单纯从频谱效率角度考虑，越小的子载波间隔可以获得越高的频谱效率，但是过小的子载波间隔会对多普勒频移和相位噪声过于敏感。多普勒频移和相位噪声与系统的载波频率和支持的移动速度有关，其中多普勒频移的影响明显大于相位噪声的影响。虽然 LTE 是为低速移动优化的，但也必须支持高速移动。例如，假设 LTE 系统需要在 2.6 GHz 频段中支持 350 km/h 的移动速度，则相应的最大多普勒频移为 840 Hz，LTE 系统的子载波间隔必须足够大，使系统在 840 Hz 的多普勒频移下不会出现明显的性能恶化。

6. 支持广域覆盖

LTE 系统不仅要支持类似热点、室内、局域覆盖等单小区小覆盖场景，也要支持多小区大覆盖场景。因此系统参数的设计，如 CP 长度等，也要满足广域覆盖的要求。

7. E-MBMS 系统的数据率

LTE 的单播（Unicast）系统并不采用多小区宏分集合并，但 E-MBMS 系统将采用多小区信号的单频网（SFN）合并。另外，E-MBMS 主要用于低速移动场景。这些差别会导致单播系统和 E-MBMS 系统的参数设计原则有差异。例如，相对于单播 LTE 系统，E-MBMS 可以采用较小的子载波间隔以获得更高的频谱效率，但需要采用更长的 CP 支持 SFN 合并。

8. 控制选项数量

LTE 系统对各种场景和各种系统带宽的支持，必然要通过一组参数集，而不是单一的参数集来实现。例如，不同场景下可能需要使用不同的子载波长度和 CP 长度。但是，支持过多的参数选项会增大系统信令的开销，并且增加了系统的实现复杂度和测试的难度。因此，应该在满足各种应用场景的需求的基础上，尽可能减少选项的数量。

LTE 物理层具体系统参数见表 9-1 所示。

表 9-1 LTE 物理层系统参数

双工方式	FDD、TDD
多址技术	下行：OFDMA；上行：SC-FDMA
帧结构	FDD：1 帧 10ms，分为 10 个子帧，每个子帧 1ms，又分为两个时隙，每个时隙含有 7/6 个 OFDM 符号 TDD：1 帧 10ms，含 8/9 个普通子帧，1/2 个特殊子帧，每个子帧 1ms，普通子帧分为两个时隙
信道带宽/MHz	1.4、3、5、10、15、20
资源块配置(RB)	6、15、25、50、75、100
采样率/MHz	2.304、4.608、7.68、15.36、23.04、30.72
调制方式	QPSK、16QAM、64QAM
信道编码	卷积编码：(3,1,6)，咬尾编码；Turbo 编码：1/3 码率，8 状态
HARQ	下行：异步多重停等 HARQ，最多重传次数 8 上行：同步多重停等 HARQ，最多重传次数 8
MIMO	空时预编码、循环延迟分集(CDD)、正交发分集

9.1.2 LTE 系统架构

LTE 的总体架构采用了扁平化的无线架构原理。整个 LTE 系统由用户设备（UE）、演进型基站（eNodeB）和演进型分组核心网（EPC）三部分组成，如图 9-2 所示。其中，eNodeB 负责接入网部分，也称 E-UTRAN；EPC 负责 UE 的控制和承载建立。EPC 包含的逻辑节点有：PDN 网关（PDN Gateway，P-GW）、服务网关（Serving Gateway，S-GW）、移动性管理实体（Mobility Management Entity，MME）、归属用户服务器（Home Subscriber Server，HSS）、策略与计费规则功能（Policy and Charging Rules Function，PCRF）。

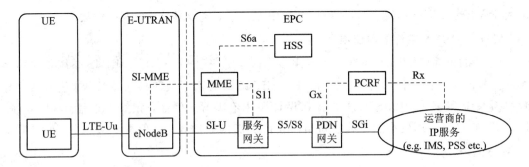

图 9-2 LTE 总体系统架构

E-UTRAN 和 EPC 之间的功能划分如图 9-3 所示。

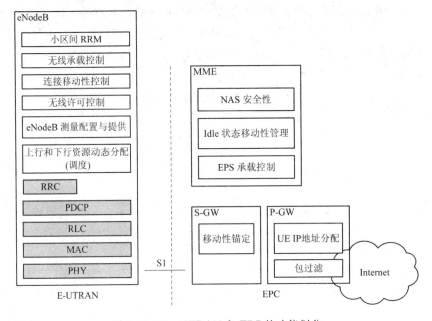

图 9-3 E-UTRAN 和 EPC 的功能划分

1. eNodeB 的功能包括：

(1) 无线资源管理：无线承载控制、无线许可控制、连接移动性控制、上行和下行资源动态分配(即调度)。

(2) IP 头压缩和用户数据流加密。

(3) 当从提供给 UE 的信息无法获知向 MME 的路由信息时，选择 UE 附着的 MME。

(4) 用户面数据向 S-GW 的路由。

(5) 从 MME 发起的寻呼消息的调度和发送。

(6) 从 MME 或 O&M 发起的广播信息的调度和发送。

(7) 用于移动性和调度的测量与测量上报配置。

2. S-GW 功能

S-GW 位于用户面，对每个接入 LTE 的 UE，一次只能有一个 S-GW 为之服务，主要功能有：

(1) 会话管理：SGW 能对承载进行建立、修改和释放，能存储 EPS 承载上下文。

(2) 路由选择和数据转发：eNodeB 间切换时，S-GW 作为本地锚定点在路径转发后，向源 eNodeB 发送结束标记，重新排序功能。

(3) QoS 控制：支持 EPS 承载的主要 QoS 参数。

(4) 计费。

(5) 存储信息。

3. P-GW 功能

P-GW 位于用户面，面向 PDN 终结与 SGi 接口网关，其功能有：

(1) P-GW 作为数据承载的锚定点，提供以下功能：包转发、包解析、合法监听、基于业务的计费、业务的 QoS 控制，以及负责和非 3GPP 网络间的互联等。

(2) 基于每用户的包过滤（例如借助深度包探测方法）。

(3) 合法侦听。

(4) UE 的 IP 地址分配。

(5) 下行传输层包标记。

(6) 上下行业务级计费、门控和速率控制。

(7) 基于聚合最大比特速率（AMBR）的下行速率控制。

4. MME 功能

MME 是核心网唯一控制平面的设备，主要功能有：

(1) 移动性管理：附着/去附着、跟踪区更新、切换和寻呼。

(2) 接入控制：MME 通过鉴权功能实现网络和用户之间的相互鉴权和密钥协商，确保用户请求的业务在当前网络可用。

(3) 会话管理：对建立会话所必须的承载的管理，包括默认承载和专用承载。

(4) 网元选择：P-GW 和 S-GW 的选择。

(5) 存储用户信息：MME 要保存用户的状态、MM 上下文和 EPS 承载上下文信息，包括用户标识、跟踪区信息、鉴权信息、安全算法、网元地址、QoS 参数。

(6) 业务连续性：MME 还能支持 EPS 与 2G/3G 间的业务互通。

5. HSS 功能

HSS 是存储用户签约信息的数据库，与 2G/3G 中的 HLR 类似，其功能包括：

(1) 存储用户标识、编号和路由信息。

(2) 存储用户安全信息，即用于鉴权和授权的网络接入控制信息。

(3) 存储用户位置信息。

(4) HSS 用于鉴权、完整性保护和加密用户安全信息。

(5) HSS 负责与不同域和子系统的呼叫控制和会话管理。

6. PCRF 的功能

(1) 策略控制决策。

(2) 对用户请求的业务进行授权、策略分配。

(3) 基于流计费控制功能。

(4) 反馈网络堵塞的情况。

(5) 获取计费系统信息，反馈话费使用情况等。

9.1.3 无线协议结构

1. 控制面协议结构

控制面协议结构如图 9-4 所示。PDCP 在网络侧终止于 eNodeB，需要完成控制面的加密、完整性保护等功能。RLC 和 MAC 在网络侧终止于 eNodeB，在用户面和控制面执行功能没有区别。RRC 在网络侧终止于 eNodeB，主要实现广播、寻呼、RRC 连接管理、RB 控制、移动性功能、UE 的测量上报和控制功能。NAS 控制协议在网络侧终止于 MME，主要实现 EPS 承载管理、鉴权、ECM(EPS 连接性管理)idle 状态下的移动性处理、ECM idle 状态下发起寻呼、安全控制等功能。

2. 用户面协议结构

用户面协议结构如图 9-5 所示，用户面 PDCP、RLC、MAC 在网络侧均终止于 eNodeB，主要实现头压缩、加密、调度、ARQ 和 HARQ 等功能。

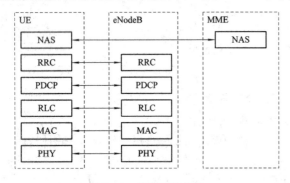

图 9-4 控制面协议栈

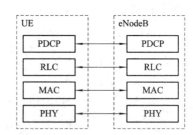

图 9-5 用户面协议栈

3. S1 和 X2 接口

1) S1 接口

S1 接口定义为 E-UTRAN 和 EPC 之间的接口。S1 接口包括两部分：控制面 S1-MME 接口和用户面 S1-U 接口。S1-MME 接口定义为 eNode B 和 MME 之间的接口；S1-U 定义为 eNodeB 和 S-GW 之间的接口。

2) X2 接口

X2 接口定义为各个 eNodeB 之间的接口。X2 接口包含 X2-CP 和 X2-U 两部分，X2-CP 是各个 eNodeB 之间的控制面接口，X2-U 是各个 eNodeB 之间的用户面接口。

9.1.4 LTE 帧结构

帧结构(Frame Structure, FS)定义了系统最基本的传输时序，是整个空中接口系统设计的基础，几乎所有的传输技术参数设计、资源分配和物理过程设计，都基于这个基本时序结构。在 LTE 技术规范中，FDD 帧结构称为"第 1 种帧结构"(Frame Structure Type 1, FS1)，TDD 帧结构称为"第 2 种帧结构"(Frame Structure Type 2, FS2)。

1. FDD 帧结构(FS1)

FDD LTE 上下行均采用简单的等长时隙帧结构。如图 9-6 所示，LTE 系统沿用了

UMTS 系统一直采用的 10 ms 无线帧长度。在时隙划分方面,由于 LTE 在数据传输延迟方面提出了很高的要求(单向延迟小于 5 ms),因此要求 LTE 系统必须采用很小的传输时间间隔(TTI),最小 TTI 通常等于子帧的长度,所以 LTE 的子帧也必须具有较小长度。但是,过小的子帧长度虽然可以支持非常灵活的调度和很小的传输延迟,却会带来过大的调度信令开销,反而会造成系统频谱效率下降。经过权衡,LTE 系统中将子帧长度设置为 1 ms,1 个子帧包含两个 0.5 ms 的时隙。这样,1 个无线帧包含 10 个子帧、20 个时隙。FS1 上行和下行采用完全相同的帧结构。

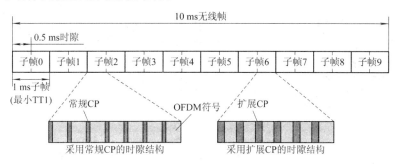

图 9-6 FDD LTE 的帧结构(FS1)

一个下行时隙又分为若干个 OFDM 符号,根据 CP 的长度不同,包含的 OFDM 符号的数量也不同。当使用常规 CP 时,一个下行时隙包含 7 个 OFDM 符号;当使用扩展 CP 时,一个下行时隙包含 6 个 OFDM 符号。

在这样一个等时隙长度的帧结构的基础上,公共控制信道的时域位置则依靠比时隙更小一级的单位——符号来定义,例如,PDCCH(物理下行控制信道)位于每个子帧的前 1~3 个符号。

FDD LTE 的上行帧结构在时隙以上层面完全和下行相同。时隙内结构也基本和下行相同,唯一的不同在于一个时隙包含 7 个(对于常规 CP)或 6 个(对于扩展 CP)DFT-S-OFDM 块(Block)(通常也可以称为 DFT-S-OFDM 符号),而非 OFDM 符号。

2. TDD 帧结构(FS2)

LTE TDD 帧结构是基于 TD-SCDMA 帧结构修改而成的,保留了原帧结构中的三个特殊时隙:下行导频时隙(DwPTS)、保护间隔(GP)、上行导频时隙(UpPTS),同时采用了统一的 1 ms 子帧长度。常规子帧结构和 FS1 一样,包含两个 0.5 ms 的时隙。DwPTS、GP 和 UpPTS 也占用一个 1 ms 子帧,这个子帧的结构不同于常规子帧,DwPTS 为一个下行时隙,UpPTS 为一个上行时隙,GP 不传送任何信号,为上下行之间提供保护,避免上下行之间出现"交叉干扰"。

根据这个特殊子帧的出现频率,可以将 FS2 分为 5 ms 周期帧结构和 10 ms 周期帧结构两种类型。5 ms 周期 FS2 如图 9-7 所示,将一个 10 ms 无线帧分为两个 5ms 的"半帧"(Half Frame)。这两个半帧具有完全相同的结构和相同的上下行子帧比例,特殊子帧位于每个半帧的第二个子帧(即子帧 1 和子帧 6)。以常规 CP 为例,特殊子帧和常规子帧一样,包含 14 个符号。这 14 个符号分配给 DwPTS、GP 和 UpPTS,在图 9-7 的示例中,DwPTS、GP 和 UpPTS 分别占用 10 个、3 个和 1 个符号。实际上,在采用常规 CP 时共支持九种 DwPTS/GP/UpPTS 长度配置,在采用扩展 CP 时共支持七种 DwPTS/GP/UpPTS

长度配置,如表 9-2 所示,特殊时隙的长度由高层信令配置。相对而言,UpPTS 的长度比较固定,只支持一个符号、两个符号两种长度,以避免过多的选项,简化系统的设计。而 GP 和 DwPTS 具有很大的灵活性,这主要是为了实现可变的 GP 长度和 GP 位置,以支持各种尺寸的小区半径,并提供与各种上下行比例的 TD-SCDMA 系统邻频共存的可行性。

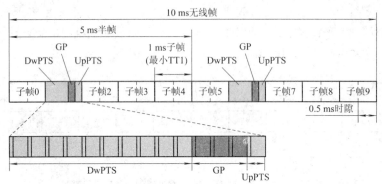

(特殊时隙长度配置示例:DwPTS:GP:UpPTS=12个符号:3个符号:1个符号)

图 9-7 TDD LTE(FS2)5 ms 周期帧结构(以常规 CP 为例)

表 9-2 FS2 UpPTS、GP 和 DwPTS 的长度配置

常规 CP 下特殊时隙的长度(符号)			扩展 CP 下特殊时隙的长度(符号)		
UpPTS	GP	DwPTS	UpPTS	GP	DwPTS
1	10	3	1	8	3
1	4	9	1	3	8
1	3	10	1	2	9
1	2	11	1	1	10
1	1	12	2	7	3
2	9	3	2	2	8
2	3	9	2	1	9
2	2	10	—	—	—
2	1	11			

如果一个 TDD LTE 系统和一个 TD-SCDMA 系统在不同的时间点进行上下行转换,就会在部分时段里发生"一个系统进行下行传输的同时另一个系统在进行上行传输"的现象。在基站侧,下行传输系统的基站在进行发送的同时,上行传输系统的基站正在接收,上行传输系统的基站就会受到严重的干扰。如果该 TDD LTE 系统和 TD-SCDMA 系统部署在相邻的频谱,频谱之间的保护频带根本不足以避免这种上下行之间的"交叉干扰";如果两个系统共用站址,这种干扰将尤为严重。在终端侧,上行传输系统的终端发射也会干扰附近的下行传输系统中正在接收的终端,这种干扰虽然可能较基站侧略轻,但其危害性也不能忽视。

为了避免 TDD LTE 系统和 TD-SCDMA 系统在邻频部署时上下行之间的"交叉干扰",必须保证两个系统的上下行切换点(GP)相互对齐。但由于 FS2 采用了和 TD-SCDMA 帧结构不同的时隙长度(TD-SCDMA 时隙长度为 0.675 ms),两个帧结构无法在时隙边界上自然对齐。因此,为了使两个系统在常见的上下行比例下都能实现 GP 对齐,需要 GP

能灵活地配置在特殊子帧内的不同位置。

10 ms 周期 FS2 如图 9-8 所示,和 5 ms 周期 FS2 不同,这种帧结构在一个 10 ms 无线帧中只包含一个特殊子帧,位于子帧 1,其余子帧均为常规子帧。

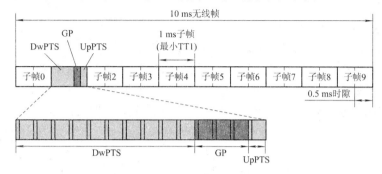

图 9-8　TDD LTE(FS2)10 ms 周期帧结构(以常规 CP 为例)

3. 资源块结构

LTE 的资源块(Resource Block,RB)由资源单元(Resource Element,RE)构成,其基本结构如图 9-9 所示。RE 由一个子载波与一个符号对应的时频单元构成,通常由 12 个子载波与 7 个 OFDM 符号对应的 84 个 RE 构成一个 RB。

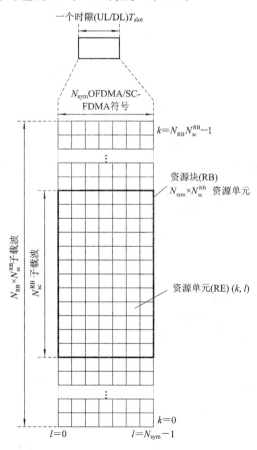

图 9-9　LTE 资源块结构

9.1.5 LTE 关键技术

1. 多址接入方案

1) 下行 OFDMA 多址方式

LTE 下行采用正交频分多址（Orthogonal Frequency Division Multiple Access, OFDMA）。下行发送有一个或多个数据流，每个数据流首先经过速率匹配，加扰后送入自适应调制，接着进行分层映射，然后送入空时预编码模块，进行 MIMO 处理，输出的数据经过资源映射，分别送入各个天线的 IFFT 变换模块，然后添加 CP，经过 RRC 滤波后，再送入各个天线端口，完成整个下行 OFDMA 的基带发送处理，如图 9-10 所示。

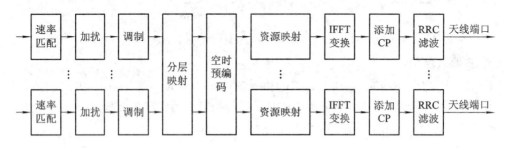

图 9-10 LTE 下行 OFDMA 方式

OFDMA 的优点包括：

（1）频谱分配方式灵活，能适应 1.4～20 MHz 的带宽范围配置。由于 OFDM 子载波间正交复用，不需要保护带，频谱利用率高。

（2）合理配置循环前缀 CP，能有效克服无线环境中多径干扰引起的 ISI，保证小区内用户间的相互正交，改善小区边缘的覆盖。

（3）支持频率维度的链路自适应和调度，对抗信道的频率选择性衰落，获得多用户分集增益，提高系统性能。

（4）子载波带宽在 10 kHz 的数量级，每个子载波经历的是平坦衰落，使得接收机的均衡容易实现。

（5）OFDM 容易和 MIMO 技术相结合。

OFDMA 的缺点：

（1）对时域和频域的同步要求高。子载波间隔小，系统对频率偏移敏感，收发两端晶振的不一致也会引起 ICI，频偏估计的不精确会导致信号检测性能下降。

（2）移动场景中多普勒频移引起的频偏同样会导致 ICI，需要设置合理的频率同步参数。

（3）OFDM 的峰均功率比 PAPR 高，对功放的线性度和动态范围要求很高。

2) 上行 SC-FDMA 多址方式

LTE 上行采用单载波频分多址（Single Carrier Frequency Division Multiple Accessing, SC-FDMA）方式。上行发送只有一个数据流，首先经过速率匹配，加扰后进行比特映射和自适应调制，接着进行 DFT 变化，经过资源单元映射后，送入 IFFT 变换模块，添加 CP，经过基带滤波后,送入天线端口,完成整个上行 SC-FDMA 的基带发送处理,如图 9-11 所示。

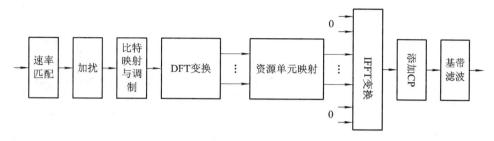

图 9-11 LTE 上行 SC-FDMA 方式

上下行多址技术的主要差别在于上行首先经过 DFT 变换,然后进行 IFFT 变换,在发射过程中进行了两次变换,而下行只进行 IFFT 变换。

SC-FDMA 的特点包括:

(1) 受终端电池容量和成本的限制,上行需要采用峰平比(PAPR)比较低的调制技术,提高功放的效率。

(2) LTE 的上行采用 SC-FDMA,能够灵活实现动态频带分配,其调制是通过 DFT-S-OFDM(Discrete Fourier Transform Spread OFDM)技术实现的。

(3) DFT-S-OFDM 类似于 OFDM,每个用户占用系统带宽中的某一部分,占用带宽大小取决于用户的需求和系统调度结果。

(4) 与传统单载波技术相比,DFT-S-OFDM 中不同用户占用相互正交的子载波,用户之间不需要保护带,具有更高的频率利用效率。

2. MIMO 技术

MIMO 是 LTE 系统的重要技术,理论计算表明,信道容量随发送端和接收端最小天线数目线性增长,所有 MIMO 模式下信道容量大于单天线模式下的信道容量。MIMO 能够更好的利用空间维度的资源、提高频谱效率。使信号在空间获得阵列增益、分集增益、复用增益和干扰抵消增益等,从而获得更大的系统容量、更广的覆盖以及更高的用户速率。

MIMO 技术包含很多类别,根据是否利用空间信道信息可分为两类:开环 MIMO(发射端不利用信道信息)和闭环 MIMO(发射端利用信道信息)。根据同时传输的空间数据流个数(即 Rank)可分为两类:空间分集技术和空间复用技术。这些类别可交叉组合成多种 MIMO 模式,如表 9-3 所示。

表 9-3 MIMO 工作模式

Mode	传输模式	技 术 描 述
1	单天线传输	信息通过单天线进行发送
2	发射分集	同一信息的多个信号副本分别通过多个衰落特性相互独立的信道进行发送
3	开环空间复用	终端不反馈信道信息,发射端根据预定义的信道信息来确定发射信号

续表

Mode	传输模式	技术描述
4	闭环空间复用	需要终端反馈信道信息,发射端采用该信息进行信号预处理以产生空间独立性
5	多用户 MIMO	基站使用相同时频资源将多个数据流发送给不同用户,接收端利用多根天线对干扰数据流进行取消和零陷
6	闭环 Rank=1 预编码	UE 反馈信道信息使得基站选择合适的预编码
7	单流波束赋形	发射端利用上行信号来估计下行信道的特征,在下行信号发送时,每根天线上乘以相应的特征权值,使其天线阵发射信号具有波束赋形效果

3. 链路自适应技术

链路自适应技术用于解决如何通过对一条无线链路设定传输参数来控制无线链路质量波动问题。其包含功率控制和速率控制两方面。从 2G 系统开始特别是在 CDMA 系统中,功率控制已被广泛应用。功率控制通过动态地调节无线链路发射功率来补偿瞬时信道条件的波动和差异。功率控制的目标是为了在接收端维持一个近似固定的 E_b/N_0,从而保证传输的可靠性。原则上,发射功率控制将在无线链路经历很差的无线条件时提高发射机的发射功率(反之亦然)。因此,原理上发射功率反比于信道质量,如图 9-12(a)所示。当采用功率控制时,无论信道如何波动都基本上保持恒定数据速率,对于诸如电路交换语音类业务,这是一个值得拥有的特性。因此,功率控制这种链路自适应技术是通过调节发射参数(发射功率)来适应瞬时无线信道条件的变化,从而维持接收端一定的 E_b/N_0 并保持固定的数据速率。

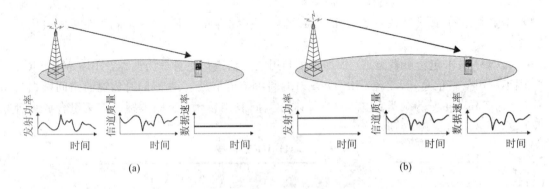

图 9-12 功率控制和速率控制

然而,在移动通信的大多数情况下,特别是在分组数据业务情况下,并不希望无线链路上提供固定的数据速率,与此相反,从用户的角度而言,期望无线接口上所能提供的数据速率"尽可能高"。此时,功率控制的另一种替代方案为动态速率控制的链路自适应技术。速率控制的目的并不在于无论瞬时信道条件如何波动都保持无线链路数据速率恒定。

相反,速率控制是通过动态调节数据速率以补偿动态的信道变化。信道条件较好的情况下将能够提高数据速率,反之亦然。因此,速率控制维持 $E_b/N_0 \sim P/R$ 在期望等级,而这是通过调节数据速率 R 而非调节发射功率 P 来实现的。如图 9-12(b)所示。

显然速率控制比功率控制更为有效,这是因为使用速率控制时总是可以使用满功率发送,而使用功率控制则没有充分利用所有的功率,没有实现资源的有效利用。实际上,速率控制是通过调节调制方式和/或信道编码速率来实现的。当无线信道条件较好时,接收机具有较高的 E_b/N_0,此时数据速率的主要限制为无线链路的带宽,这种情况下,非常适合采用高阶调制方式(如 16QAM 和 64QAM)与较高的速率编码。反之,在无线信道条件较差时,适合采用 QPSK 与较低的速率编码。因此,通过速率控制实现的链路自适应技术有时也被称为自适应编码调制(Adaptive Modulation and Coding,AMC)。

上述结论并不意味着不需要使用功率控制,在采用非正交的多址方式(比如 CDMA)时,功率控制可以很好地避免小区内用户间的干扰。

在 LTE 中,下行主要采用 AMC 技术,上行采用 AMC、功率控制、带宽分配等多种技术来优化 UE 传输体验,并结合小区间干扰协调技术(Inter-Cell Interference Coordination,ICIC)取得较好的小区吞吐量。

4. 调度

LTE 传输机制的核心是采用"共享信道传输",在共享信道中,用户之间动态地分配共享时频资源。这与 HSDPA 采用的方法类似,只是两者对共享资源的实现上不一样:LTE 是时域和频域,而 HSDPA 是时域和信道码。使用共享信道传输很好地匹配了分组数据对快速资源分配的要求,也使得 LTE 的其他关键技术的应用成为可能。调度负责在每个时间间隔内控制共享资源在各用户间的分配,它与链路自适应技术密切相关。通常,调度和链路自适应被视为一个联合功能。

在每一个时间间隔内,采用调度器来控制将这些共享资源分配给哪些用户,调度器还决定每条链路上所用的数据率,即速率自适应可以视为调度器的一部分。因此,调度是一个关键因素,它在很大程度上决定了整体下行链路的性能,尤其是在一个高负荷网络,下行和上行链路都受到严格调度所支配。如果在调度决策中考虑信道状态,即所谓的信道相关调度,可以在系统容量方面获得潜在增益。这已在 HSPA 中的到了应用,其中下行链路调度器只向处于信道状态好的用户发送数据以使数据速率最大化,在某种程度上也可以应用于增强型上行链路。然而,由于在下行链路上采用 OFDM 而在上行链路上采用 DFT-S-OFDM,除了时频域外,LTE 还可以在频域进行多址接入。因此,对于每个频域,调度器可以选择具有最好信号状态的用户。换句话说,LTE 的调度不仅可以如 HSPA 一样在时域内,而且还可以在频域内考虑无线信道的变化,如图 9-13 所示。

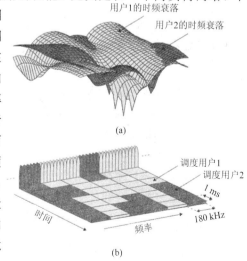

图 9-13 时域和频域的下行链路信道相关调度

频域上采用信道相关调度特别适用于终端低速率移动的情况,也就是说,适用于信道随时间变化很慢的情况。信道相关调度依赖于用户之间信道质量波动以获得系统容量的增益。对于时延敏感业务,只工作在时域的调度器可能会被迫去调度一个特定用户,尽管此时信道质量并没有处于其峰值状态。在该情况下,如果也可以利用频域的信道质量变化将有助于系统整体性能的改善。对于 LTE,调度策略可以被考虑为 1 ms 进行一次调度,并且频域的粒度为 180 kHz。

1) 下行链路调度

为了支持下行链路调度,终端可以为网络提供信道状态报告以指示时域和频域的瞬时下行链路信道质量。例如,信道状态可用通过对下行链路上发送的参考信号(为解调目的而发送的)进行测量而获得。基于信道状态报告,下行链路调度器可以通过在调度决策中考虑信道质量来为不同移动终端的下行链路传输分配资源。原则上,被调度的终端可以在每 1 ms 的调度区间内被分配任意组合的 180 kHz 宽的资源块。

2) 上行链路调度

LTE 上行链路是基于不同上行链路传输的正交分割的,LTE 上行调度的任务是将不同的时频资源(TDMA/FDMA)分配给不同用户。调度决策每 1 ms 执行一次,控制在给定时间间隔内允许哪些移动终端在小区内进行传输,并针对每个终端控制其传输发生在哪些频率资源之上、采用何种数据速率(数据格式)。

与下行链路调度类似,也可以在上行链路调度过程中考虑信道状态。然而,获得有关上行链路的信道状态比较困难。因此,通过不同方式来获得上行链路分集是非常重要的,可用作上行链路信道相关调度不适用时的补充。

3) 调度策略

常用的调度策略包括 Max C/I、RR(Round Robin)、PF(Proportional Fair)和 EPF(Enhanced Proportional Fair)四种。上、下行调度策略的选择分别由参数决定,其中 Max C/I、RR、PF 为基本调度策略,EPF 为增强调度策略。

基本调度策略:

Max C/I:对所有待服务用户,根据用户的信道质量进行排序,信道质量好的优先发送数据,从而最大化系统吞吐量。但无法保证公平性,QoS 无法保证。验证系统最大容量可采用。

RR:对所有调度以轮循的方式依次调度,保证绝对公平。

PF:以用户的瞬时速率和前段时间的平均速率作为考量,进行优先级的权重计算,兼顾了公平性和系统的总吞吐量。验证系统容量、覆盖和公平性时可采用。

增强调度策略:

下行增强调度:在满足用户 QoS 的提前下,尽量利用信道质量状态信息,即 CQI 反馈,在考虑用户差异性和公平性的前提下,最大化系统吞吐量。

上行增强调度:在进行用户优先级排序时,考虑了用户 QoS 保证因素,满足运营商对用户公平性和差异化的控制要求,同时也能达到较高的系统容量。

其中 Max C/I、RR、PF 调度策略中,对任何业务都是用动态调度。在 EPF 调度策略中,只用 VoIP 业务采用半静态调度。

5. HARQ 技术

无线信道上的信号传输可能导致差错，例如由于接收信号质量波动所引起的错误。某种程度上，这类波动可以通过链路自适应技术予以克服。然而，接收机噪声以及不期望的干扰波动是无法克服的。因此，事实上所有无线通信系统都采用了某种形式的前向纠错(Forward Error Correction，FEC)编码，如卷积码、Turbo 码等。FEC 的基本原理是在传输信号中引入冗余，这可以通过在传输前对信息比特添加校验比特来实现(另外，也可以单独发送校验比特，这取决于所用的编码方案)。校验比特是通过采用编码结构所提供的方式进行计算获得的，因此，此时在无线信道上传输的比特数大于原始的信息比特数，从而在发射信号内引入了一定量的冗余。

另一种控制传输错误的方式为自动重传请求(Automatic Repeat-reQuest，ARQ)。在 ARQ 方案中，接收机采用检错码，通常为循环冗余校验(CRC)，来检验接收数据包是否出错。如果接收数据包没有检出错误，则判定传输是正确的，并通过发送肯定的确认(ACK)来告知发射机。相反，如果检验错误，接收机丢弃接收数据并通过在反馈信道上发否定的确认(NACK)来告知发射机。作为对 NACK 的响应，发射机将相同的信息重新发送。

事实上所有的现代通信系统，包括 LTE 系统，都会联合采用 FEC 和 ARQ，其中著名的合并机制便是混合自动重传请求(Hybrid Automatic Repeat-reQuest，HARQ)。HARQ 采用前向纠错编码来纠正一部分错误并通过检错码来检验不能纠正的错误。错误接收的数据包将被丢弃，同时接收机申请针对坏包的重传。原则上可以采用任何检测码和纠错码的组合实现 HARQ。但大多数实际的 HARQ 技术是建立在通过 CRC 码进行检错、通过卷积码或 Turbo 码进行纠错的基础上的。

在单纯的 HARQ 机制中，接收到的错误数据包是直接被丢弃的。虽然这些错误数据包不能够独立地正确译码，但是它们依然包含有一定的信息。这些有用信息会因为丢弃出错包而丢失。这一缺陷可以通过带有软合并的 HARQ 方式来弥补。在带有软合并的 HARQ 方式中，将接收到的错误数据包保存在存储器中，与重传的数据包合并在一起进行解码操作，如果解码失败则申请重传。带有软合并的 HARQ 通常可分为跟踪合并(Chase Combine，CC)和增量冗余(Incremental Redundancy，IR)，采用哪种方案取决于所需的重传比特与原始传输比特是否完全相同。

在跟踪合并方案中，重传比特与原始传输的编码比特完全相同，每次重传后，接收机采用最大比合并原则对每次接收的信道比特与相同比特之前的所有传输进行合并，并将合并信号发送到解码器。由于每次重传为原始传输的相同副本，跟踪合并的重传可以被视为附加重复编码。由于没有传输新冗余，因此，跟踪合并除了在每次重传中增加累积接收 E_b/N_0 外，不能提供任何额外的编码增益。

增量冗余(IR)方案是通过在第一次传输时发送信息比特和一部分冗余比特，而通过重传(Retransmission)发送额外的冗余比特。如果第一次传输没有成功解码，则可以通过重传更多冗余比特降低信道编码率，从而提高解码成功率。如果加上重传的冗余比特仍然无法正常解码，则进行再次重传。随着重传次数的增加，冗余比特不断积累，信道编码率不断降低，从而可以获得更好的解码效果。

根据重传内容的不同，在 3GPP 标准和建议中主要有 3 种混合自动重传请求机制，包括 HARQ-Ⅰ、HARQ-Ⅱ和 HARQ-Ⅲ等。

1) HARQ-Ⅰ型

HARQ-Ⅰ即为传统 HARQ 方案，它仅在 ARQ 的基础上引入了纠错编码，即对发送数据包增加循环冗余校验(CRC)比特并进行 FEC 编码。收端对接收的数据进行 FEC 译码和 CRC 校验，如果有错则放弃错误分组的数据，并向发送端反馈 NACK 信息请求重传与上一帧相同的数据包。一般来说，物理层设有最大重发次数的限制，防止由于信道长期处于恶劣的慢衰落而导致某个用户的数据包不断地重发，从而浪费信道资源。如果达到最大的重传次数时，接收端仍不能正确译码（在 LTE 系统中设置的最大重传次数为3），则确定该数据包传输错误并丢弃该包，然后通知发送端发送新的数据包。这种 HARQ 方案对错误数据包采取了简单的丢弃，而没有充分利用错误数据包中存在的有用信息。所以，HARQ-Ⅰ型的性能主要依赖于 FEC 的纠错能力。

2) HARQ-Ⅱ型

HARQ-Ⅱ也称作完全增量冗余方案。在这种方案下，信息比特经过编码后，将编码后的校验比特按照一定的周期打孔，根据码率兼容原则依次发送给接收端。接收端对已传的错误分组并不丢弃，而是与接收到的重传分组组合进行译码。其中重传数据并不是已传数据的简单复制，而是附加了冗余信息。接收端每次都进行组合译码，将之前接收的所有比特组合形成更低码率的码字，从而可以获得更大的编码增益，达到递增冗余的目的。每一次重传的冗余量是不同的，而且重传数据不能单独译码，通常只能与先前传的数据合并后才能被解码。

3) HARQ-Ⅲ型

HARQ-Ⅲ型是完全递增冗余重传机制的改进。对于每次发送的数据包采用互补删除方式，各个数据包既可以单独译码，也可以合成一个具有更大冗余信息的编码包进行合并译码。另外根据重传的冗余版本不同，HARQ-Ⅲ又可进一步分为两种：一种是只具有一个冗余版本的 HARQ-Ⅲ，各次重传冗余版本均与第一次传输相同，即重传分组的格式和内容与第一次传输的相同，接收端的解码器根据接收到的信噪比(SNR)加权组合这些发送分组的副本，这样，可以获得时间分集增益。另一种是具有多个冗余版本的 HARQ-Ⅲ，各次重传的冗余版本不相同，编码后的冗余比特的删除方式是经过精心设计的，使得删除的码字是互补等效的。所以，合并后的码字能够覆盖 FEC 编码中的比特位，使译码信息变得更全面，更利于正确译码。

9.2 LTE-Advanced 系统

LTE-Advanced 指 LTE 在 R10 以及之后的技术版本，其在标准化过程中强调后向兼容特性，可以有效降低网络部署的成本，降低终端开发的难度。在网络结构方面，LTE-Advanced 与 LTE 完全兼容，保证了网络结构的平滑演进，在终端技术方面，LTE-Advanced 系统的引入不会对 LTE 终端造成影响。

LTE-Advanced 的技术指标全面满足 IMT-Advanced 需求，其技术特征总结如下：

(1) 支持下行峰值速率 1 Gb/s，上行峰值速率 500 Mb/s。

(2) 系统性能指标，如小区与链路吞吐率已经明显超越了 IMT-Advanced 要求。

(3) 网络部署、终端开发可以平滑演进,降低系统与终端开发成本。
(4) 高功率效率,有效降低系统和终端功耗。
(5) 更高频谱效率,通过载波聚合,有效利用分散的频谱。

为了提供更高的峰值速率和吞吐量,支持多种应用场景,满足未来移动通信系统日益增强的高速率数据要求,3GPP 针对 LTE-Advanced 提出了几个关键技术,包括:载波聚合、增强型 MIMO、协作多点传输、中继等。

9.2.1 载波聚合

ITU 对 IMT-Advanced 系统要求的最大带宽不小于 40 MHz,考虑到现有的频谱分配方式和规划,无线频谱已经被 2G、3G 以及卫星等通信系统所大量占用,很难找到足以承载 IMT-Advanced 系统宽带的整段频带,也面临着如何有效地利用现有剩余离散频段的问题。同时 LTE 虽然支持最大 20 MHz 的多种传输带宽,但为了支持更高的峰值速率,例如下行 1 Gb/s,传输带宽需要扩展到 100 MHz。基于这样的现实情况,3GPP 在 LTE-Advanced 引入载波聚合技术,用来解决系统对频带资源的需求,同时也为了更好地兼容 LTE 现有标准,降低标准化工作的复杂度以及支持灵活的应用场景。

1. 技术原理

载波聚合(Carrier Aggregation,CA),即通过联合调度和使用多个成员载波(Component Carrier,CC)上的资源,使得 LTE-Advanced 系统可以支持最大 100 MHz 的带宽,从而能够实现更高的系统峰值速率。如图 9-14 所示,将可配置的系统载波定义为成员载波,每个成员载波的带宽都不大于之前 LTE R8 系统所支持的上限(20 MHz)。为了满足峰值速率的要求,组合多个成员载波,允许配置带宽最高可高达 100 MHz,实现上下行峰值目标速率分别为 500 Mb/s 和 1 Gb/s。

图 9-14 载波聚合示意图

2. 技术特点

(1) 成员载波的带宽不大于 LTE 系统所支持的上限(20 MHz)。
(2) 成员载波可以频率连续,也可以非连续,可提供灵活的带宽扩展方案。
(3) 支持最大 100 MHz 带宽,系统/终端最大峰值速率可达 1 Gb/s。
(4) 提供跨载波调度增益,包括频率选择性增益和多服务队列联合调度增益。
(5) 提供跨载波干扰避免能力,频谱充裕时可以有效减少小区间干扰。

3. 应用场景

载波聚合可以有效地支持处于异构网中不同类型的成员载波,使频谱资源的利用更加灵活。成员载波有三种不同的类型：

（1）后向兼容载波：LTE R8 用户设备也可以接入这种载波类型，不需要考虑标准的版本。这种载波对所有现有的 LTE R8 技术特征都必须支持。

（2）非后向兼容载波：只有 LTE-A 用户可以接入这种类型的载波。这种载波支持先进的技术特征，比如 LTE R8 用户不可用的少控制操作（Control-less Operations）或者锚定载波的概念（锚定载波是具有特殊功能的成员载波，引导用户搜索 LTE-A 小区，并加快用户与 LTE-A 小区的同步）。

（3）扩展载波：这种类型的载波用作其他载波的延伸。例如，当存在来自于宏蜂窝的高干扰时，用来为家庭 eNB 提供业务。

9.2.2 增强型 MIMO

LTE-Advanced 下行传输由 LTE R8 的 4 天线扩展到 8 天线，最大支持 8 层和两个码字流的传输，从而进一步提高了下行传输的吞吐量和频谱效率。上行传输由 R8 版本中仅支持单天线的发送增强为上行最大支持 4 天线发送。

1. 下行增强 MIMO 技术

LTE R8 里面引入的 MIMO 多天线技术下行最大支持 4 根天线，在 LTE R8/R9 系统的多种下行多天线模式基础上，LTE-Advanced 将支持的下行最高多天线配置扩展到 8×8，下行单用户峰值速率将因此提高一倍。LTE-Advanced 下行多天线技术如图 9-15 所示。

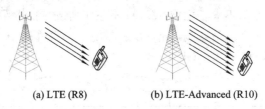

(a) LTE (R8)　　　(b) LTE-Advanced (R10)

图 9-15　LTE/LTE-Advanced 下行 MIMO

LTE-Advanced 中下行增强 MIMO 技术，对导频的改进是较大的亮点，大大节省了导频的开销。LTE R8 除波束赋形传输模式采用专用导频（Dedicated Reference Signal，DRS）进行数据解调外，其他的传输模式均采用公用导频（Common Reference Signal，CRS）进行接收数据信息的解调，以及进行各种信息的（CQI/PMI/RI）反馈上报，支持四个天线端口的 CRS 设计。如果将此 CRS 导频符号扩展到八天线端口上，将带来开销的大幅度增加，影响数据速率的提升，LTE-Advanced 中将导频分为终端专用的数据解调导频（DM-RS）和反馈信道状态信息的导频（CSI-RS）两种。其中数据导频需要设计到最多 8 个层，为了降低开销，采用码分复用（CDM）的方式进行复用，CSI-RS 只是用来反馈信道状态信息，相对 LTE R8，可以降低导频设计的密度。

下行增强 MIMO 除了将天线数量进行扩展外，还引入了很多的优化机制，多用户空分复用的增强也是 LTE R10 标准化的重点。LTE R8 支持每用户单流的两个用户的 MIMO，由于码本对多用户 MIMO 并不是最优设计，以及下行控制信令设计的不足，使得性能受限，LTE-Advanced 中考虑增强的多用户 MIMO，每个终端层数目以及共同调度的用户数目为：最大4个用户共同调度，2个正交解调导频端口支持每用户最大2个层，多用户 MIMO 支持总数最大是4层的发送。

2. 上行增强 MIMO 技术

出于对终端复杂度和成本等方面的考虑，LTE R8 上行仅支持用户单天线的发送。随着系统需求的提升，在 LTE-Advanced 中对上行多天线技术进行了增强，将扩展到支持 4×4 的配制，可以实现4倍的单用户峰值速率。LTE/LTE-Advanced 上行多天线技术如图 9-16 所示。

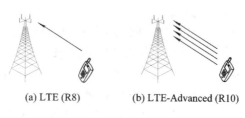

图 9-16 LTE/LTE-Advanced 上行 MIMO

相应的增强技术主要集中在如何利用终端的多个功率放大器、上行多流信号的导频设计上行发射分集方案和上行空间复用的码本设计等方面。

在导频设计方面，LTE-Advanced 在原有的 LTE 中的上行解调导频基础上，引入正交扩频序列来支持上行多用户 MIMO 的不等长带宽配对，以提高上行吞吐量。同时为了增加多天线情况下探测导频的灵活性，在 LTE 已有周期导频的基础上，引入非周期探测导频。

为扩大上行覆盖，在部分上行控制信道格式中引入发射分集。上行空间复用的码本设计主要考虑到峰均比的影响，确保立方量度(Cubic Metric，CM)特性。

另外，与 LTE 系统明显不同的是 LTE-Advanced 支持上行数据的非连续传输，以及数据和控制信令的同时发送，以提高灵活性和资源分配的有效性。

9.2.3 协作多点传输(CoMP)

对于蜂窝移动通信系统，小区边缘用户的性能因为信号衰落以及干扰等原因一直相对较差，从而小区边缘和中心区域具有较明显的性能差异。LTE 采用多天线技术可以提高小区中心的数据速率，却很难提高小区边缘的性能，从而进一步造成小区中心和边缘的性能差异。在小区边缘 SIR 较低时，很难支持多流传输。

同时，LTE 系统的下行和上行都采用基于 OFDM 的正交多址方式，因此对于 LTE 来说，小区间干扰成为主要的干扰。CDMA 系统利用软容量可实现同频组网，而 LTE 则很难直接实现同频组网。因此，如何减少小区间干扰，提高同频组网的性能，成为 LTE 以及 LTE-Advanced 的一个主要问题。

基于上述因素，3GPP 在 LTE R10 中提出了协作式多点传输技术 CoMP(Coordinated Multiple Points Transmission/Reception)，并在 R11 开展标准化工作。多点协作传输是指地理位置上分离的多个传输点，协同参与为一个终端的数据(PDSCH)传输或者联合接收一个终端发送的数据(PUSCH)。参与协作的多个传输点通常指不同小区的基站。CoMP 技术通过移动网络中多节点(基站、用户、中继节点等)协作传输，解决现有移动蜂窝单跳网络中的单小区单站点传输对系统频谱效率的限制,更好地克服小区间干扰,提高无线频谱传输效率,提高系统的平均和边缘吞吐量,进一步扩大小区的覆盖。

根据多个扇区间是否需要共享用户数据,下行多点协作分为两类:协作波束赋形/协作调度和联合处理。

协作波束赋形/协作调度:需在多个协作的小区间共享信道状态信息,通过多小区协作了解不同小区之间的干扰情况,从而控制波束赋形或选择用户进行调度,降低小区间干扰。协作波束赋形/协作调度不需共享数据,对回传链路的时延不敏感,需要回传的信息量小。

联合处理:数据需要在多个发送小区间共享,用于增强小区覆盖和提升系统频谱效率,根据多个结点是否同时为一个用户发送数据,联合处理细分为联合传输和动态小区选择。联合传输是指多个协作的节点发送相同的数据,发送端进行预编码处理来优化系统的性能;而动态小区选择是在多个小区之间的协调,选择信号质量最优的小区来发送数据。

上行 CoMP 主要是提升上行边缘用户性能,包含多个小区联合接收/合并和多个小区联合确定用户调度。

9.2.4 中继

1. 技术原理

相较于以往的移动通信系统,LTE-Advanced 可能使用覆盖能力较差的高频载波以及支持高数据速率业务的需求,因此可能需要部署更多的站点。如果所有的基站与核心网之间的回程链路(Backhaul)仍然使用传统的有线连接方式,会对运营商带来较大的部署难度和部署成本,站点部署灵活性也受到较大的限制。因此,3GPP 在 LTE-Advanced 启动了中继技术的研究来解决上述问题,提供无线的回程链路解决方案。如图 9-17 所示,中继(Relay)指通信数据不是由基站直接与 UE 进行收发,中间增加了通过中继基站(Relay Station,RS)进行中转的过程:即基站不直接将信号发送给 UE,而是先发给一个中继站,然后再由 RS 将信号转发给 UE。

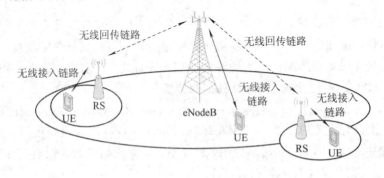

图 9-17 中继场景示意图

根据功能和特点的不同,3GPP 定义了 Type1 Relay 和 Type2 Relay 两种中继方案。Type1 Relay 具有资源调度和混合自动重传请求(HARQ)功能,中继有独立的物理小区 ID,对于 LTE R8 终端,中继类似于基站。而对于 LTE-Advanced 终端可以具有比基站更强的功能。Type2 Relay 不具有独立的小区标识,对 R8 终端透明,只能发送业务信息而不能发送控制。Type 2 中继只能提高系统容量，并不能扩大系统覆盖。

2. 技术特点

（1）通过中继站，对基站信号进行接力传输，可扩展和改善网络覆盖，提高中高数据速率的应用范围。

（2）可增加网络容量，提高小区吞吐量，尤其是边缘吞吐量，提升系统频谱效率。

（3）相较于使用传统的直放站，可抑制网络干扰。

（4）部署灵活，不需要光纤与机房。

（5）相较于通过小区分裂技术增加基站密度的方法，运营和维护成本低。

3. 应用场景

从应用上看，中继的作用主要体现在扩展覆盖和提高传输速率两方面，其中尤其前者是很多运营商非常看重的，例如对于难以布线的网络盲点或是临时的大容量需求等情况，中继可以以无线的方式非常灵活的实现部署。中继主要的应用场景参见表 9-4 所示。

表 9-4 LTE-Advanced 中继的应用场景

常见应用场景	主要技术优势
密集城区	部署中继提高高速业务覆盖
乡村环境	通过中继扩展网络覆盖，降低对光纤或微波依赖
室内环境	克服穿透损耗，提升覆盖与容量，摆脱光纤制约
城市盲点	解决覆盖补盲，降低网络建设成本
高速铁路	高速率接入，避免终端频繁切换，降低资源开销

习题与思考题

1. B3G/4G 的主要特征是什么？
2. 什么是 AMC？请举例说明 AMC 的实现过程。
3. LTE 的关键技术有哪些？
4. 在 LTE 中，FDD 帧结构与 TDD 帧结构有什么异同？
5. LTE 与 LTE-Advanced 的技术特征有什么区别？

参 考 文 献

[1] Rappaport T S. Wireless Communications Principles & Practice. 影印本. 北京：电子工业出版社，1998.
[2] Goldsmith A. 无线通信. 杨鸿文，等译. 北京：人民邮电出版社，2007.
[3] 吴伟陵，牛凯. 移动通信原理. 2版. 北京：电子工业出版社，2009.
[4] 李建东，郭梯云，邬国扬. 移动通信. 4版. 西安：西安电子科技大学出版社，2006.
[5] 杨大成. 移动传播环境：理论基础、分析方法和建模技术. 北京：机械工业出版社，2003.
[6] 康晓非，暴宇. 数字移动通信. 北京：人民邮电出版社，2010.
[7] 杨家玮，盛敏，刘勤. 移动通信基础. 2版. 北京：电子工业出版社，2008.
[8] 啜钢，王文博，常永宇，等. 移动通信原理与系统. 北京：北京邮电大学出版社，2005.
[9] 王华奎，李艳萍，张立毅，等. 移动通信原理与技术. 北京：清华大学出版社，2009.
[10] 庞宝茂. 移动通信. 西安：西安电子科技大学出版社，2009.
[11] 孙宇彤，赵文伟，蒋文辉，等. CDMA空中接口技术. 北京：人民邮电出版社，2004.
[12] 袁超伟，陈德荣，冯志勇. CDMA蜂窝移动通信. 北京：北京邮电大学出版社，2003.
[13] Sheriff R E, Hu Y F. Mobile Satellite Communication Networks. John Wiley & Sons, Ltd., 2001.
[14] 李建东，杨家玮. 个人通信. 北京：人民邮电出版社，1998.
[15] 曹志钢，钱亚生. 现代通信原理. 北京：清华大学出版社，1992.
[16] 孙立新，尤肖虎，张萍，等. 第三代移动通信技术. 北京：人民邮电出版社，2000.
[17] 李世鹤. TD-SCDMA第三代移动通信系统标准. 北京：人民邮电出版社，2003.
[18] 孙龙杰，刘立康. 移动通信技术. 北京：科学出版社，2008.
[19] 章坚武. 移动通信. 4版. 西安：西安电子科技大学出版社，2013.
[20] 沈嘉. 3GPP长期演进(LTE)技术原理与系统设计. 北京：人民邮电出版社，2008.
[21] 韦惠民，李白萍. 蜂窝移动通信技术. 西安：西安电子科技大学出版社，2002.
[22] 张玉艳，于翠波. 数字移动通信系统. 北京：人民邮电出版社，2009.
[23] Dahlman Erik，等. 3G演进：HSPA与LTE. 2版. 堵久辉，缪庆育，徐斌，译. 北京：人民邮电出版社，2010.
[24] ErikDahlman，等. 4G移动通信技术权威指南：LTE与LTE-Advanced. 堵久辉，缪庆育，译. 北京：人民邮电出版社，2012.
[25] Arunabha Ghosh，等. LTE权威指南. 李莉，孙成功，王向云，译. 北京：人民邮电出版社，2012.
[26] 聂景楠. 多址通信及其接入控制技术. 北京：人民邮电出版社，2006.